新型职业农民培训 系列教材

农业技术综合培训教程

郭春生 张 平 主编

中国农业科学技术出版社

图书在版编目（CIP）数据

农业技术综合培训教程 / 郭春生，张平主编 .—北京：中国农业科学技术出版社，2014.7

（新型职业农民培训系列教材）

ISBN 978 -7 -5116 -1686 -9

Ⅰ.①农… Ⅱ.①郭…②张… Ⅲ.①农业技术 - 技术培训 - 教材 Ⅳ.①S

中国版本图书馆 CIP 数据核字（2014）第 127623 号

责任编辑 徐 毅 张国锋

责任校对 贾晓红

出 版 者 中国农业科学技术出版社

北京市中关村南大街 12 号 邮编：100081

电 话 (010)82106631(编辑室) (010)82109702(发行部)

(010)82109709(读者服务部)

传 真 (010)82106631

网 址 http://www.castp.cn

经 销 者 各地新华书店

印 刷 者 北京昌联印刷有限公司

开 本 850mm ×1 168mm 1/32

印 张 9.125

字 数 245 千字

版 次 2014 年 7 月第 1 版 2014 年 7 月第 1 次印刷

定 价 26.00 元

新型职业农民培训系列教材

《农业技术综合培训教程》

编　委　会

主　任　徐玉红

副主任　王金栓　张伟霞　郭春生　彭晓明

主　编　郭春生　张　平

副主编　王志伟　程海芝　李书红　余从权

编　者　高国闯　肖利敏　管先军　王开云　郭　民　任晓霞　刘咏慧

序

我国正处在传统农业向现代农业转化的关键时期，大量先进的农业科学技术、农业设施装备、现代化经营理念越来越多地被引入到农业生产的各个领域，迫切需要高素质的职业农民。为了提高农民的科学文化素质，培养一批“懂技术、会种地、能经营”的真正的新型职业农民，为农业发展提供技术支撑，我们组织专家编写了这套《新型职业农民培训系列教材》丛书。

本套丛书的作者均是活跃在农业生产一线的专家和技术骨干，围绕大力培育新型职业农民，把多年的实践经验总结提炼出来，以满足农民朋友生产中的需求。图书重点介绍了各个产业的成熟技术、有推广前景的新技术及新型职业农民必备的基础知识。书中语言通俗易懂，技术深入浅出，实用性强，适合广大农民朋友、基层农技人员学习参考。

《新型职业农民培训系列教材》的出版发行，为农业图书家族增添了新成员，为农民朋友带来了丰富的精神食粮，我们也期待这套丛书中的先进实用技术得到最大范围的推广和应用，为新型职业农民的素质提升起到积极地促进作用。

高旭钧

2014 年 5 月

前　　言

为贯彻落实国家加快培育新型职业农民政策，提高新型职业农民创业就业技能，增加农民收入，结合当前农业生产实际，我们组织多名专家和技术人员编写了本教材。在编写过程中力求内容通俗易懂、贴近实际，以使本教材在应用过程中发挥更大的作用。

本教材由四部分组成：第一部分是养殖技术，重点介绍了猪、羊、兔、鸡家畜家禽养殖技术和疫病防治技术。第二部分是设施蔬菜栽培技术，重点介绍了主要设施类型及应用，设施蔬菜栽培模式和栽培技术。第三部分是主要农作物栽培技术，重点介绍了小麦、玉米、水稻等农作物栽培技术。第四部分是生态农业模式及配套技术，重点介绍了“三位一体”、“四位一体”、旱区“五位一体”等生态模式。

本教材既可用于新型职业农民的职业技能培训，也可作为农业技术人员的参考资料。由于编写经验不足，有待进一步改进和充实，希望广大读者批评和指正。

编　者

2014 年 5 月

目　录

第一章　养殖技术

第一节　肉猪的饲养管理及疫病防治

一、肉猪的饲养管理

肉猪是指 25 ~ 90kg 这一阶段的育肥猪，其数量占总饲养量的 80% 以上。饲养效果的好坏直接关系到整个养猪生产的效益。该阶段的中心任务是用最少的劳动消耗，在尽可能短的时间内，生产数量多、质量好的猪肉。

（一）肉猪生长发育的一般规律

肉猪的生长发育具有一定规律性，表现在体重、体组织以及化学成分的生长率不同，由此构成一定的生长模式。掌握肉猪的生长发育规律后，就可以在生长发育的不同阶段，调整营养水平和饲养方式，加速或抑制某些部位、器官、组织等的生长和发育程度，改变肉猪的产品结构，提高肉猪的生产性能，使其向人们需要的方向发展。

1. 生长速度与饲料利用效率的变化

肉猪的生长速度呈现先慢后快又慢的规律，由快到慢的转折点大致在 6 月龄上下或成年体重的 40% 左右。转折点出现的早晚受品种、饲养管理条件等的影响，一般大型晚熟品种，饲养管理条件优越，转折点出现较晚；相反则早，如长白猪生长转折点在 100kg 左右。生产上应抓住转折点前这一阶段，充分发挥其生长优势。

肉猪在肥育期每千克增重的饲料消耗，随其日龄和体重的增加而呈线性增长。2～3月龄的肉猪，每千克增重耗料2kg左右；5～6月龄的肉猪，体重达90kg左右时，上升到4kg左右；以后随体重的增大上升幅度更大，同时日增重开始降低，经济效益显著下降，因此，应注意适时出栏。

2. 肉猪体组织的生长

肉猪骨骼、肌肉、脂肪虽然在同时生长，但生长顺序和强度是不同的。骨骼是体组织的支架，优先发育，在幼龄阶段生长最快，其后稳定；肌肉居中，4～7月龄生长最快，60～70kg时达到高峰；脂肪是晚熟组织，幼龄时期沉积很少，但随年龄的增长而增加，到6月龄、90～110kg以后增加更快。

3. 肉猪体化学成分的变化

肉猪体化学成分也随肉猪体重及肉猪体组织的增长呈现规律性的变化。肉猪体内水分、蛋白质和矿物质随年龄和体重的增长而相对减少，脂肪则相对增加。45kg以后，蛋白质和灰分含量相对稳定，脂肪迅速增长，水分明显下降，这也是饲料报酬随年龄和体重的增长而变差的一个重要原因。

（二）肉猪的饲养技术

1. 饲料调制

（1）原料选择与搭配　生产上应根据所养肉猪的生长潜力、猪场的饲养管理条件、不同年龄猪的消化生理特性、当地饲料资源，选择价格低、营养价值高、适口性好的原料。选择原料后还要注意多样合理搭配，包括青绿饲料、粗饲料和精饲料的合理搭配，能量饲料、蛋白质饲料、矿物质和维生素饲料的合理搭配以及同类饲料不同品种间的合理搭配，以取长补短，完善营养，使猪既能吃饱，又能吃好，营养满足需要。

（2）饲料形态　饲料可加工调制成各种形态，包括全价颗粒料、湿拌料、稠粥料、干粉料和稀水料。饲喂效果以颗粒料最

好，其次是湿拌料和稠粥料，再次是干粉料，稀水料饲喂效果最差。但每种饲料形态都有其优缺点，生产上应根据具体情况，选择适宜的饲料形态。

颗粒料饲喂效果最好，并且便于投食，损耗少，不易霉坏。但设备投资大，制粒成本高。因此，目前仅用于仔猪。

湿拌料料水比为1：(0.5～2)，稠粥料料水比为1：(2～3)，两者饲喂效果接近。该饲料形态的优点是适口性好，提前浸泡可软化饲料，有利于消化；缺点是稍费工，不适宜机械化饲养，剩料易结冻、腐败变质。母猪和非机械化猪场常采用湿拌料喂猪。

干粉料适宜机械化饲养，可大大提高劳动生产率，剩料不易霉坏变质，可保持舍内干燥，但适口性差，粉尘多。目前，大规模猪场多采用此种饲料形式。

稀水料料水比1：4以上，此种饲料形态喂猪影响唾液分泌，冲淡胃液，降低饲料消化率，还会因为大量水分排出体外而增加生理负担，故生产上应杜绝稀水料喂猪。

(3) 生喂与熟喂　熟料喂猪有一些优点，即可提高饲料适口性，可以消灭有害微生物和寄生虫，对某些饲料可起到去毒作用。因此，部分饲料应熟喂，如大豆饼、棉籽饼、菜籽饼。而多数饲料如玉米、高粱、大麦、麸皮等经过煮熟反而降低饲喂效果，其原因是破坏了其中的许多营养素，而且浪费了大量燃料、劳力、设备等，因此，应提倡生料饲喂肉猪。

2. 饲喂方式

肉猪的饲喂方式有自由采食和限量饲喂两种。自由采食是根据肉猪的营养需要，配制营养平衡的日粮，任肉猪自由采食或分次喂饱；限量饲喂是每日喂给自由采食量的80%～90%饲料，或降低营养浓度以达到限饲的目的。

自由采食的肉猪日增重高，饲料报酬略差，瘦肉率低。限量饲喂按阶段又分为前期限量、后期限量和全期限量。其中前期限量效果最差，日增重低，饲料报酬差，瘦肉率低，一般不采用；全期限量的肉猪日增重较前者更低，饲料报酬与瘦肉率优于前者，一般也不宜采用；前期自由采食，保证一定的日增重，后期限量饲喂，提高饲料报酬和瘦肉率，该种饲喂方式是值得提倡的一种饲喂方式。

3. 饲喂次数

肉猪分次饲喂要注意定时、定量、定质。定时就是每天喂猪的时间和次数要固定，这样可提高猪的食欲，促进消化腺定时活动，提高饲料的消化率。如果饲喂次数忽多忽少，饲喂时间忽早忽晚，就会打乱猪的生活规律，降低食欲和消化机能，并易引起胃肠病。生产上一般采用日喂两三次，饲喂的时间间隔应均衡。

定量即掌握好每天每次的喂量，一般以不剩料、不舔槽为宜，不可忽多忽少，以免引起猪消化不良、拉稀。

一天的早、中、晚 3 次喂猪，以傍晚食欲最旺盛，午间最差，早晨居中，夏季更明显。料的给予量以早晨 35%、中午 25%、傍晚 40% 为宜。

定质即饲料的品种和配合比例相对稳定，不可轻易变动，如需变换，新旧饲料必须逐步增减，让猪的消化机能有一个适应过程，突然变换易引起猪采食量下降或暴食，消化不良，生产性能下降。

（三）肉猪的管理

1. 合理分群

生长肥育猪一般采用群饲。为避免猪合群时争斗，最好以同一窝为一群最好。如果需要混群并窝，应按来源、体重、体质、性情、吃食快慢等方面相近的猪进行合群饲养。为减少合群时的争斗，可采用“留弱不留强，拆多不拆少，夜并昼不并”的办法。分群后，宜保持猪群相对稳定，一般不任意变动。但因疾病

或体重差别太大、体质过弱，不宜在群内饲养的猪，则应及时加以调整。

分群时，还应注意猪群的大小和圈养密度。猪群大小是指每一圈（或栏）所养猪的头数，圈养密度是指每头猪所占猪圈（或栏）的面积。它们直接影响猪舍的温度、湿度、有害气体等的变化和含量，也影响猪的采食、饮水、排便、活动、休息、争斗等行为，从而影响猪的健康与生产性能。猪群过大，猪的争斗次数增多，休息睡眠时间缩短，降低猪的生产性能，所以猪群不宜过大，一般以10～20头为宜。圈养密度过大，猪体散热增多，不利于防暑；冬季适当增大圈养密度，有利于提高圈舍温度；春秋密度过大，会因散发水气太多，利于有害微生物繁衍，使有害气体增多，环境恶化，从而降低猪的生产性能。因此，圈养密度也不宜过大，一般在20～50kg阶段0.6～1m^2/头，50～100kg阶段0.8～1.2m^2/头。漏缝地板圈养密度可大一些，实体水泥地面圈养密度小一些。

2. 及时调教

圈舍卫生条件的好坏，直接影响猪的健康与增重。因此，除每天清圈打扫、定期消毒外，饲养员还应及时做好猪的调教工作。调教工作要做到一早三勤，即早调教、勤守候、勤驱赶、勤调教，使猪养成吃食、睡觉、排便三角定位的习惯，以减轻饲养员劳动强度，保持圈舍清洁干燥。

调教要根据猪的生活习性进行。猪一般喜欢躺卧在高处、平处、圈角黑暗处、垫草及木板上，冬天喜睡在温暖处，夏天喜睡在风凉处。猪排便也有一定规律，一般多在低处、湿处、有粪便处以及圈角、洞口、门口等处，并多在喂食前后和睡觉起来时排便，在新的环境或受惊吓时排便较勤，掌握好这些习性是调教的基础，抓得及时是调教的关键。一般在猪刚调入新圈时要立即开始调教，可采用守候、勤赶、放猪粪引诱、加垫草等方法单独或交替使用。例如，在猪调入新圈前，要把圈舍打扫干净，在躺卧处铺上垫草，饲槽放入饲料，水槽加足饮水，并在指定排便地点堆放少量粪便，泼点水，然后把猪调入新圈。吃食、睡觉、排便三点的安排，应尽量考虑猪的生活习性。猪入圈后要加强看守，驱赶猪到指定地点排便，把排在其他处的粪便及时清到指定排便地点，一般经 3 天左右猪就会养成吃食、睡觉、排便三角定位的习惯。

3. 去势与驱虫

猪的性别和去势与否，对生产性能和胴体品质影响很大，生产上必须根据具体情况，灵活掌握。

对于我国地方品种猪或含我国地方品种血液较多的杂交猪，由于性成熟较早，去势后猪的性机能消失，神经兴奋性降低，日增重、饲料报酬、屠宰率、沉积脂肪能力均提高，一般公、母猪应去势肥育；对于国外引进品种猪以及含引进品种血液较多的杂交猪，由于性成熟较晚，母猪可采用不去势肥育，瘦肉率和饲料报酬较高。在某些国家，公猪也采用不去势肥育，肥育效果最佳。

小公猪一般在 7 日龄左右去势，操作方便，伤口愈合较快。小母猪一般在 30 日龄左右去势。

猪体内外寄生虫对猪危害很大，在相同饲养管理条件下，患蛔虫病的猪比健康猪增重低 30%，严重时生长停滞。生产上必须根据寄生虫的生物学和流行病学特性，有计划地定期驱虫，以提高猪的增重和饲料报酬。整个肥育期最好驱虫 2 次，肥育前进行第 1 次驱虫，体重达 50kg 左右时再驱虫 1 次。可使用左旋咪唑，按每千克体重 8mg 拌入饲料喂服；也可用伊维菌素，每千克体重 0.3mg 左右口服。

4. 建立管理制度

管理要制度化，按规定的时间与程序给料、给水、清扫粪

便，及时观察猪群的食欲、精神、粪便有无异常，及时诊治不正常的猪。要建立一套周转、出售、称重、饲料消耗、治疗等的记录制度。

（四）肉猪的肥育方法

我国猪的肥育，应立足国内，兼顾外销。我国目前常用的肥育方法有：阶段肥育法、一贯肥育法和淘汰的成本种猪肥育法等。

1. 阶段肥育法

即吊架子肥育法，是我国劳动人民根据猪的骨、肉、脂生长发育规律。从我国广大农村养猪以青粗饲料为主的实际出发，把猪的整个肥育期划分为几个阶段，分别以不同的营养水平，把精料重点用在小猪和催肥阶段，在中间阶段主要利用青粗饲料，尽量少用精料的肥育方法。

（1）肥育阶段的划分　由于各地猪种早熟性、肥育期长短以及体重要求不同，一般将整个肥育期大体划分 3 个阶段。

① 小猪阶段从断奶到体重 25kg 左右，饲养期约为 2 个月。这个阶段小猪生长速度相对较快，要求营养较多，日粮中精料多些，以免小猪生长发育受阻。此阶段要求日增重达 200～250g。

② 架子猪阶段体重 25～50kg，饲养期为 4～5 个月，主要饲喂青粗饲料，要求骨骼和肌肉得到充分发育，长大架子。此阶段日增重较低，为 150～200g。

③ 催肥阶段体重 50kg 左右到出栏。饲养期一般约 2 个月，是脂肪大量沉积阶段，日粮中精料比例要大，使之加快肥育。

（2）饲养管理技术　阶段肥育在饲养上采取“三阶段”、“两过渡”的方法，即在小猪和催肥阶段要集中使用精料，在架子猪阶段基本上以青粗饲料为主，搭配少量精料。为防止因突然增减精、粗饲料而引起食欲下降、消化道疾患及影响增重，故在小猪进入架子猪阶段和架子猪进入催肥阶段都要有一个较短时间的过渡期。

2. 一贯肥育法

一贯育肥法又叫一条龙育肥法或直线育肥法。从仔猪断奶到肉猪出栏，根据肉猪生长发育各阶段营养需要特点，供给充足营养，促进猪体各组织充分生长，以达到快速肥育的目的。一贯肥育法要求肥育期短、日增重高、饲料利用率高，因此，必须重视肥育技术。

（1）饲喂方法必须以精料为主　采用自动料箱给料，让猪昼夜随意采食；或人工定时投料，以饱为度。在小猪阶段要适当增加饲喂次数，以充分利用小猪生长快、饲料利用率高的特点。

随着日龄的增长，可减少日喂次数。精料喂量应随体重增长而增加，并注意青绿饲料的供给。

（2）保证饮水一贯肥育法　因日粮中精料多，较浓稠，特别是采用干粉料、颗粒料、生拌料饲喂，故应设置饮水器，让猪自由饮水。

（3）加强管理　肥育开始时，应做好防疫、防寒或防暑、驱虫等技术管理工作，并做好日常的清洁卫生和管理工作。

3. 淘汰种猪的肥育

淘汰种猪多年老体瘦、可利用价值差。利用淘汰的成年公、母猪进行肥育的任务在于改善肉的品质，获得大量的脂肪，因此，所供给的营养物质主要是含丰富碳水化合物的饲料。

在肥育前应进行去势，既能改善肉的品质，又有利于催肥。成年猪经去势后体质较弱，食欲又差，应加强饲养管理，供给容易消化的饲料。催肥阶段应减少大容积饲料的喂量，增加精饲料。

4. 中猪肥育

中猪是我国华南地区的食品用猪，经烧烤加工后是上等名菜。中猪是指 105 ~ 120 日龄、体重 25 ~ 35kg 的幼猪。

对中猪的要求是：头小、嘴短、皮薄、膘薄、瘦肉多、背腰直、腹小，以瘦肉型为好。经烤制后的中猪要求皮薄、鲜红、松脆、皮与膘之间不分离。

从仔猪哺乳期至断奶后若要达到要求体重，均应采用强度饲养方式，日粮中能量和蛋白质水平要高，粗纤维的含量要低。

（五）肥育猪适宜出栏体重

肉猪的适宜出栏体重是生产者必须考虑的问题，这个问题受许多因素的制约。

1. 增重与胴体瘦肉率

在一定的饲养管理条件下，肉猪达到一定体重时，才达到增重高峰。增重高峰期的早晚、高峰期持续时间长短，因品种、经济类型、杂交组合不同而异。通常小型品种或含我国地方猪遗传基因较多的杂交猪，增重高峰期出现较早，增重高峰持续时间较短，适宜出栏体重相对较小。相反，瘦肉型品种、配套系杂交猪、含我国地方猪遗传基因较少的杂交猪，增重高峰期出现较迟，高峰期持续时间较长，出栏重应相对较大。

此外，随着体重的增长，胴体瘦肉率降低。出栏体重越大，胴体越肥，生产成本也越高。因此，应在增重高峰过后及时出栏为宜。

2. 针对不同市场需求确定出栏体重

养猪生产是为满足各类市场需要的商品生产，不同市场要求各异。供给东南亚市场活大猪以体重90kg、瘦肉率58%以上为宜，活中猪体重不应超过40kg；供日本及欧美市场，瘦肉率要求60%以上，体重110～120kg为宜；国内市场情况较为复杂，在大中城市要求瘦肉率较高的胴体，且以本地猪为母本的二三元杂交猪为主，出栏体重90～100kg为宜；农村市场则因广大农民劳动强度大，需要膘稍厚的胴体，出栏体重可更大些。

3. 以经济效益为核心确定出栏体重

养猪经济效益的高低主要受3个方面因素的制约，即猪种质量、生产成本和产品市场价格。出栏体重越小，单位增重耗料越少，饲养成本越低。但其他成本的分摊额度越高，且售价等级也越低，很不经济。出栏体重越大，单位产品的非饲养成本分摊额度越少，但在后期增重的成分主要是脂肪，而脂肪沉积的能量消耗量大。

因此，生产者应综合诸因素，根据具体情况灵活确定适宜的出栏体重。

（六）提高育肥猪胴体瘦肉率的措施

提高商品肉猪胴体瘦肉率，是当前养猪生产面临的重要课题。近年来，国内市场对瘦肉猪的需求增加，加之出口需要，发展瘦肉猪生产，不仅可以提高商品肉猪日增重，降低饲料消耗，而且可以改善肉的品质，减少脂肪含量，增强适口性，同时也是提高经济效益、改善养猪业经营状况的重要途径。

1. 选养瘦肉型猪种或开展杂种优势利用

外向型猪场以饲养外国引进的长白猪、大约克夏猪、杜洛克、汉普夏猪种进行杜×长大汉×长大三元杂交，其后代虽然对饲料条件要求较高，但日增重高、饲料利用率高、胴体瘦肉率60%以上，产品出口可获得较好的价格和利润。

内销商品肉猪可根据各地实际进行瘦肉型新品种（或品系）的育种工作，培育瘦肉型品种或品系用于商品生产。应选择瘦肉率高、生长速度快、饲料利用率高和肉质好的外国良种瘦肉型公猪做父本，以分布广、适应性强、繁殖力高和肉质好的我国地方猪种（或培育品种）作母本，进行二元或三元杂交生产瘦肉型商品猪。这是一种投资少、见效快、适合我国国情的生产瘦肉型杂种商品猪的有效途径。

2. 提高育成猪活重和整齐度

在母猪窝仔数相同的条件下，同窝仔猪个体初生重越均匀越好，初生重均匀，断奶仔猪的均匀性好，则断奶窝重高，6 月龄窝重高，可以提高出栏率，提高肉猪等级，提高经济效益。现代养猪要求原窝群饲，对于提高均匀度和经济效益十分有利。

3. 适宜的饲养水平

饲养水平不仅影响猪的增重速度和饲料利用率，而且对胴体瘦肉率也有一定的影响。适宜的饲养水平包括合适的能量供应水平、合适的蛋白质和氨基酸水平以及合适的矿物质和维生素水平。

饲养水平的高低是影响瘦肉率的重要环境因素。肉猪活重 45kg 以前，增加日粮消化能，蛋白质、脂肪沉积量和日增重均呈直线增长；肉猪活重 45 ~ 90kg 期间，注意稳定消化能在 32MJ 水平。建议在满足消化能和氨基酸需要的条件下，体重 20 ~ 60kg 瘦肉型肉猪，蛋白质水平维持在 16% ~ 17%，体重 60 ~ 100kg 瘦肉型肉猪为 14% ~ 16%。

4. 环境温度

环境温度对脂肪沉积的影响大于对蛋白质沉积的影响，过高或过低的环境温度对脂肪和蛋白质的沉积都不利。据报道，适于蛋白质沉积的温度是 18 ~ 21℃；另有报道认为氮的沉积以 20 ~ 25℃时最高。据荷兰资料，在环境温度 10℃与 20℃条件下饲养的肥育猪，前者瘦肉率下降 10.6%，膘厚增加 3.4%。因此，为肥育猪创造适宜的环境温度可提高胴体的瘦肉率。同时合适的环境温度还可提高日增重，体重 40 ~ 100kg 瘦肉型肉猪合适的环境温度为 18℃左右。

除环境温度外，其他因素，如光照、通风换气、饲养密度等都对肉猪日增重造成一定的影响。

5. 屠宰适期

肥育猪在不同体重屠宰，其胴体瘦肉率不同。控制适宜体重屠宰，可提高商品猪的胴体瘦肉率。屠宰率和瘦肉率的绝对重量，随体重的增大而提高，但瘦肉所占的百分数却下降，瘦肉和肥肉中的水分含量随体重的增大而减少。

肥育猪以多大体重屠宰为宜，既要考虑胴体瘦肉率，又要考虑综合经济效益。一般大型猪可在100kg左右屠宰，中小型猪可在75～85kg屠宰。

总之，提高猪胴体瘦肉率是发展养猪生产和改善人民生活所必需的，生产瘦肉率高的肥育猪，必须采取综合措施，如选种、杂交、饲料配合、饲养技术、肥育方式、屠宰适期、环境因素、收购价格和收购标准等方面，应从全面考虑，综合分析，并协调一致方可见到明显的成效。

二、猪的疫病防治

（一）病毒性传染病

1. 猪瘟

猪瘟（HC）俗称烂肠瘟，美国称猪霍乱，英国称猪热病，是猪的一种急性、热性、败血性和高度接触性传染病。其特征为发病急，高热稽留，脾脏梗死和全身泛发性出血。猪瘟病已覆盖了我国98%以上的疆土，凡是有猪的地方，包括有野猪的地方都有猪瘟的存在，是危害我国养猪业的重要传染病之一。国际兽医局将本病列入A类传染病。我国也将其列为一类传染病。

（1）病原与流行病学　猪瘟是由黄病毒科、瘟疫病毒属、猪瘟病毒感染引起的。本病毒为单股RNA型，有囊膜，存在于病猪的各个器官、组织、分泌物及粪便中。目前，认为猪瘟仍为一个血清型，但有强、中、弱之分。强毒株引起高死亡率的急性猪瘟，中毒株引起亚急性或慢性感染，弱毒株可引起轻微症状或

亚临床症状，也就是非典型猪瘟，胚胎感染或初生仔猪感染可导致死亡。猪瘟病毒对环境的抵抗力不强，76℃经1小时可使病毒灭活。在干燥条件下，1~4周失去传染性。在腐败的动物尸体中3~4日可失去活力。对1%~2%的氢氧化钠、生石灰等碱性消毒药敏感。

猪是本病唯一的自然宿主和传染源，主要经消化道、呼吸道、眼结膜及皮肤伤口传染。本病一年四季均可发生，一般以春、秋较为严重。近年来，肉猪瘟流行发生了变化，出现非典型、温和型猪瘟，以散发性流行。发病特点是临床症状不明显，死亡率低，病理变化不典型，必须依靠实验室检验才能确诊。

（2）临床症状可分为以下几种类型

① 急性型：发病急剧，主要表现为突然发病，高热稽留，体温可达41℃以上，全身痉挛，四肢抽搐，皮肤和可视黏膜发绀，有出血点，卧地不起，很快死亡。病程1~5日。

② 亚急型：发病较急，主要表现为体温升高到41~42℃，稽留不退，精神沉郁，行动缓慢，头尾下垂，嗜睡，发抖，行走时拱背，不食。结膜发炎，眼角有大量脓性分泌物，鼻镜干燥，公猪包皮积尿。初便秘，后腹泻，或便秘腹泻交替进行。耳、颈、腹部、四肢内侧皮肤上有出血点或出血斑，病程1~2周，不死亡者转为慢性型。

③ 慢性型：主要表现为消瘦、全身衰弱，体温时高时低，便秘腹泻交替，被毛干燥，行走无力，食欲不佳，贫血。常成为僵猪。

④ 繁殖障碍型（母猪带毒综合征）：孕猪感染后可不发病，但长期带毒，并能通过胎盘传给胎儿。孕猪流产、早产、产死胎、木乃伊胎，弱仔或新生仔猪先天性颤抖。存活的仔猪都可出现长期病毒血症，一般数天后死亡。

⑤ 温和型：症状较轻且不典型。耳朵、尾巴皮肤坏死，俗

称“干耳”、“干尾巴”。病猪发育停滞，四肢瘫痪，共济失调，部分猪跗关节肿大。病程半月以上，有的经 2 ~ 3 个月后才能恢复。

⑥ 神经型：多见于幼猪。病猪表现为全身痉挛或不能站立，或盲目奔跑，或倒地痉挛，常在短期内死亡。

(3) 剖检变化　主要表现为典型的败血性病变，全身皮肤、浆膜和内脏实质器官有不同程度的出血变化。全身淋巴结肿大、多汁、充血和出血，呈红白相间的大理石状花纹。肾脏色泽变淡，呈土黄色，皮质部有针尖大到米粒大数量不等的出血点，少者数个，多者密布，呈“麻雀蛋样病变"。脾不肿大，色泽基本正常，边缘有出血性或贫血性梗死灶。输尿管、膀胱、会厌软骨、喉头心外膜等处有数量不等的出血点。育肠和结肠的淋巴小结坏死、溃烂、形成纽扣状溃疡。

(4) 防治措施

① 预防。

A. 免疫接种：这是当前防治猪瘟的主要手段。仔猪 25 日龄左右进行第一次免疫接种，6 月龄左右进行二免。猪瘟流行严重的猪场可进行超免，即在仔猪刚出生后未吃初乳前，接种猪瘟细胞苗 1 ~ 2 头份。注苗 1 ~ 2 小时后再自由哺乳，首免后 33 日龄二免，70 日龄三免。种公猪每半年免疫一次，每次注射细胞苗 8 ~ 10头份。后备母猪配种前 15 天，经产母猪产后 25 天免疫，每次注射 8 ~ 10 头份细胞苗。

B. 及时淘汰隐性感染带毒猪。

C. 引种时防止引入病猪。

D. 建立“全进全出”的管理制度。

E. 做好猪场的隔离、卫生、消毒工作。

F. 加强市场检疫。

G. 科学饲养管理，提高机体抵抗力。

② 疫情处理。

发现可疑的病猪，应立即上报疫情，采样送检，对疫区采取封锁、隔离、消毒、扑杀、销毁等综合措施，对受威胁区实施紧急免疫接种和疫情监测。解除封锁应在疫区最后一头病猪死亡或扑杀后的21天，进行全面消毒后方可进行。

2. 口蹄疫

猪口蹄疫是一种偶蹄动物共患的急性、热性、高度接触性传染病。特征是以蹄部和唇边发生水泡为主，严重时蹄壳脱落，跛行，不能站立。国际兽疫局把口蹄疫列为A类疫病中第一位烈性传染病，我国也把口蹄疫列为一类传染病。

（1）病原与流行病学　口蹄疫病毒，属于小核糖核酸病毒科、口蹄疫病毒属。具有多型性，目前已知有7个血清型，即O、A、C，南非1、2、3型及亚洲型。又有很多亚型，各型之间无交叉免疫保护作用，各亚型之间也只有部分交叉免疫性。对口蹄疫病毒有杀死作用的药物有：2%～4%氢氧化钠，5%～8%福尔马林，0.5%～1%的过氧乙酸等。碘酊、酒精、石炭酸、来苏儿、新洁尔灭对口蹄疫病毒无杀灭作用。

本病以直接接触或间接接触的方式传播。该病一年四季均可发生，但以冬、春季多发，多在秋季开始、冬季加剧、春季减缓、夏季多平息，常呈地方流行性或大流行。

（2）临床症状　潜伏期一般为18～20个小时。病初体温升高到41～42℃，精神不振，食欲减少或废绝，在蹄冠、蹄叉等出现局部红肿现象，不久出现水泡，破裂后形成出血型溃疡面，严重时蹄壳脱落、卧地不起。有的病猪的鼻端、乳房也可出现水泡，很快破裂形成烂斑，本病多为良性经过，大猪很少发生死亡，但初生仔猪常因发生严重心肌炎和胃肠炎而突然死亡。

（3）剖检病变　除蹄部、口腔、鼻端、乳房等处出现水泡、溃疡及烂斑外，咽喉、气管、支气管和胃黏膜也有烂斑和溃疡，小肠、大肠可见出血性溃疡。具有特征意义的病变为心脏为不规则的灰黄色至灰白色条纹和斑点，切面清晰可见，俗称“虎斑心”。

(4) 防治措施

① 预防。种公猪每年注苗2次，每次高效苗2mL/头，生产母猪分娩前1.5个月肌内注射高效苗2mL/头，育肥猪出生后40日龄首免高效苗1mL/头，670日龄二免高效苗1mL/头。后备种猪、仔猪二免后，每隔6个月免疫一次，每次高效苗2mL/头。

② 疫情处理。疫区和受威胁区可用疫苗注射。发生疑似口蹄疫时，应立即向当地动物防疫监督机构报告。对发病的猪场和村庄要实行封锁，猪圈、饲槽及用具、场地等，用3%烧碱溶液喷洒消毒。粪便、垫草等运送到指定地点销毁。病猪和同群猪一律扑杀并进行无害化处理。疫点内最后一头病畜消灭之后，至少14天不出现新病时才可以解除封锁。

3. 猪流行性感冒

简称“猪流感”，是猪的一种急性、热性、高度接触性传染病。特征是发病急、传播快、发病率高、死亡率低，病猪表现发热、肌肉或关节疼痛和呼吸道症状。

(1) 病原与流行病学　猪流感病毒属于正黏病毒属，是A型流感病毒的一个类型。本病毒对热和消毒药敏感，56℃ 30分钟可灭活病毒，5%石炭酸、碘酊有很好的杀灭作用。但对干燥和低温抵抗力强大，冻干或－70℃可保存数年。各年龄、各品种的猪都有易感性。主要通过呼吸道飞沫传播，有明显的季节性，秋末、寒冬、春初易发，呈地方流行性。

(2) 临床症状　本病潜伏期2～7天，病初体温突然升高至40～42℃，食欲减少或废绝，精神沉郁、呼吸急促、喷嚏、咳嗽、鼻流浆液或脓性鼻液，结膜潮红、流泪。肌肉、关节疼痛，躺卧，不愿行走，强迫行走站立时，发出疼痛的尖叫声及跛行。

死亡率低，但继发其他疾病时死亡率增高。

（3）剖检病变　病变主要在呼吸系统。剖检可见咽喉、气管、支气管黏膜轻度充血、出血、肿胀，表面有黏液，气管内有大量泡沫样液体。肺脏病变常见于尖叶、心叶和中间叶，病变深紫色，膨胀不全，塌陷，其周围组织气肿、苍白，界限明显。颈和纵隔淋巴结充血、水肿。胃肠有血，脾轻度肿大，肾病变不明显。

（4）防治措施

① 预防：应采取综合防治措施，加强饲养管理，保持猪舍的清洁干燥，防寒保暖，定期驱虫。尽量不在寒冷、多雨、气候骤变季节长途运猪。

② 治疗：对症治疗，防止继发感染。可用解热镇疼药和抗生素药物，如安乃近、安基比林、青霉素等。这些药对病毒无作用，主要是抗菌，防继发感染，促使病猪早日康复。

4. 猪繁殖和呼吸系统综合征

又称蓝耳病。其特征是厌食、发烧，妊娠母猪早产、流产、产死胎、木乃伊胎、弱仔，仔猪死亡率增高。各年龄猪呼吸道病增加，是目前高热混感症的主要病因之一。

（1）病原与流行病学　蓝耳病病毒属于动脉炎病毒科、动脉炎病毒属，为 RNA 病毒。对氯仿和乙醚敏感，对温度较敏感，一般 37℃ 48 小时和 56℃ 45 分钟可使病毒丧失活性。在 －70℃或 20℃保存数月病毒活性不变。

本病仅感染猪，各年龄、各品种猪均可感染。主要通过空气传播和接触传播。

（2）临床症状　由于饲养管理条件、猪体健康状况、有无继发感染等情况不同，临床症状也不同。主要表现为：发热、食欲不振、嗜睡和精神沉郁，幼猪呼吸困难和呼吸急促。妊娠母猪早产、流产、产死胎、木乃伊胎及弱仔，哺乳仔猪死亡率高。病猪耳朵、外阴、尾部、腹部和口部出现青紫、发绀。如果继发猪瘟、圆环病毒、附红细胞体等，则临床症状更加复杂化。

(3) 剖检变化　单纯的蓝耳病剖检变化无肉眼可见变化。间质性肺炎是本病的常见变化，表现肺泡壁增厚，单核细胞浸润，肺泡间隙含有蛋白碎片及变性细胞。

(4) 防治措施

① 预防：种公猪每半年免疫一次，注射灭活苗 1～2 头份；经产母猪产后 20 天和产前 30 天各免疫一次，用灭活苗 1～2 头份；后备母猪配种前 20 天免疫一次，用灭活苗 1 头份；仔猪断奶后免疫一次，用冻干弱毒活苗免疫 1 头份。

② 治疗：对症治疗防继发感染，可用退烧药如氨基比林，抗生素如头孢类药。

③ 疫情处理：发现病猪及可疑病猪必须立即隔离，发现疫情要立即向当地动物防疫机构报告；动物防疫机构要及时派人进行诊断，并采取有效的防制措施。隔离扑杀阳性母猪及阳性仔猪。

5. 猪伪狂犬病

伪狂犬病是由伪狂犬病病毒引起的多种家畜和野生动物的一种急性传染病。本病对猪危害最大。其主要特征为发热及中枢神经系统障碍。成年猪呈现隐性感染，妊娠母猪可出现流产，产死胎及木乃伊胎，新生仔猪除表现发热和神经症状外，还可见有消化系统症状及呼吸系统症状。

(1) 病原与流行病学　伪狂犬病病毒为疱疹病毒科，常存在于脑脊髓液中。该病毒对低温、干燥的抵抗力较强，2% 的火碱液和 3% 的来苏儿均能很快将其杀死。

本病的发生没有明显的季节性。但以寒冷的冬季发病较多，哺乳仔猪日龄越小，死亡率越高，主要通过呼吸道、消化道、损伤的皮肤感染，也可通过配种、哺乳、胎盘、昆虫叮咬传播。

（2）临床症状 潜伏期3～6天。

① 妊娠母猪：感染本病后常引起流产、产死胎、木乃伊胎、弱仔，以死胎为主。无论是头胎母猪还是经产母猪均可发病。

② 哺乳仔猪：感染后病情严重，体温升高、精神沉郁、眼睑充血肿胀、瞳孔散大、眼球上翻、视力减退或丧失，呼吸困难，呈腹式呼吸。流涎、呕吐、腹泻。有神经症状，不自主地前冲、后退或转圈运动，叫声嘶哑，有的四肢划动，呈游泳状，最后死亡。

③ 育肥猪及成猪：感染后体温升高，精神沉郁，有的病猪表现呕吐、咳嗽、腹泻，个别的有神经症状。成猪多表现隐性感染，增重缓慢、料肉比增高，公猪睾丸肿胀萎缩，种用率降低，母猪返情率高，屡配不孕。

（3）剖检变化 一般无肉眼病变。神经症状明显的猪可见脑膜充血、水肿，肺水肿充血、间质性肺炎。淋巴结水肿、充血，间质充血。肝、脾、肾有坏死灶。胃底部和大肠呈现斑块出血性炎症。

（4）防治措施

① 疫苗注射：仔猪33日龄注射双基因缺失弱毒冻干苗1头份。后备母猪注射双基因缺失灭活苗1头份，间隔20天加免一次。妊娠母猪产前35天注射灭活苗1头份，经产母猪产后20天注射1头份灭活苗。每半年注射1头份灭活苗。

坚持自繁自养，严防购入病猪。灭鼠和杀虫。加强卫生消毒。

② 疫情处理：扑杀病猪消除传染源，对假定健康猪紧急疫苗注射。

6. 猪细小病毒病

猪细小病毒病是猪的一种繁殖障碍性传染病。其特征是胚胎和胎儿感染死亡，引起流产、产死胎、畸形胎、木乃伊胎和弱仔，而母猪本身无症状。

（1）病原与流行病学　猪细小病毒属细小病毒科细小病毒属，核酸为单股 DNA。本病毒只有一个血清型，对环境的抵抗力极强，80℃经 5 分钟才能使其灭活。5% 漂白粉、2% 氢氧化钠溶液等在数分钟内可杀死病毒。猪是唯一的易感动物，主要通过接触及消化道传播，也可经配种传播。妊娠母猪可通过胎盘传给胎儿。呈地方流行性，多发生于产仔旺季。

（2）临床症状　猪感染本病后，临床症状不明显，主要表现为母猪的繁殖障碍。母猪流产、产死胎、畸形胎、木乃伊胎和弱仔，公猪感染后，对受精率和性欲没有影响。

（3）剖检变化　怀孕母猪感染后，肉眼病变不明显，可见轻度子宫内膜炎。受感染的胎儿可见不同程度的发育障碍和生长不良，胎儿充血、水肿、出血，胸腹腔有淡黄色或淡红色渗出液。

（4）防治措施

① 预防：种公猪每半年注射一次灭活苗 1 头份，后备母猪 6 月龄免疫一次灭活苗 1 头份，配种前 15 天免疫一次灭活苗，经产母猪配种前免疫一次灭活苗 1 头份。

② 疫情处理：扑杀发病母猪、仔猪，尸体无害化处理，圈舍、环境、用具等彻底消毒。

7. 猪流行性乙型脑炎

流行性乙型脑炎又称日本乙型脑炎，是一种人畜共患传染病。其特征是：母猪流产和产死胎，公猪发生睾丸炎，少数猪特别是仔猪呈现典型脑炎症状，如高热、狂暴、沉郁等。

（1）病原与流行病学　猪乙脑病毒，属于黄病毒科黄病毒属，是一种 RAN 病毒。

本病毒对外界抵抗力不强，在 56℃经 30 分钟或 100℃经 2 分钟可灭活，零下 70℃可存活数年。一般消毒药如 2% 氢氧化

钠、3%来苏儿等对乙脑病毒都有杀死作用。主要通过蚊子叮咬而传染。不同品种、性别、年龄的猪均可感染，但多为隐性感染。具有明显的季节性，在蚊子猖獗的夏秋季节发病严重。

（2）临床症状　猪常突然发病，体温升高达40～41℃，呈稽留热，精神不振，嗜睡喜卧，食欲减少或废绝，粪便干燥呈球形，结膜潮红，尿呈深黄色。个别病猪视力障碍，摆头、兴奋、乱冲乱撞、步态不稳，有的后肢关节肿胀疼痛而呈跛行。

怀孕母猪发病后主要症状是突然发生流产或早产，产木乃伊胎儿、死胎、弱仔等，死胎大小不等。流产后母猪症状很快减轻，体温和食欲逐渐恢复正常。也有个别母猪流产后，体温升高，胎衣滞留，影响下次发情和怀孕。公猪发病后，除呈现一般症状外，还发生睾丸肿胀，多呈一侧性。少数患猪睾丸缩小、变硬，丧失配种能力。

（3）剖检变化　病猪的肉眼变化主要在脑、脊髓、睾丸和子宫，脑室积液，呈现黄红色，眼结膜呈树枝状充血。心肌变性呈褐色，肺轻度水肿。肝色淡质脆变硬，切面有少量灰白色小点状坏死灶，肾稍肿大。流产母猪子宫内膜充血、水肿。流产或早产的胎儿常见脑水肿，胸腔积液。公猪睾丸肿胀，睾丸实质充血，切面有大小不等的坏死状。

（4）防治措施

①免疫接种：对6月龄后备种猪配种前或流行季节前1个月，用乙脑灭活苗免疫两次（间隔15～20天），每次1头份。经产母猪及成年公猪每年注射1次乙脑灭活苗，每次1头份。在乙脑流行严重地区，为控制其流行对其他类型猪也应免疫接种。

②治疗：对乙型脑炎病猪的治疗目前还没有特殊的方法，主要是对症治疗。

8. 猪圆环病毒病

猪圆环病毒病是由猪圆环病毒引起猪的一种新传染病，主要感染断奶后 2～8 周龄的仔猪。其特征为体质下降，消瘦、腹泻、呼吸困难。

（1）病原及流行病学　猪圆环病毒属于圆环病毒科圆环病毒属，单股 RNA 病毒。病毒主要传染断奶后 2～8 周龄的仔猪，主要通过消化道感染，也可通过胎盘垂直传染。猪圆环病毒分为一型和二型，引起猪发病的为二型病毒。

（2）临床症状　主要有两种症状。

① 传染性先天性震颤：表现在仔猪出生后 1 周，严重的震颤不能吃食，存活 1 周的仔猪可以存活下来，多数在 3 周时间内恢复，震颤为双侧，影响骨骼和肌肉，当卧或睡觉时震颤消失，外界刺激可以引发或加重震颤。

② 断奶仔猪多系统衰竭症：表现为体重减轻，被毛粗糙、无光泽，消瘦。同时出现呼吸困难，约有 20% 出现黄疸。有的病猪表现为下痢、咳嗽和中枢神经系统紊乱。在临床病例中发病率低，但病死率高。在某些猪群中发病猪有 50% 的死亡。

（3）剖检变化　外观消瘦，被毛粗乱。剖检可见淋巴结肿大 2～3 倍，肺呈花斑状肉样外表，呈弥漫性间质性肺炎症状，胸腔有多量淡黄色液体，肝、肾有花斑样外表。脾肿大，边缘有丘状突起及出血性梗死灶。

（4）防治措施　目前尚无疫苗和特效药物。主要加强饲养管理和兽医卫生消毒措施，全进全出，严格执行生物安全措施，防止疫病传入，控制并发和继发感染。猪场一旦感染本病，控制和净化本病是很困难的。发现可疑病猪应及时隔离，并加强消毒，切断传播途径，杜绝疫情传播。

（二）细菌性传染病

1. 猪链球菌病

猪链球菌病是由多种不同群的链球菌引起的表现不同临床症状的疾病总称。常见的症状有化脓性淋巴结炎、败血症、脑膜脑

炎及关节炎。

（1）病原及流行病学　链球菌属于链球菌属，革兰氏阳性菌，球形或卵圆形，有 19 个血清群。本病主要由 E、D、C、L 群链球菌引起。本菌在外界能存活数周，对热敏感，一般消毒药可在短时间内杀死本菌。各年龄、各品种猪均易感。主要经呼吸道感染，也可经消化道感染。伤口是本病的重要传播途径。本病无明显季节性。新疫区多呈暴发，表现急性败血性，老疫区多呈散发。

（2）临床症状　潜伏期 1 ~ 3 天，在临床上可分为 4 个型。

① 败血症型：突然不食，体温升高 41 ~ 42℃，呈稽留热。病猪嗜卧，步态不稳，精神沉郁，呼吸困难，流浆液鼻汁，腹下、四肢及耳端呈紫红色，并有出血斑点。便秘或腹泻，粪便带血，尿黄或血尿，常在 1 ~ 2 天内死亡。有的不见任何症状，即可死亡。

② 脑膜脑炎型：病初体温升高至 40.5 ~ 42.5℃，不食、便秘，流浆液性鼻液，继而病猪很快出现神经症状，运动失调、转圈、空嚼、磨牙，后躯麻痹，侧卧于地，四肢做游泳状划动，甚至昏迷不醒。当有人触及躯体时，发出尖叫声，不久死亡。病程稍长者可痊愈。

③ 关节炎型：病猪食欲降低，常表现四肢关节炎症状，出现一肢或多肢的关节肿胀疼痛，跛行或卧地不起。

④ 淋巴结脓肿型：多见于颌下、咽部、耳下及颈部淋巴结发炎、肿胀，可为单侧或双侧。发炎淋巴结可成熟化脓，破溃流出脓汁，以后全身症状好转，形成疤痕愈合。

（3）剖检病变　总体病变多以出血性败血性浆膜炎和黏膜炎为主要病变。但不同病型的病变略有不同。败血症病例可见各器官充血、出血，心包液增多，脾肿大、色暗红，肾肿大、出血。脑膜脑炎型病变为脑膜充血、出血，严重者溢血。关节炎型病例可见关节周围肿胀、充血，滑液混浊，严重者关节软骨坏死，关节周围组织有多发性化脓灶。

（4）防治措施

① 预防：

A. 引进种猪时作好检疫和隔离观察，防止病猪进入猪场。

B. 加强饲养管理工作，在断脐、去势时严格消毒。

C. 泔水必须煮沸后才能喂猪。

D. 发现病猪及时隔离治疗。

E. 免疫接种使用猪链球菌弱毒冻干菌苗或猪链球菌蜂胶灭活苗免疫接种，按说明书规定使用。

② 治疗：青霉素为治疗本病的首选药物，其次为磺胺类药物，按说明使用。

2. 猪丹毒

猪丹毒是由猪丹毒杆菌引起的一种急性、热性传染病。其特征是急性型呈败血症经过，亚急性型在皮肤上出现特异性紫红色疹块，慢性型常发生心内膜炎和关节炎。

（1）病原及流行病学　猪丹毒杆菌，革兰氏阳性小杆菌，其血清型有29个以上。本菌对热敏感，55℃15分钟可杀死。一般消毒药1%～2%氢氧化钠、1%漂白粉、10%石灰乳、3%来苏儿、2%福尔马林等能很快将其杀死。本菌对青霉素敏感，对磺胺类药无效。各年龄猪均可感染，但中猪（3～6月龄）易感，仔猪（3月龄以上）和老龄猪（6月龄以上）发病率不高。本病的发生具有明显的季节性，一年四季均可发生，以7～9月多发。主要通过消化道感染，也可通过皮肤创伤感染，吸血昆虫也可传播本病。

（2）临床症状　潜伏期最短1天，最长9天，一般为3～5天，可分为3型。

① 急性型：又称败血型。有的猪不见任何症状，即可死亡。

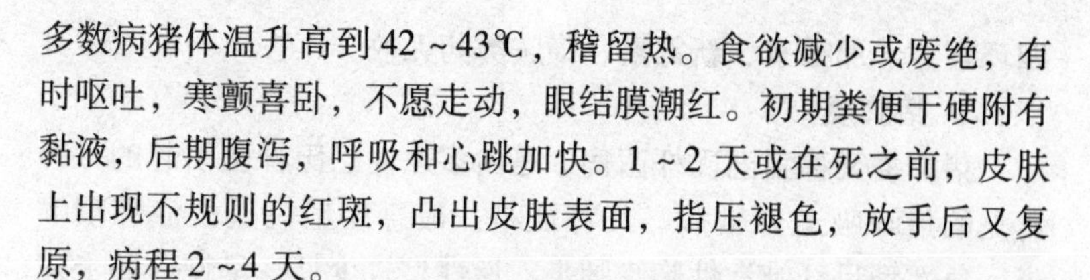

多数病猪体温升高到42～43℃，稽留热。食欲减少或废绝，有时呕吐，寒颤喜卧，不愿走动，眼结膜潮红。初期粪便干硬附有黏液，后期腹泻，呼吸和心跳加快。1～2天或在死之前，皮肤上出现不规则的红斑，凸出皮肤表面，指压褪色，放手后又复原，病程2～4天。

② 亚急性型：又称疹块形，俗称“打火印"，以皮肤出现疹块为特征，病初精神沉郁，体温升高到41℃以上，不食，粪便干结，时有呕吐，不愿站立。体温升高2～3天后，在背部、胸部、颈部和四肢外侧处的皮肤上出现大小和数量不等的疹块，界限清楚，多呈菱形和正方形。少数病例小疹块可融合为大疹块，剥落后形成疤痕，经1～2周后康复。

③ 慢性型：多由急性型和亚急性型转变而来，常表现为心内膜炎、关节炎和皮肤坏死等，单独发生或并发。

（3）剖检变化　急性型主要表现为急性败血症变化。病死猪脾脏充血，肿大而呈樱桃红色。肾脏混浊、肿胀，皮质部有针尖大小的出血点。肺充血、水肿，肺泡中有蛋白性渗出物。心肌炎、心肌营养不良和坏死，心外膜有点状出血。胃肠呈卡他性出血性炎症。肠系膜淋巴结和全身淋巴结肿大、充血和出血，皮肤上有红斑，指压褪色。

亚急性型，皮肤上有特异性疹块。肾脏肿大、出血、呈花斑样。慢性型的特征为心内膜炎、关节炎和坏死性皮炎。在心脏瓣膜上可见到灰白色赘生物。关节肿大，关节囊内有多量浆液性、纤维素性渗出液，使关节粘连变型，关节强直。皮肤坏死主要见于耳、肩、背、尾等处，呈黑色坏死痂以及脱落后遗留的斑痕。

（4）防治措施

① 预防：作好免疫接种是预防本病的最有效方法，用猪丹毒、猪肺疫二联苗免疫，按说明注射。

② 治疗：青霉素是治疗本病的首选药物，其次是土霉素和

四环素。卡那霉素、新霉素、磺胺类药无效。

3. 猪肺疫

猪肺疫又称猪巴氏杆菌病，是由多杀性巴氏杆菌引起的一种常见的猪呼吸道传染病。其特征是：最急性型呈败血症和咽喉炎，急性型呈纤维素性胸膜肺炎，慢性型较少见，呈慢性肺炎症状，有时伴发关节炎。

（1）病原及流行特点　多杀性巴氏杆菌属巴氏杆菌属，革兰氏阴性菌，具有多型性。本菌对外界抵抗力低，在干燥情况下很快死亡。一般消毒药如1%氢氧化钠、3%来苏儿或1%漂白粉等都能将其杀死。本病发生无明显季节性，但在气候多变、多雨潮湿季节多发，主要经消化道和呼吸道感染，也可经昆虫叮咬和损伤的皮肤黏膜感染。各年龄猪均可发生，但仔猪和架子猪多发。

（2）临床症状　潜伏期1～5天，临床上可分为最急性型、急性型和慢性型。

① 最急性型，俗称“锁喉风”，突然发病。经常晚间吃料正常，次日清晨突然死亡，观察不到临床症状。病程稍长的有高热（41～42℃）、全身衰弱、食欲废绝、卧地不起、呼吸困难、心跳加快。咽部发热、红肿、坚硬，重者局部肿胀可延及耳根、颈部。呼吸困难时，常表现犬坐姿势，口鼻流出泡沫样液体，可视黏膜充血、发绀，耳根、颈部、腹部内侧出现红斑。病死率高。

② 急性型：是主要和常见的病型。除表现败血症外，还有急性胸膜肺炎症状。体温升高（40～41℃），初期发生痉挛性干咳，鼻流黏液，呼吸困难，而后变为湿咳。有啰音和摩擦音。随着病程发展，呼吸更加困难，呈犬坐姿势，可视黏膜发绀，有脓性结膜炎。先便秘后腹泻，皮肤瘀血或有小出血点。卧地不起，有的死亡，有的变为慢性。

③ 慢性型：表现出慢性肺炎和胃肠炎症状。病猪精神沉郁、

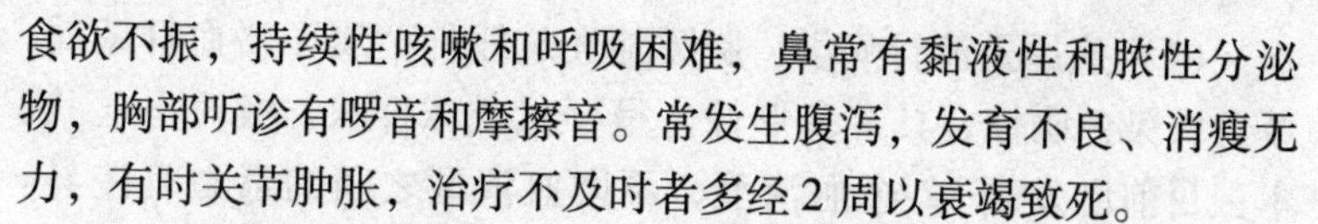

食欲不振，持续性咳嗽和呼吸困难，鼻常有黏液性和脓性分泌物，胸部听诊有啰音和摩擦音。常发生腹泻，发育不良、消瘦无力，有时关节肿胀，治疗不及时者多经2周以衰竭致死。

（3）剖检变化

① 最急性型：全身黏膜、浆膜及皮下组织出血性浆液浸润。颈部皮下可见大量淡黄色胶冻样水肿液，水肿可蔓延至前肢。肺急性水肿，全身淋巴结出血，脾出血但不肿大，心外膜有出血点。

② 急性型：全身黏膜、浆膜、实质器官和淋巴结出血，特征病变是纤维素肺炎。肺有肝变、水肿和气肿。病程长的肝变区有坏死灶。

可见胸膜肺炎，易发生肺和胸膜粘连，不易剥离，胸腔淋巴结肿大，切面多汁，气管内有泡沫状液体渗出液。

③ 慢性型：尸体极度消瘦、贫血。肺肝变区扩大，坏死灶外有结缔组织包裹，内有干酪样物质，有的形成空洞。心包与胸腔积液，胸髓有纤维素性物质沉着，常与肺脏粘连。

（4）防治措施

① 预防：

A. 加强饲养管理，搞好兽医卫生，增强猪的自身抵抗力。

B. 免疫接种，用猪丹毒、猪肺疫二联苗，免疫注射按说明使用。

② 治疗：本菌对青霉素，链霉素、磺胺类及喹喏酮类药物均有效，可选择使用。

4. 猪传染性胸膜肺炎

猪传染性胸膜肺炎是由胸膜肺炎放线杆菌引起的一种重要的猪呼吸道传染病，是国际公认的危害现代养猪业的重要传染病之一。特征：急性出血性纤维素性胸膜肺炎和慢性纤维素性坏死性胸膜肺炎。

（1）病原及流行病学　胸膜肺炎放线杆菌属于嗜血杆菌属，革兰氏染色阴性，具有多形性，呈杆状或球杆状，有时呈丝状。本菌目前已发现12个血清型，不同血清型之间的毒力有差异。本菌抵抗力不强，一般消毒剂可在短时间内将其杀死，60℃温度下5～20分钟可灭活。主要通过接触传染，特别是猪舍通风不良、拥挤或长途运输之后容易流行。各品种、各年龄猪均可感染。

（2）临床症状　潜伏期1～7天或更久，可分为三种类型。

① 最急性型：常见不到明显症状而突然死亡。

② 急性型：体温升高至42℃以上，精神沉郁，食欲废绝，呼吸困难，心跳加快，呈犬坐姿势，张口呼吸，咳嗽，耳鼻发绀，口鼻流出泡沫状血样液体。如不及时治疗，常于1～2天内死亡。病死率高达80%～100%，不死者转为慢性。

③ 慢性型：多由急性转变而来。体温39.5～40℃，拒食，间歇性咳嗽，生长缓慢，出现一定程度的异常呼吸。饲料利用率低，有时跛行，关节肿大，症状逐渐消退，逐渐痊愈。

（3）防治措施

① 预防：坚持自繁自养，严格消毒，加强饲养管理。免疫注射，用传染性胸膜肺炎灭活苗，种公猪每半年注射一次，母猪产前1个月注射一次，所生仔猪5周龄注射一次，按说明使用。

② 治疗：土霉素、强力霉素、氟苯尼考、卡那霉素、磺胺类均有效。

5. 猪气喘病

猪气喘病，又称猪地方流行性肺炎或猪支原体肺炎，是猪的一种高度接触性慢性呼吸道传染病，广泛分布于世界各地。主要症状是咳嗽和气喘，生长发育缓慢，病变特征是融合性支气管肺炎，肺尖叶、心叶、中间叶和膈叶前缘呈肉样或“虾肉样”病变。

（1）病原及流行病学　病原为猪肺炎霉形体，又称支原体，是一类无细胞壁的多形态微生物，呈球状、两极形等，革兰氏染色阴性。该病原对外界抵抗力低，在外界环境中存活不超过36小时。常用清毒药1%苛性钠、20%草木灰等均可将其杀死。

本病仅猪和野猪易感，各品种年龄猪均可发病。主要通过呼吸道传播，本病的发生没有明显的季节性。但在寒冷、多雨、潮湿或气候骤变时发病较多。

（2）临床症状　潜伏期10～16天，可分为急性型、慢性型及隐性型。

① 急性型：多见于新感染的猪群。猪群突然发病，呼吸困难，张口喘气，犬坐姿势，口鼻流沫，并发出喘鸣声。一般咳嗽少而低沉，有时发生痉挛性咳嗽，精神沉郁，食欲下降，当有继发感染时，体温升高。病程7～10天。

② 慢性型：多由急性转变而来。患猪表现长期咳嗽，尤以清晨、夜间和驱赶运动及进食后明显。咳嗽时站立不动，弓背，伸颈，头下垂，直到呼吸道分泌物咳出咽下为止。以上症状时而明显，时而缓和。病猪消瘦衰弱，病程可达2～3个月或更长。

③ 隐性型：基本不表现临床症状，偶有咳嗽和轻微喘气。

（3）剖检变化　病变主要见于肺炎和肺部淋巴结。肺的心叶、尖叶和膈叶都可见到灰红色的肺炎病变区，界限明显，切面致密似肉状，俗称肺的肉变。随病程延长，病程加重。病变部呈淡紫色、深红色或灰白色、灰黄色，坚韧性增加，俗称“胰”或“虾肉变”，肺门淋巴结和纵隔淋巴结肿大，灰白色切面湿润外翻。继发感染时病情严重，可见心包炎、胸膜炎、肺和胸粘连。其他脏器病变不明显。

（4）防治措施

① 预防：坚持自繁自养，引种猪时，必须从非疫区引入。引入后隔离观察3个月，确认健康无病方可混群。免疫接种使用

猪喘气病弱毒疫苗，15 日龄以上哺乳仔猪进行首免。留作种用的猪到 3～4 月龄时进行二免，育肥猪可不二免。种公、母猪每年春秋季各免疫一次。

② 治疗：抗生素对本病有治疗作用，临床常用药有卡那霉素、金霉素、林可霉素、泰乐菌素、泰妙菌素。治疗的同时要加强护理，改善卫生条件，注意防寒保暖，增喂青绿多汁饲料，定期驱虫，减少应激因素。

6. 猪副嗜血杆菌病

猪副嗜血杆菌病，是由猪副嗜血杆菌引起猪的多发性浆膜炎和关节炎的细菌性传染病。主要引起肺的浆膜和心包，以及腹腔浆膜和四肢关节浆膜的纤维素性炎为特征的呼吸道综合征。本病是免疫抑制病的因子，随着免疫抑制病的增加，该病也日趋流行，危害更加严重，应引起重视。

（1）病原及流行病学　副嗜血杆菌为巴氏杆菌科嗜血杆菌属，革兰氏染色阴性。有 15 种血清型、4、5 和 13 型最常见。本菌对外界的抵抗力不强，干燥环境中易死亡，60℃5～20 分钟被杀死，4℃存活 7～10 天。常用消毒药可将其杀死。各年龄猪均可感染，仔猪易感，尤其断乳后 10 天左右多易发病。主要通过空气、直接接触感染，也可经消化道传染。无明显季节性，是条件性疾病，往往同蓝耳病、圆环病、支原体病等免疫抑制性疾病同时发生。

（2）临床症状　潜伏期 2～5 天。

猪发病后，体温升高 40℃以上，食欲不振，精神沉郁，有的四肢关节出现炎症，可见关节肿胀，疼痛，起立困难，跛行。驱赶时，疼痛尖叫，颤抖，共济失调。逐渐消瘦，被毛粗乱，咳嗽，心跳加快，呼吸困难，出现腹式呼吸或犬式喘气。可视黏膜发绀，耳尖、四肢末梢等部位发绀。如混合感染，情况更加复杂。

（3）剖检变化　全身淋巴结肿大，切面颜色一致为灰白色。胸膜、腹膜、心包膜以及关节的浆膜出现纤维素性炎。表现为单个或多个浆膜的浆液性或化脓性的纤维蛋白渗出物，外观淡黄色、蛋皮样的薄膜样的伪膜附着在肺胸膜、肋胸膜、心包膜、脾、肝与腹膜以及关节等器官表面，也有报道本病可发生筋膜炎及化脓炎鼻炎，脑膜病变发生不多。

（4）防治措施

① 预防用副嗜血杆菌灭活苗进行注射，按说明使用。

② 治疗：红霉素、林可霉素、土霉素、磺胺类药物有效。

7. 附红细胞体病

附红细胞体病是由猪附红细胞体寄生于猪的红细胞或血浆内引起的，一种人畜共患传染病。其特征是：发热和急性溶血性黄疸，贫血，严重者导致死亡。

（1）病原及流行病学　猪附红细胞体属立可次氏体。游离在血浆中的虫体常单个存在，可见其作伸展、收缩、转体等运动。附红细胞体对干燥和化学药剂抵抗力弱，一般消毒药均可将其杀死。各品种、性别、年龄的猪均可感染和发病，但以母猪和小猪易感。主要发生于温暖季节，通过接触性传播，也可通过胎盘传播。

（2）临床症状　猪附红细胞体病的潜伏期为2～45天。发病后主要表现为：仔猪特别是断奶仔猪急性期表现发热、高烧达42℃，食欲不振、精神沉郁、贫血、黏膜苍白，有时黄疸，背腰及四肢末梢瘀血，耳廓边缘发绀。耳廓边缘的浅至暗红色为其特征性症状。母猪表现厌食、发热高达42℃，有时乳房或外阴水肿。母猪产奶量下降，缺乏母性或发情不正常。有时可能表现繁殖障碍。育肥猪感染时皮肤潮红，毛孔处有针尖大小的微细红斑，尤以耳部皮肤明显，体温高达40℃以上，精神沉郁，食欲不振。一旦有继发感染，损失更为严重。

（3）剖检病变　主要的病理变化可见皮下黏膜、浆膜苍白黄染，皮下组织弥漫性黄染，全身淋巴结肿大、潮红、黄染，喉头黏膜、肺浆膜、胸腔浆膜、胃肠浆膜黄染。肾肿大、质地脆弱、外观黄染，肝腰肿大、肝脂肪变性。脾被膜有结节，结构模糊。

（4）防治措施　预防本病要采取综合措施，驱除媒介昆虫，做好针头、注射器的消毒工作。治疗时首选药物是强力毒素和914等。

8. 弓形体病

弓形体病是由龚地弓形虫寄生于猫、猪、牛、羊、犬等多种动物内引起的一种人畜共患传染病。其特征是：患病动物高热、呼吸困难、咳嗽及出现神经系统症状，妊娠动物流产、产死胎、胎儿畸形。该病传染性强，发病率和死亡率较高，对人畜危害严重。

（1）病原及流行病学　龚地弓形虫为细胞内寄生虫，猪体内的弓形虫可由速殖子和组织包裹。经口吃入被卵囊或带虫动物内脏、分泌物等污染的饲料和饮水是猪的主要感染途径。

（2）临床症状　猪急性感染后，经3～7天的潜伏期，呈现和猪瘟极相似的症状。体温升高达40～42℃，稽留热，精神沉郁，食欲减退或废绝，口渴喜饮水。粪干后拉稀。鼻干，毛粗乱，结膜潮红，有脓性分泌物，呼吸困难、咳嗽、喘气。后期病猪耳、鼻、四肢内侧和腹部皮肤出现紫红色斑块或出血点，有的有神经症状。最后昏迷死亡，不死的转为慢性。怀孕母猪急性感染后，常引起流产、死胎、胎儿畸形或产出发育不全的仔猪。

（3）剖检变化　病猪体表尤其是耳、四肢、下腹部和尾部有紫红色斑点。全身各脏器有出血斑点、淋巴结肿大。肺高度水肿、间质增宽、气管和支气管内有大量黏液性泡沫。肝脏灰红色，有灰白色小点状坏死灶。脾肿大，棕红色，有白色坏死灶，

后期萎缩。肾脏黄褐色，有针尖大出血点和坏死灶。肠黏膜肥厚、糜烂，有出血点。

（4）防治措施

① 预防：采取综合性防治措施，猪舍应保持清洁，定期消毒，猪场禁止养猫，灭鼠，坚持定期消毒。

② 治疗：首选药物是磺胺类药物。

（三）高致病性猪蓝耳病防控知识问答

1. 什么是蓝耳病？什么是高致病性猪蓝耳病？

答：猪繁殖与呼吸综合征（又称蓝耳病，PRRS）是由猪繁殖与呼吸综合征病毒（PRRSV）引起的猪的一种高度接触性传染病，不同年龄、品种和性别的猪均能感染，但以妊娠母猪和1月龄以内的仔猪最易感。该病以母猪流产、死胎、弱胎、木乃伊胎以及仔猪呼吸困难、败血症、高死亡率等为主要特征。

高致病性猪蓝耳病是由猪繁殖与呼吸综合征病毒变异株引起的一种急性高致死性传染病。仔猪发病率可达100%、死亡率可达50%以上，母猪流产率可达30%以上，育肥猪也可发病死亡是其特征。

2. 高致病性猪蓝耳病的发生与生猪的年龄、性别、品种有关吗？

答：经初步研究表明，高致病性猪蓝耳病的发生与生猪的年龄和性别没有很高的相关性，是否与品种有关尚待研究。

3. 猪蓝耳病的传播途径是什么？

答：PRRSV感染猪体的途径很多，包括口腔、鼻腔、肌肉、腹腔和生殖道。传染常常发生于猪只之间的密切接触，猪只直接接触极易造成PRRSV的传播，因此猪场内和猪场间猪只的移动成为最主要的传播方式。虽然存在非猪宿主（比如禽类），但他们在PRRSV流行病学中的作用尚不清楚。从母猪到仔猪的传播，主要是在子宫中或出生后发生，或者是易感仔猪与感染猪混群，使病毒持续循环传播。

4. 发生过高致病性猪蓝耳病的疫区，什么时候可以开始再养猪?

答：根据农业部发布的《高致病性猪蓝耳病防治技术规范》，疫点内最后一头病猪扑杀或死亡后14天以上，未出现新的疫情，在当地动物疫控机构的监督指导下，对相关场所和物品实施终末消毒。经当地动物疫控机构审验合格，由当地兽医行政管理部门提出申请，由原发布封锁令的人民政府宣布解除封锁。解除封锁后疫点可以再次饲养生猪。对疫区内的生猪一定要用高致病性猪蓝耳病疫苗进行紧急免疫。

5. 怎样做好散养户与养殖场地和猪舍的消毒?

答：① 扑杀病猪及同群猪后，场地必须清洗消毒。

② 在清洗消毒之前要穿戴好防护衣物。

③ 猪舍中的粪便应彻底清除，院子里散落的猪粪应当收集，并作堆积密封发酵或焚烧处理。

④ 清理堆积粪便时应淋水，不得扬起粪尘。

⑤ 用消毒剂彻底消毒场地和猪舍，用过的个人防护物品如手套、塑料袋和口罩等应集中销毁。

⑥ 可重复使用的物品须用去污剂清洗2次，确保干净。

⑦ 将扑杀时穿过的衣服用70℃以上的热水浸泡10分钟以上，再用肥皂水洗涤，在太阳下晾晒。

⑧ 处理污物后要洗手、洗澡。

6. 如何预防高致病性猪蓝耳病?

答：预防高致病性猪蓝耳病必须从提倡科学养殖入手，改善饲养环境，加强综合防控，采用合理的免疫程序。主要应做好如下几点。

(1) 加强饲养管理　养猪采用“全进全出”的养殖模式，在高温季节，做好猪舍的通风和防暑降温，冬天既要注意猪舍的

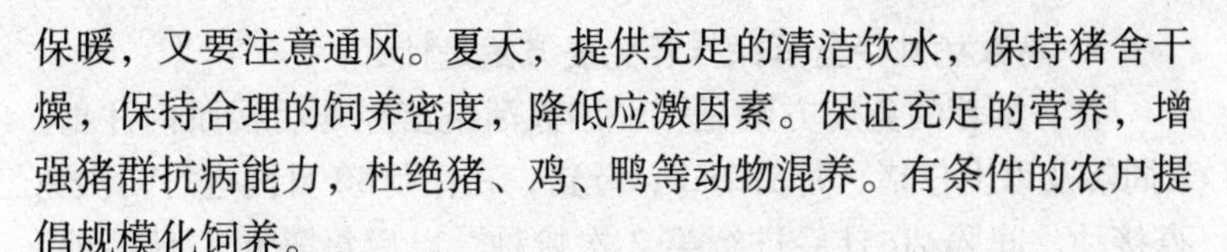

保暖，又要注意通风。夏天，提供充足的清洁饮水，保持猪舍干燥，保持合理的饲养密度，降低应激因素。保证充足的营养，增强猪群抗病能力，杜绝猪、鸡、鸭等动物混养。有条件的农户提倡规模化饲养。

（2）科学免疫　免疫是预防各种疫病的有效手段，特别是目前需要免疫的疫苗种类很多，一定要按照当地兽医部门的建议，制定合理的免疫程序，适时做好高致病性猪蓝耳病、猪瘟等动物疫病的免疫。一般情况下，商品猪在23～25日龄时，免疫一次高致病性猪蓝耳病疫苗。种母猪除在23～25日龄免疫外，配种前应加强免疫一次。种公猪除在23～25日龄免疫外，每隔6个月用高致病性猪蓝耳病疫苗免疫一次。在免疫过程中，要使用农业部批准生产或使用的疫苗，还要规范免疫操作。

（3）药物预防　在当地兽医的指导下，选择适当的预防用抗菌类药物，并制定合理的用药方案，预防猪群的细菌性感染，提高健康水平。

（4）严格消毒　搞好环境卫生，及时清除猪舍粪便及排泄物，对各种污染物品进行无害化处理。对饲养场、猪舍内及周边环境增加消毒次数。

（5）规范补栏　要选择从没有疫情的地方购进仔猪，同时，购买前要查看检疫证明，购买后一定要隔离饲养两周以上，体温正常再混群饲养。

（6）报告疫情　发现病猪后，要立即对病猪进行隔离，并立即报告当地畜牧兽医部门，要在当地兽医的指导下按有关规定处理。

（7）不宰、不食病死猪　按照《中华人民共和国动物防疫法》和国家有关规定，严禁贩卖病、死猪，也不能屠宰病死猪自食，坚决做到对病死猪不流通、不宰杀、不食用。

7. 高致病性猪蓝耳病推荐免疫方案是什么?

答：推荐的免疫方案是：采用灭活疫苗经耳后根肌内注射。3 周龄及以上仔猪，每头 2mL；母猪，在怀孕 40 日内进行初次免疫接种，间隔 20 日后进行第 2 次接种，以后每隔 6 个月接种 1 次，每次每头 2mL；种公猪，初次接种与母猪同时进行，间隔 20 日后进行第 2 次接种，以后每隔 6 个月接种 1 次，每次每头 2mL。

具体操作时应以疫苗说明书规定的方案（免疫程序）为准，进行免疫接种。

8. 疫苗注射后多长时间能产生免疫保护? 免疫期有多长? 哪些因素影响免疫效果?

答：目前批准临时生产的猪高致病性蓝耳病灭活疫苗的免疫期暂定为 4 个月。实验室初步研究结果表明，接种后 28 天可产生免疫保护力。

在临床应用条件下，影响疫苗效果的因素很多，主要包括：疫苗本身的质量；疫苗储运条件是否合适；被免疫的动物的健康状况（如营养状况、疾病情况、其他病原感染情况）和产生免疫的能力（如有无先天或后天的免疫抑制因素）；免疫接种的操作是否规范等。

9. 注射了高致病性猪蓝耳病免疫的猪，消毒者吃肉以后是否影响到人的健康?

答：由于高致病性猪蓝耳病疫苗是灭活疫苗，它安全、高效、对人体不会产生影响，但由于疫苗中添加佐剂，后者对人有一定影响。因此，生猪在打苗后 3 周内，禁止出栏。

第二节　羊的饲养管理及疫病防治

一、羊的饲养管理技术要点

（一）羊放牧饲养的一般原则

① 成年公羊和母羊应分群分地放牧，以避免滥配或因公羊之间角斗而影响采食。

② 怀孕后期母羊和体弱有病的羊不宜随大群放牧。

③ 放牧地选择在草质良好、饮水方便，不会损害农作物的地方。夏季宜选在较凉爽的林间草地，冬季和早春宜选在向阳较暖和的草山。

④ 为防止放牧时饥不择食而误食毒草，最好在出牧前饲喂少量干草。

⑤ 提倡有计划的轮牧，饲养员应熟悉周边各地长草情况，分为几块小牧区，轮回放牧。如果长期在一块草地上放牧，不仅草长不好，羊不喜欢吃，而且会因严重污染而易患寄生虫等疾病。

⑥ 不要在有露水或霜打雨淋的低湿草地上放牧，羊吃了露水草易生病。

⑦ 早春天冷，放牧应迟出早归。夏季炎热多蝇虻，宜早出晚归，中午不放牧，让羊群在阴凉处休息并给予清洁饮水，为减少蝇虻骚扰，放牧时可使羊群逆风而行。秋季草质好，有利抓膘，宜更换几个地方放牧，可遵循先放远后放近，先放差草地后放好草地的原则。冬季一般不宜放牧，饲喂贮备的干草或作物秸秆，有少量青草和常绿灌木竹叶的地方，仍可利用中午较暖和时间放牧，但归舍后必须补饲其他草料。

⑧ 对于处在配种期、孕后期和哺乳期母羊及生长发育期羔羊，应按标准补饲配合料。

（二）舍饲一般原则

舍饲是湖羊和纯种波尔山羊的基本饲养方式，应掌握以下要点。

① 喂饱草料是养羊最基本的要求，补饲精料按饲养标准配制日粮或根据羊的膘情而定。

② 注意饲料多样化。因为羊在生长发育和繁殖过程中需要各种营养物质（包括蛋白质、碳水化合物、脂肪、矿物质、维生素和水等），所以对饲草应力求多样化。只有配给营养全面的日粮，才能养好羊，生产出量多质优的羊产品。

③ 定时定量：不要有草过量喂，无草饿一天，饥饱不匀会影响健康。一般每日喂草两次为宜，可安排在上午 7 ~ 8 点和下午4 ~6点。

④ 注意食料清洁：羊爱清洁，有拒食脏料脏水的习性，所以不能喂腐烂、霉变、带泥夹沙的草和污泥浊水，否则易患疾病。

⑤ 强调栏外放草，切忌将草直接投放栏内，这是因为栏内之草一经粪尿沾污和羊群践踏，羊就不吃，造成草料浪费，羊有挨饿的不良现象。栏外放草，可以在羊栏正面采用毛竹或木头制成的横条栏栅，横条之间距离以羊头能伸出又不致跑出为原则，4 ~5根横条即可。草就放在栅外饲槽内，使羊头颈从栏栅伸出，自由采食；也可以采用草架放草，每次放草最好少给勤添。对于仅养 2 ~3 头羊的家庭可采用吊草法，即用具有弹性的胶绳把饲草捆成小把，然后吊在羊栏上面的木杆上，让羊撕拉着吃草。此法既清洁卫生又可提高饲草的利用率。

⑥ 对有些饲料要注意喂法和喂前处理。如水草或含水量较高的青草，需经摊晒晾干后再饲喂；甘薯藤需切成 6 ~ 10cm 长，

并且不能长期连续饲喂，应与其他饲草轮喂或混喂，以防胃内结成纤维球；喂紫云英不能过量，以免引起瘤胃膨胀；尿素喂羊效果好，1斤（1斤=500g）尿素相当于7～8斤豆饼所含的粗蛋白，但用法不当会发生尿素中毒。为避免副作用，应控制尿素的日喂量（为羊体重的0.02%），第一次喂量为日喂量的1/10，以后逐渐增加；其次，应与混合料拌匀后饲喂（不能和豆饼混饲，因豆饼有脲酶，对尿素分解很快，易引起中毒），切不可单独或溶于水中喂给；此外，尿素料喂后要过30分钟以上方可饮水。

作物秸秆喂前进行氨化处理可提高其营养价值，秸秆氨化技术要点如下。

A. 氨源与用量：尿素按干秸秆重的5%或碳酸氢铵加10%。

B. 场地：选择地势高燥，排水良好的地方，建成水泥窖，长2m、宽1.5m、深1.2m，要求窖壁不漏气，窖底不漏水。

C. 秸秆预处理：将秸秆含水量调整到30%～40%，弃去不洁或霉变的秸秆。

D. 装窖：对玉米秆可成捆分层装放，按比例添加氨源，对干稻草可将氨源制成水溶液浇洒，每100kg稻草用水20～30kg，要求分层踏实，待秸秆高出窖面1m时，放成馒头形，以免陷成坑而积水。

E. 封窖：用塑料薄膜，沿秸秆面向窖边铺，然后用泥压实封严。

F. 管理：氨化期间，一旦薄膜损坏，出现漏气，应及时修补以确保氨化秸秆质量。

G. 氨化时间：随气温而定，<5℃，4～8周；5～15℃，2～4周；15～30℃，1～2周；>30℃，1周以下。

H. 开窖放氨：选择晴天天气开窖，取出氨化秸秆摊开，日晒风干，放净余氨，切忌雨水浇淋秸秆，最好经粉碎后置室内贮存。

I. 感观品评：良好的氨化秸秆，开窖时氨味烈强，放氨后呈煳香味，色泽浅黄或褐黄，质地柔软。若有煳烂味或秸秆发黏发黑应弃之。

J. 饲喂技术：初期喂羊采用由少到多、少给勤添或拌料等方法，使羊逐渐适应。另外，因秸秆养分不全，应补充适量青绿饲料，在混合料中加少量饼粕类，以确保含氮物的有效利用。

⑦ 饲料变更时，应注意不能突然，而应有逐渐改变的过渡时期。

⑧ 对羊棚要求夏天通风良好，冬天防寒保暖，保持羊栏干燥。羊栏内应设置竹条栅或木条栅，条宽2～3cm，条间距1cm，离地高40～60cm。

⑨ 公羊和母羊分栏饲养，避免早配、滥配。

⑩ 喂水很重要，喂盐不可忘：不同季节和饲料种类，喂水量有所差异，如吃水草和嫩青草时可以少喂，甚至不喂；天气炎热和冬季喂干草时，应给予充足而清洁的饮水。食盐能增进食欲，有利消化，一般每天每头大羊喂盐10g、小羊5g。

（三）饲养关键技术

因不同性别、不同生长发育和不同繁殖阶段的羊其生理特点有较大的差异，故在饲养管理上应区别对待。为了提高“三率”（受胎率、产羔率、成活率），应着重把好以下5关。

1. 配种关

（1）配种适期　3～4月龄的羔羊有性行为的表现，5～6月龄达性成熟（能交配受胎），但第1次交配不能过早，因为过早会影响羊的生长发育，一般以8～10月龄为初配适期。

（2）加强种公羊配种期的饲养管理　公羊养得好坏关系到精液品质、配种能力及受胎率。一头好的公羊应体格健壮，性欲旺盛，精液品质优良，养得过肥过瘦都会降低配种能力。

① 因为射精1mL所需养分相当于50g可消化蛋白质，这时

除喂给优质鲜草外，还必须补充0.5kg以上的精料。对于配种任务较重的公羊除加喂1kg精料外，每天应补2枚鸡蛋，上下午各喂1次。

② 舍饲公羊应注意运动。

③ 控制配种次数：性欲很旺的公羊在短期内，能连续配种10多次，为防止性亏损，应控制1天2～3次，每隔1星期休息1天。

山羊配种方式，应提倡人为控制交配或人工授精，即：在放牧前将公羊放入母羊群，当发情母羊被公羊交配后立即拉出，如发现第2只发情母羊又被公羊交配后，应将公羊拉出，让其休息。对受配母羊打上记号，作好登记，若母羊群大于30只，应提倡人工授精。

（3）实施母羊配前优饲（即配前加强营养）　据研究测定，配前优饲，喂给充足的青绿饲料，补饲混合料0.5kg，达到中上等膘情，可增加排卵数，提高受胎率和胚胎存活率。

放牧山羊，在配种前1～1.5个月就应把繁殖母羊放到最好的草山上饱食优质牧草。对于因草质不佳而过瘦的母羊，应在放牧归舍后补饲精料，待体况达中等膘情时再行配种。

2. 怀孕后期关

怀孕后期（指配种受胎后第4～5个月），母羊的营养水平对羔羊初生重和成活率及母羊产后的泌乳力均有较大影响，胎儿重的2/3是在后期增长的。怀孕后期母羊纯蛋白质的蓄积量为整个怀孕期的80%，每天沉积钙3.8g，磷1.5g，因此，孕后期的营养水平应比前期增加50%的可消化蛋白质和1～2倍的钙和磷。这个时期喂的饲料要求体积小而营养价值高，除优质牧草外，应补喂精饲料0.6kg。

管理上的重点是防止流产，舍饲羊切忌拥挤，特别是不能和好斗的公羊在一起；放牧羊应注意减少放牧里程，放在较近的优质草地上，不要急赶，以防滑倒。

3. 分娩关

做好接生工作，可以避免有的母羊分娩时胎儿被闷死，难产母羊更需有人接生。

当发现母羊出现阴户肿胀、潮红、排尿次数增加，起卧不安，前脚刨地，时时回顾腹部等现象，标志母羊快要分娩。顺产的羊，羊膜破后30分钟内，羔羊头部和两前脚先露出，而后产下。接生者首先将刚出生的羔羊口鼻中的黏液除去，让母羊舐干净其身上的黏液。一般脐带会自断，也可以用手拉断脐带，挤净脐血，涂上碘酒，以防感染。

如遇羔羊假死（应一时被闷，不会呼吸，有心跳）现象，可将其在40～50℃温水中浸一下，做人工呼吸，向羊嘴吹气，大多能救活。

如遇母羊难产（胎儿过大、胎位不正或母羊过瘦引起）则应进行助产。先将手指甲剪短，洗净消毒后，涂上少量菜油，轻轻伸入阴道至子宫内，仔细膜清胎儿的情况。如因胎位不正而难以产出时，可将胎儿推回子宫腔，矫正后即可顺利拉出来；如因胎儿过大，可在产道涂菜油后用消毒过的绳索吊住胎儿头部，向后下方倾斜，趁母羊阵缩时用力拉出。

如遇胎衣不下（产后6～8小时仍不能自行排出胎衣者），可皮下注射脑垂体后叶注射液2～3mL，也可以用老酒2两，红糖半斤灌服。胎衣排出后，可用0.5%来苏儿液冲洗子宫。

一般羔羊出生后30分钟内，能自行站立找母乳吃，但遇母性不好的母羊，或羔羊体弱，则应采取人工辅助措施。若羔羊不会吸乳，需挤奶，用注射器灌服1星期，让羔羊及时吃到初乳，以利胎粪排出和增强抗病力。

4. 哺乳关

羔羊出生后1个月内的营养主要从母乳中获得，母乳的量和

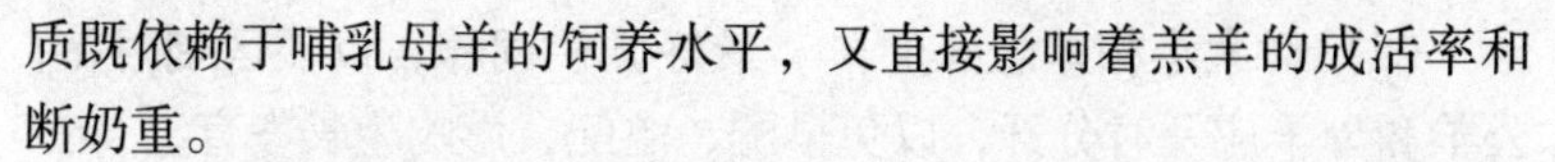

质既依赖于哺乳母羊的饲养水平，又直接影响着羔羊的成活率和断奶重。

母羊产羔后1星期内，因羔羊小，需乳量不大，故对膘情较好的母羊可以不增补精料，以免因乳汁过多过浓而导致母羊乳房炎和羔羊消化不良。

母羊哺乳15~20天后，随着羔羊增大，需乳量增多（特别是哺多羔的母羊），泌乳量开始供不应求，此时必须增喂营养较全面的混合精料，让小羊也能吃到少量的料。哺双羔母羊日粮中的粗蛋白质含量应比哺单羔多25%，日喂混合料0.7kg。

在羔羊断乳前，母羊逐渐减少多汁料和精料，以利干乳。

对哺乳母羊的管理，应着重注意保持栏舍的清洁卫生，夏季防暑降温勤打扫，冬季防寒保暖勤垫栏。

5. 羔羊培育关

（1）训练吃料　尽早训练羔羊吃食草料，能促进其消化系统的发育，有利于提早断奶。

对生后半个月左右的羔羊就可开始训练啃食少量的鲜嫩青干草。在优质饲草充足的情况下，可在喂母羊的同时，让羔羊同食，最好设置羔羊补饲栏，以免母羊干扰。为了训练吃精料，可将麸皮、米糠调成粥状，涂入羔羊嘴巴上，让其舐食，30日龄后应由吃乳为主逐渐转向吃草料为主。

（2）适时断乳　生长发育良好的羔羊可提前断奶，弱羔可以适当延长哺乳时间。波尔山羊以3月龄断乳为宜，湖羊和其他品种山羊可控制在2月龄左右断乳。

（3）对于刚断乳的羔羊　需给予特殊照顾，喂的草料应讲究量少质优，营养全面并且容易消化。

（4）处在长肉长骨旺期的育成羊　生长速度越快，需要的营养物质也越多，因此，对草料除注意质量外，还应随羔羊体重的不断增长而逐渐增加喂量。

（5）对大小相差悬殊的羊　最好分栏饲养，以便区别对待。公羊和母羊应及时分开，以免早配、滥配，影响生长发育。

（6）放牧羊　应根据月龄大小确定放牧里程，对幼小的弱羊应放在较近的优质草地上。

（7）对计划留作种用的育成公羊　应强调优质优饲，加强运动，培育成体格健壮、性欲旺盛、符合不胖不瘦和肚皮不大的种用体况，对于肉羊应及时去势（阉割）。

二、羊病防治

（一）羊病的防制措施

1. 搞好饲养管理，增强个体的抗病能力

加强饲养管理严格遵守原则，不喂发霉变质饲料，不饮污水和冰冻水，使羊膘肥体壮，提高个体的抗病能力。

2. 搞好环境卫生，圈舍做好消毒工作

圈养羊应保持圈舍、场地和用具的卫生。经常清扫圈舍，对粪便、尿等污物集中堆积发酵 30 天左右。同时定期用消毒药（如：百毒杀、易克林惠昌消毒液等高效低毒药物）对圈舍场地进行消毒，防止疾病的传播。

3. 有计划地搞好免疫接种工作

对羊群进行免疫接种，是预防和控制羊传染病菌的重要措施。目前预防羊主要传染病菌的疫苗有以下几种。

（1）无毒炭疽芽苗　用于预防羊炭疽（此苗不能用于山羊）。绵羊皮下注射 0. 5mL，注射后 14 天产生坚强免疫力，免疫期一年。

（2）破伤风类霉素　用于预防破伤风。羊颈部皮下注射 0. 5mL，1 个月后产生免疫力，免疫期 1 年，第二年再注射 1 次，免疫期可持续 4 年。

（3）绵、山羊痘弱毒冻干苗　用于预防绵、山羊痘。按瓶

签上的头数应用，每头份用0.5mL生理盐水稀释，每只羊皮内注射0.5mL（不论大小瘦弱、怀孕均可同量）。注射后5~8天肿胀，硬结，5~10天逐渐消失。注射后4~6天可产生坚强免疫力，免疫期1年。

（4）羊快疫、猝疽、肠毒血症（羔羊痢疾）三联四防苗　用于预防羊快疫、猝疽、肠毒血症和羔羊痢疾。干粉苗：用20%铝胶盐水溶解，不论羊只年龄大小均皮下或肌内注射1mL，14天产生免疫力，免疫期1年。湿苗（又称羊四联苗）：应用前摇匀后每只皮下或肌内注射5mL，免疫期6个月。

（5）O型口蹄疫灭活疫苗　用于预防羊O型口蹄疫。肌内注射：成年羊每只2mL，羔羊每只1mL。注射后15天产生免疫力，免疫期4个月。注射后出现不良反应用肾上腺素救治。

免疫接种对体质健壮的成羊会产生很强的免疫力，对幼羊、体弱或患慢性疾病的羊效果不佳。而对于怀孕母羊，特别是临产前的母羊，接种时由于驱赶、捕捉和疫苗反应等有时会引起流产、早产，影响胎儿发育和免疫效果不佳。应该注意在疾病威胁区不应考虑上述情况，为确保羊群健康，应紧急预防接种疫苗。

4. 发生传染病时应采取措施

羊群发生传染病后，应立即进行隔离、封锁，逐级上报畜牧兽医部门，由市、县级兽医部门确诊，按国家《动物防疫法》做无毒化处理。

（二）羊主要传染病及其防治方法

1. 口蹄疫

它是由偶蹄兽感染口蹄疫病毒引起的一种急性、烈性传染病。

流行情况：该病侵害多种动物（羊、牛、猪、骆驼等）和人。传染源是病畜和带毒动物，经消化道和呼吸道侵入，也可随空气流动传播，无季节性。

症状：患羊发病后体温升高到40.5～41.5℃。精神不振，口腔黏膜、蹄部皮肤形成水泡，泡破后形成溃疡和糜烂。病羊表现疼痛、流涎，涎水呈泡沫状。常见的部位唇内面、齿龈、舌面及颊部黏膜，有的在蹄叉、蹄冠，有的在乳房，水泡破裂后形成瘢痕。羔羊易发生心肌炎死亡，有时呈现出血性胃肠炎。

临床与羊传染性脓疱病鉴别：羊传染性脓疱病发生于1周岁以下的幼龄羊，特征：口唇颊部水泡、脓疱及疣状痂，在齿龈、舌面、唇内也有脓疱、疣状厚痂的疱，但不流涎。初期体温变化不大。

防治方法：

① 发病后要及时上报，划定疫区，由动物检疫部门扑杀销毁疫点内的同群易感家畜；被污染圈舍、用具、环境严格彻底消毒；封锁疫区防止易感畜及其产品运输，把病源消灭在疫区内。

② 对受威胁区的易感家畜紧急接种疫苗防止疫病的扩散。

③ 该病只能预防，无治疗药品，不准治疗。

2. 羊快疫

本病病原为腐败梭菌引起的，多发生于绵羊的一种急性传染病。特征是羊突然发病和病程短，真胃出血，炎性损害。

流行特点：腐败梭菌常以芽孢形式分布于低洼草地、耕地及沼泽之中。羊采食被污染的饲料和饮水，芽孢进入羊消化道，多数不发病。在气候骤变，阴雨连绵，秋、冬寒冷季节，引起羊感冒或机体抗病能力下降，腐败梭菌大量繁殖，产生外毒素引起发病死亡。

临床症状：发病突然，不见症状，在放牧或早晨死亡。急性病羊表现为不愿行走，运动失调，腹围膨大，有腹痛、腹泻、磨牙、抽搐，最后衰弱昏迷，口流带血泡沫。多在数分钟至几小时死亡，病程极为短促。

防治措施：

① 该病以预防为主。用羊三联苗搞预防注射，湿苗每年春秋两次，干苗每年一次。

② 羊以舍饲为好，防止放牧时误食被病菌污染的饲料和饮水。

③ 注意舍内的保暖通风，饲料更换时要逐渐完成，不要突然改变。

④ 治疗：可肌注青霉素每次 80 万～160 万 U，首次剂量加倍，每天 3 次，连用 3～4 天。或内服磺胺脒 0.2g/kg 体重，第二天减半，连用 3～4 天。

3. 羊肠毒血症

该病由魏氏梭菌，又称产气荚膜杆菌引起的一种急性毒血症。死后肾组织易于软化，又称软肾病。

流行特点：魏氏梭菌为土壤常在菌，羊采食被芽孢污染的水和饲草进入消化道，当机体抵抗力下降时发病。多表现在春夏之交和秋季牧草结籽后呈散发性流行。

症状：多数突然死亡。病程略长分两种类型，一类是搐搦为其特征，另一类是昏迷和静静死亡。前者倒前四肢强烈划动，肌肉抽搐，眼球转动，磨牙，口水过多，头颈抽搐 2～4 小时死亡；后者病程不急，早期步态不稳，卧倒，并有感觉过敏、流涎、上下颌“咯咯”作响，继昏迷后角膜反射消失；有的病羊发生腹泻，常 3～4 小时静静死去。

防治措施：

① 预防参照羊快疫。

② 治疗：用抗生素或磺胺药结合强心、镇静等对症治疗，也可灌服石灰水，大羊 200mL，小羊 50～80mL。

4. 羊猝疽

该病是由 C 型魏氏梭菌引起的一种毒血症，以急性死亡、腹膜炎和溃疡性肠炎为特征。

流行特点：与羊快疫和羊肠毒血症相同。

症状：C型魏氏梭菌随饲草和饮水进入消化道，在小肠的十二指肠和空肠内繁殖，产生毒素引起发病。病程短，未见症状突然死亡，有时病羊掉群、卧地、表现不安、衰弱或痉挛，数小时内死亡。

防治措施：参照羊快疫。

5. 羊的传染性脓疱病

又称口疮，该病由传染性脓疱病毒（又称羊口疮病毒）引起的，羔羊多群发，特征为口唇处皮肤和黏膜形成丘疹、脓疱、溃疡和结成疣状厚痂。

流行特点：绵羊、山羊以3~6月龄羔羊发病最多，成年羊同样易感，人和猪也可感染，无季节性，以夏、秋季多发。自然感染主要由购入病羊或带毒羊而传入健康羊群，引起群发，通过被污染的圈舍、牧场、用具而引起，病毒的抵抗力较强，所以本病在羊群中危害多年。

症状：分3种类型，唇型、蹄型和外阴型。

唇型：口唇嘴角部、鼻子部位形成丘疹、脓疱，溃后成黄色或棕色疣状硬痂，无继发感染1~2周痊愈，痂块脱落，皮肤新生肉芽不留瘢痕。严重的，脸面、眼睑、耳廓、唇内面、齿龈、颊部、舌及软腭黏膜也有灰白或浅黄色的脓疱和烂斑，这时体温升高，还可能在肺脏、肝脏和乳房发生转移性病灶，继发肺炎或败血病而死亡。

蹄型：多数单蹄叉、蹄冠系部形成脓疮。

外阴型的少见。

与羊痘的鉴别：羊痘的痞疹多为全身性，而且病羊体温升高，全身反应严重。痘疹结节呈圆形，突出于皮肤表面，界限明显，似脐状。

防治措施：

① 本病菌流行时，病羊应隔离饲养，禁止放牧，圈舍每两天用百毒杀（或其他药也可）消毒1次，连用6~9天，防止病原体传播。

② 可先用水杨酸软膏软化痂垢，除去痂垢后再用0.1%~0.2%高锰酸钾溶液冲洗创面，然后涂2%龙胆紫、碘甘油溶液或土霉素软膏或呋喃软膏，每日1~2次。口腔脓疱用0.1%~0.2%高锰酸钾或生理盐水冲洗创面后，涂撒冰硼散，每天2次，连用7天，痊愈为止。继发咽炎或肺炎者，肌注青霉素或磺胺嘧啶钠。

（三）常见寄生虫病

1. 肝片吸虫病

该病是由肝片吸虫和大片吸虫寄生于羊肝脏、胆管所致。

病原与流行情况：肝片吸虫成虫在胆管内产生虫卵随胆汁进入消化道，并与粪便排出体外。虫卵在适宜的条件下经10~25天孵化出毛蚴，它遇到中间宿主椎实螺，则侵入其体内，经过几个发育阶段最后形成尾蚴。尾蚴自螺体逸出附着于水生植物上或水面上形成囊蚴，羊在吃草或饮水时吞食了囊蚴而感染该病。每年的夏末、秋初发病。

症状：急性型病羊，初期发热、衰弱、离群落后，叩诊肝区半浊音界限扩大，压痛明显、贫血、黏膜苍白，严重者几天死亡。慢性型病羊主要表现消瘦、贫血、黏膜苍白、食欲不振、异嗜，被毛乱无光泽，眼睑、颌下、胸前、腹下出现水肿，便秘与下痢交替发生。

病理变化：急性死亡的可见到急性肝炎和贫血现象，慢性的可见增生性肝炎，胆管内可见虫体。

防治措施：

① 定期驱虫：每年春秋两次进行驱虫。

② 药物：丙硫咪唑按每千克体重5~15mg，口服；或皮下注

射碘硝酸20%，每千克体重注射0.5mL。另外，驱虫散、四氯化碳、硝氯酸等也可。

2. 羊消化道线虫病

病原与流行情况：寄生于羊消化道线虫种类很多，如捻转血矛线虫，奥斯特线虫、马歇尔线虫、毛圆线虫、细颈线虫、古柏线虫、仰口线虫等。有时是几种线虫的混合感染，是每年春季造成羊死亡的重要原因。无中间宿主，各种线虫的虫卵随粪便排出体外，羊在吃草或饮水时食入感染性虫或幼虫而发病。

症状：主要表现为消化紊乱、胃肠道发炎、腹泻、消瘦、眼结膜苍白，贫血，严重病例下颌间隙水肿、羊体发育受阻。少数病例体温升高，呼吸脉搏频散、心音减弱，最后衰竭死亡。

防治措施：定期驱虫可很好地控制该病的发生。

① 丙硫咪唑，按每千克体重5～20mg口服。

② 左旋咪唑，按每千克体重5～10mg，混饲喂或皮下、肌内注射。也可用其他药物，如伊维菌素、精制敌百虫、硫酸铜、驱虫散、碘硝酚等。

3. 螨病

病原与流行情况：羊螨病是由疥螨和痒螨寄生在体表而引起的慢性寄生性皮肤病。螨病又叫疥癣、疥虫病，短期内可在羊群中传播蔓延，危害严重。虫体肉眼不能见到，疥螨和痒螨一生都在宿主体上度过。通过接触传播或通过被螨及其卵所污染的圈舍、用具间接接触引起感染。主要发生于冬季、秋末和春初。

症状：疥螨病一般寄生于皮肤柔软且毛短的部位，痒螨则发生于被毛稠密的部位。发生该病时，可见病羊不断在围墙、栏柱等处磨擦，由于磨擦和啃咬，患部皮肤出现丘疹、结节、水泡甚至脓疱，以后形成痂皮和龟裂。绵羊患疥螨病时，因病变主要在头部，患部皮肤如干涸的石灰，故有“石灰头”之称。羊患痒螨病时，可见患部有大片被毛脱落。

防治措施：

① 可选用伊维菌素、碘硝酚等药物注射。

② 可用除癞灵，按说明涂擦患部。

③ 定期药浴：适用于患畜量多情况。每年的5～6月剪毛后，气候温暖时，对羊群适时药浴，会取得满意效果。

4. 羊鼻蝇蛆病

病原与流行情况：羊鼻蝇蛆病是由羊鼻蝇幼虫寄生在羊的鼻腔及附近腔窦内所引起的疾病。它的传播主要是通过雌性鼻蝇突然将幼虫产在羊鼻孔内或鼻孔周围，幼虫逐渐爬入额窦或鼻窦内，在其内生长，造成炎症而致病。一般发生于每年的5～9月。

症状：患羊最初流多量鼻液，鼻液初为浆液性，后为黏液性和脓性，有时混有血液。当大量鼻漏干涸在鼻孔周围形成硬痂时，使羊发生呼吸困难，此时病羊表现不安，打喷嚏、时时摇头、磨鼻，眼睑浮肿、流泪，食欲减退，日渐消瘦。

防治措施：

应用伊维菌素、碘硝酚注射均会取得良好效果。

（四）羊的普通病

1. 前胃弛缓

前胃弛缓是以前胃的运动机能减弱，兴奋性和收缩力降低，消化机能紊乱的一种疾病，又称脾虚慢草。

病因：长期饲喂粗硬难消化的饲料（玉米秸秆、豆秸等）、发霉变质饲料和精料，对胃黏膜刺激不够所致。

症状：初期精神沉郁、食欲减退或食欲异常，反刍减弱或停止，嗳气增多、瘤胃的蠕动次数减少，瘤胃呈间歇性臌气，体温、脉搏、呼吸无明显变化，慢性呈周期性的好转与恶化交替现象。病羊逐渐消瘦、全身无力，被毛粗乱，眼窝下陷，鼻镜皮肤干燥，慢性臌气，便秘腹泻交替发生。

治疗：病初停食1～2天后，给易消化、多汁、营养丰富饲料。

药物：陈皮酊 10mL、姜酊 5mL、龙胆酊 10mL 混合加水口服，每天 1 次，连用 3～5 天；或用硫酸钠 30～50g、石蜡油 100～200mL、酒精 20mL，加水 500mL 内服，每天一次，连用 3 天。病情严重者要请专业人员综合治疗。

2. 瘤胃积食

瘤胃内积滞大量的饲料，使其容积增大，胃壁扩张及其运动机能障碍的疾病。

病因：采食过多，由舍饲改为放牧，再者由于长期饲喂过细粉状饲料，饮水少所致。

症状：发病快，反刍减少或停止，嗳气逐渐无，站立不安，摇尾背、四肢开张，后肢踢肚踏地，不断起卧，疼痛呻吟，左侧肷窝略平或稍凸出。触诊坚硬，瘤胃蠕动减弱或消失。

治疗：发病后停食 1～2 天，多次少量饮水，对瘤胃按摩每次 25～20 分钟，2～3 小时一次。

泻下：用硫酸钠 100～300g 配成 5% 溶液一次内服，或用石蜡油 200～800mL 内服。

对重症出现脱水的应静脉补 5% 糖盐水和复方氯化钠，按脱水的量选择 500～1 500 mL。酸中毒的静脉注射 5% 碳酸氢钠 100～500mL。

3. 感冒

感冒是机体由于受风寒侵袭而引起的上呼吸道炎症为主的急性全身性疾病，以流清涕、羞流泪、呼吸增快、皮温不均为特征。一年四季均发，气候变换季节多发。

病因：健康羊的上呼吸道通常寄生一些能引起感冒的病毒和细菌，当羊由于营养不良、过劳、出汗和受寒等因素，使机体抵抗力下降时，微生物大量繁殖而发病。

症状：体温升高 40℃左右，精神沉郁，低头嗜睡，耳尖鼻

端和四肢末端发凉，眼结膜潮红，流泪、咳嗽、呼吸脉搏增数。鼻初流浆性鼻液，以后流黏性和脓性鼻液，出现鼻塞音，食欲减退，反刍减少或停止，鼻镜干燥。无并发感染，经3~5天好转，7~10天痊愈。

治疗：原则是解热镇痛为主，为防止继发症，可用抗菌消炎药物。

① 肌内注射30%安乃近5~10mL或复方氨基比林5~10mL或安痛定10~20mL。

② 病重继发感染的，配合10%~20%磺胺嘧啶，首次0.2g/kg体重，维持量0.1g/kg体重，或用新诺明注射液，或用青霉素和链霉素混合应用4 000U/kg体重、20mg/kg体重，每天3次，连续应用3~7天。

③ 还可配合清热解毒针10~20mL，静脉滴5%~10%葡萄糖300~1 000mL，每天1次。

4. 绵羊脱毛症

绵羊脱毛症是指非寄生虫性被毛脱落，或被毛发育不全的总称。

病因：多数学者认为与锌和铜的缺乏有关，饲料中硫的不足也是一种因素。

症状：毛无光泽，色灰暗，营养不良，贫血，有的出现异食癖，互相啃食被毛，羔羊毛弯曲不够，松乱脆弱，大面积秃毛。其中锌的缺乏还表现皮肤角化、湿疹样皮炎、创伤愈合慢等特点。严重的出现腹泻，行走后躯摇摆，运动失调，多数背、颈、胸、臀部最易发生脱毛。

防治措施：饲料中补碳酸锌（或硫酸锌、氧化锌），按0.02%添加含锌的生长素，补铜时加钴效果更好。

5. 羔羊白肌病

该病为营养不良症，伴有骨骼肌和心肌变性，是一种微量元素缺乏症。

病因：主要是饲喂含硒和维生素 E 低的饲料所致。

症状：发育停滞，营养不良，贫血，拱背，四肢无力，心律不齐，呼吸困难，消化机能紊乱，体温稍低，肠音弱，腹泻，有的发生结膜炎，角漠浑浊，失明等。

病理变化：主要是骨骼肌色淡苍白、呈鱼肉样外观，间有灰白或黄色斑纹或条纹状坏死。沿心肌走向发生出血而呈现红紫色，故称“桑葚心”。

治疗：常用 0.1% 亚硒酸溶液 1～4mL，肌内注射，每隔 15 天注射 1 次，配合维生素 E 100～150mg 肌内注射。饲料中添加含硒生长素，起预防作用。

第三节　兔的饲养管理与疫病防治

一、兔的饲养管理

（一）种母兔饲养管理

1. 空怀母兔的饲养管理

饲养方面：饲养空怀母兔应以青绿饲料为主。在青草丰盛季节，体重 3～5kg 的母兔，每天可喂给青绿饲料 600～800g，混合精料 100～150g；在青草淡季，可喂给优质干草 125～175g，多汁饲料 100～200g，混合精料 100～125g。

管理方面：应做到兔舍内空气流通，兔笼及兔体要保持清洁卫生。年产 6 胎的种兔，平均每胎休产期为 20～30 天；年产 7～8 胎者就没有休产期，仔兔断奶前就得配种，断奶后就是妊娠期。如果母兔体质过于瘦弱，就应适当延长休产期，不能为单纯追求繁殖胎数而忽视母兔的健康，严重影响种兔的利用年限。

2. 妊娠母兔的饲养管理

饲养方面：妊娠前期以青绿饲料为主，每天每只饲喂800～1 000g，另外可补喂混合精料100～150g，骨粉1.5～2g，食盐1g；妊娠后期要适当增加精料喂量，以满足胎儿生长的需要；对膘情较差的母兔，从妊娠开始就应采取“逐日加料”的饲养法，每天每兔除喂给青绿饲料600～800g外，还应补喂混合精料120～180g，骨粉2～2.5g，食盐1g，以迅速恢复体膘，满足母兔本身和胎儿生长的需要。

管理方面：主要是加强护理，防止流产。母兔妊娠后必须一兔一笼，防止挤压；饲料要清洁、新鲜，不要任意更换。

管理妊娠母兔，还需做好产前准备工作。一般在临产前3～4天就要准备好产仔箱，经清洗、消毒后在箱底铺垫一层晒干、松软的稻草，临产前1～2天放入笼内，供母兔拉毛筑窝，产房应有专人负责，冬季室内要防寒保温，夏季要防暑防蚊。

3. 哺乳母兔的饲养管理

饲养方面：母兔在哺乳期间饲养水平应高于空怀母兔和妊娠母兔。夏、秋季节的饲料可以青绿饲料为主，每天每兔可饲喂青绿饲料1 000～1 500g，混合精料120～170g；冬、春季节，每天每兔可饲喂优质干草150～300g，青绿、多汁饲料200～300g，混合精料100～150g。

管理方面：一是要防止乳房炎。二是要搞好笼、舍的环境卫生，保持兔舍、兔笼的清洁、干燥。三是要做好夏季防暑和冬季保暖工作。

（二）仔兔的饲养管理

1. 睡眠期仔兔的饲养管理

从仔兔出生到12日龄左右为睡眠期。

饲养方面：仔兔出生后应尽量让其吃上奶、吃足奶。

管理方面：

第一，寄养仔兔：做好仔兔的调整寄养工作，一般泌乳正常的母兔可哺育仔兔6~8只。将出生日期相近的仔兔，从巢箱中取出。按体型大小、体质强弱分窝，然后在仔兔身上涂抹数滴母兔乳汁或尿液，以扰乱其嗅觉，防止母兔拒绝寄养、发生咬伤或咬死仔兔的现象。

第二，强制哺乳：将母兔固定在巢箱内，使其保持安静，然后将仔兔安放在母兔乳头旁，让其自由吮吸，每天进行1~2次，连续3~5天后，大多数母兔就会自动哺乳。

第三，人工哺乳：如果仔兔出生后母兔死亡、无奶或患乳房炎等疾病，不能哺乳或无适当母兔寄养时，可采用人工哺乳。

第四，防寒保暖：仔兔保温室的温度保持在15~20℃，防止仔兔受冻。

2. 开眼期仔兔的饲养管理

饲养方面：及早补料，仔兔在15日龄左右就会出巢寻找食物，此时就可开始补料，喂给少量营养丰富而容易消化的饲料，如豆浆、豆渣和切碎的幼嫩青草、菜叶等。20日龄后可加喂麦片、麸皮和少量木炭粉、维生素、无机盐及呋喃唑酮和大蒜、洋葱等消炎、杀菌、健胃药，以增强体质，减少疾病。

管理方面：

第一，逐个检查，帮助仔兔开眼。

第二，开始补料时应少喂多餐，最好每天4~6次，30日龄后可逐渐转为以饲料为主。

第三，仔兔开食后最好与母兔分笼饲养，每天哺乳一次，这样可使仔兔采食均匀，安静休息，以防感染球虫病。

第四，仔兔一般在28~30日龄断奶，断奶时应采用离奶不离笼的办法，尽量做到饲料、环境、管理三不变，以防发生各种不利的应激反应。

第五，仔兔开食后粪便增多，此时仔兔不宜喂给含水分高的

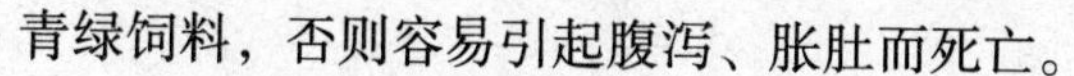

青绿饲料，否则容易引起腹泻、胀肚而死亡。

3. 幼兔的饲养管理

饲养方面：一般以每天2顿精料、3顿青料，间隔饲喂为宜。留作种用的后备兔，要防止出现过肥而影响种用体况。

管理方面：幼兔应饲养在温暖、清洁、干燥的地方。按日龄大小、体质强弱分成小群饲养。对幼兔还必须定期称重，如生长一直很好，可留作后备种兔。

（三）青年兔的饲养管理

青年兔是指3月龄至初配前的未成年兔，又称育成兔或后备兔。

饲养方面：必须供给充足的蛋白质、无机盐和维生素。饲料应以青饲料为主，适当补给精饲料，每天每只可喂给青饲料500～600g，混合精料50～100g。5月龄以后的青年兔，应适当控制精料喂量，以防过肥，影响种用。

管理方面：青年兔的管理重点是及时做好公、母兔分群，防止早配、乱配。从3月龄开始就要将公、母兔分群或分笼饲养；对4月龄以上的公、母兔进行一次选择，把生长发育优良、健康无病、符合种用要求的留作种用；不作种用的青年兔应及时去势划入生产群，多喂碳水化合物饲料，以利育肥出售。

二、兔病防治

（一）传染病

1. 兔病毒性出血症

该病又叫兔出血性肺炎或兔病毒性败血症，是由病毒引起的急性败血性传染病。最急性型，兔在吃食时，突然尖叫，倒地抽搐，很快死亡；急性型，体温升高至41～42℃，不食、精神沉郁，呼吸140次/分，患兔数小时至2日内死亡；温和型，常发生在3个月龄之内的幼兔，有体温升高和神经症状，部分病兔可以恢复。

（1）预防　病毒性出血症组织灭活疫苗，仔兔断奶后接种1次，成年兔每年进行2次接种，每只皮下或肌内注射1～2mL。病毒性出血症和A型魏氏梭菌二联灭活疫苗，断奶仔兔皮下注射2mL，成年兔每年2次皮下注射，每次2mL。

（2）治疗

① 病毒性出血症组织灭活疫苗，发病早期每只肌内注射4mL，有较好的治疗效果。

② 猪体化抗兔病毒性出血症高免血清，发病早期，皮下注射4mL，治疗效果良好。

③ 牛体化高免血清，每千克体重2～3mL，皮下注射，每日1次，连用2～3天。

④ 板蓝根注射液2mL、维生素C注射液2mL，肌内注射。

⑤ 聚肌胞注射液1mL、维生素C注射液500mL、醋酸可的松注射液50mL，肌内注射。同时板蓝根冲剂水冲后，自由饮用。

2. 巴氏杆菌病

本病是由多杀性巴氏杆菌引起的兔急性败血症、传染性鼻炎、地方性肺炎、中耳炎、结膜炎、睾丸炎及脓肿等，是危害养兔业的重要疫病之一。

（1）预防　兔巴氏杆菌氢氧化铝甲醛苗，皮下注射1mL，免疫期4～6个月。兔巴氏杆菌和魏氏梭菌二联菌苗，未断奶兔皮下注射1mL，其余兔2mL，4～6个月，进行第二次注射。

（2）治疗

① 青霉素10万～20万单位，链霉素10～20mg，肌内注射，每日2次，连用2～3天。

② 环丙沙星注射液0.5mL，肌内注射，每日1次，连用3天。

③ 2.5%恩诺沙星注射液0.5mL，肌内注射，每日2次，连

用3天。

④ 磺胺嘧啶注射液，每千克体重0.1g，肌内注射，每日1次，连用3天。

⑤ 对脓肿患兔，待其变软成熟，切开排脓，用3%过氧化氢冲洗，再涂紫药水和金霉素软膏。

⑥ 对患鼻炎的兔，用氯霉素注射液滴鼻，每个鼻孔5滴，每日3次。对重病者，还要按每千克体重20mg，肌内注射，每日2次，连用5天。

3. 魏氏梭菌病

本病是由A型魏氏梭菌引起的兔急性水样腹泻性传染病，患病兔致死率很高，给养兔业带来严重损失。

（1）预防 兔A型魏氏梭菌氢氧化铝灭活菌苗，每只皮下注射2mL，21天产生免疫力，免疫期达6个月。兔病毒性出血症和A型魏氏梭菌二联灭活苗，断奶仔兔皮下注射2mL，成年兔每年2次皮下注射，每次2mL。

（2）治疗

① 青霉素5万单位，链霉素50mg，一次内服。

② 2.5%恩诺沙星注射液0.5mL，肌内注射，每日2次，连用2天。

③ 0.5%痢菌净注射液，每只1～2mL，皮下注射，每日2次，对患病早期兔有治疗效果，对尚未发病兔有防止发病的作用。

④ 高免血清，患病早期每只皮下注射5mL，7～10天后，再注射1次。

⑤ 全血疗法。针管内先抽取4%枸橼酸钠2mL，再从健康兔耳静脉采血20mL，充分混合，每只兔肌内注射5mL，重病兔6小时后再注射1次。

4. 传染性水泡性口炎

本病是由病毒引起，1~3 月龄仔兔的口腔黏膜发生水泡，破溃后糜烂、溃疡，大量唾液从口角流出，致死率达50%。

(1) 预防　本病尚无疫苗，要坚持自繁自养的原则，调剂品种时，引进的种兔要隔离观察1个月以上，健康无病才可入群。坚持常规消毒。发现病兔，必须立即隔离，进行处置。

(2) 治疗

① 2%明矾液冲洗口腔，每日2次，连用3天，冲洗之后涂碘甘油（碘酊和甘油等量混合）。

② 2%硼酸液冲洗口腔，再用明矾7份、白糖3份混匀后0.5~1g涂抹口腔，每日2次，连续3~5天。

③ 青黛散。青黛10g、黄连10g、黄芩10g、儿茶6g、冰片6g、桔梗6g、明矾3g，共研细末，每次0.5~1g，撒布患处，每日3次，连用2~3天。

④ 甘草甘油合剂。甘草粉和甘油等量混合，备用。用0.1%高锰酸钾溶液冲洗口腔，然后涂抹甘草甘油合剂，每天1~2次，连用3天。

⑤ 0.1%高锰酸钾液冲洗口腔，并用明矾末0.5~1g涂抹，每日1次，连用4天。

5. 坏死杆菌病

本病由坏死杆菌引起兔唇部、口腔黏膜、头、颈、掌、跖等皮肤和皮下组织坏死、溃疡及脓肿，是一种散发性传染病。

(1) 预防　兔笼内要除去锐利物、铁丝和易擦伤皮肤的物件。防止互相斗咬。如果发现外伤，涂抹5%碘酊。兔舍保持清洁卫生、干燥。

(2) 治疗

① 口腔黏膜患兔，用3%过氧化氢或0.1%高锰酸钾液冲洗口腔，涂抹碘甘油（碘酊和甘油等量混合）。

② 皮肤坏死时，用福尔马林液冲洗患处，一般 1 次可愈，个别严重者 1 周后再冲洗 1 次。

③ 青霉素每千克体重 2 万单位，肌内注射，每日 2 次，连用 4 天。

④ 氯霉素注射液 1mL，肌内注射，每日 2 次，连用 3 天。

6. 大肠杆菌病

本病是由一些致病性大肠杆菌引起的仔兔和幼兔的肠道传染病，患兔急性腹泻，水样或胶冻样粪便，严重脱水，消瘦，1 ~ 2 日内死亡，死亡率极高，给养兔业带来极大损失。

（1）预防　兔笼、兔舍、用具定期严格消毒。不喂霉烂变质的饲料，青绿饲料洗净之后再喂。发现病兔应立即隔离观察治疗，并进行大消毒。

（2）治疗

① 氟哌酸口服剂，每千克体重 30mg，内服，每日 2 次，连服 2 ~ 3 天。2% 氟哌酸注射液，每千克体重 20mg，肌内注射，每日 2 次，连用 2 ~ 3 天。

② 消炎王注射液 1mL，内服，每日 2 次。

③ 环丙沙星注射液 0.5mL，肌内注射，每日 1 次，连用 2 天。

④ 庆大霉素注射液 0.5mL，内服，每日 2 次，连用 2 天。

⑤ 抗菌王注射液 1mL，肌内注射，每日 2 次，连用 2 天。

7. 沙门氏杆菌病

本病是由沙门氏杆菌引起的种兔和幼兔急性腹泻，体温升高，迅速死亡。慢性出现顽固性下痢。患病母兔发生流产。

（1）预防　坚持自繁自养原则，调剂品种时，引进的种兔一定要隔离观察 1 个月以上，无病才能入群。改善饲养管理，增强抗病能力，坚持经常性的消毒。

（2）治疗

① 复方新诺明每千克体重25mg，内服，每日1次，连用3天。

② 氟哌酸口服剂每千克体重30mg，内服，每日2次，连服2～3天。2%氟哌酸注射液，每千克体重20mg，肌内注射，每日2次，连用2～3天。

③ 558消炎退热灵注射液1mL，肌内注射，每日2次，连用3天。

④ 消炎王注射液1mL，肌内注射，每日2次，连用2～3天。

8. 癣病

本病是由真菌感染兔的鼻部、面部、耳部及全身皮肤的传染病。患部呈圆形或椭圆形突起、脱毛、瘙痒，有小结节和鳞片及小的溃疡。

(1) 预防　发现癣病兔应隔离治疗或淘汰，以防蔓延。兔舍、兔笼、用具进行消毒，耐火的用喷灯火焰消毒。

(2) 治疗

① 灰黄霉素每千克体重25mg，制成悬浮液，内服，每日1次，连服14天。

② 水杨酸软膏。苯甲酸12g、水杨酸12g、凡士林100g，温热混匀，涂擦患部，每3天1次，共用3次。

③ 克霉唑癣药水，涂擦患部，每日1次，连用2天。

④ 食醋敌百虫合剂。食醋100mL、敌百虫5g，混匀，涂擦患部，每日1次，连用2～3天。

⑤ 克霉唑软膏。患部剪毛，温肥皂水清洗去痂，涂1%g霉唑软膏，每天1次，连用3～5天。

⑥ 硫黄碘酊软膏。硫黄50g、5%碘酊10mL、凡士林300g，混匀配成软膏，涂抹患部，5天后再涂抹1次。

（二）寄生虫病

1. 兔螨病

兔螨病是由兔痒螨、疥螨和寄食姬螨，分别寄生于耳部、全身皮肤和肩胛部而引起的外寄生虫病。病兔剧痒，摩擦、爪抓、嘴啃，皮肤发炎、结痂、脱毛、龟裂。

（1）预防　兔舍要保持干燥、透光、通风、清洁，兔舍、兔笼、用具坚持消毒制度，用5%g辽林、10%～20%生石灰水消毒。发现病兔立即隔离治疗，防止传染。

（2）治疗

① 2%敌百虫水溶液，喷洒患部，7天后再喷洒1次。

② 阿福丁（国产，又称虫克星、阿维菌素）0.1mL，皮下注射。口服剂，每千克体重0.1g，灌服，7天后再服1次。

③ 害获灭注射液（美国产）0.05～0.1mL，皮下注射。

④ 2%碘酊3mL，滴入病兔外耳道，再用2%敌百虫软膏（凡士林98g、敌百虫2g混匀）3g，涂抹外耳道。

⑤ 20%速灭杀丁乳油，按1 000倍稀释，涂擦患部。

2. 兔虱病

本病是由兔虱寄生于体表引起的外寄生虫病。患兔发生痒感，爪抓、啃咬、搔擦，皮肤呈现小出血点，皮肤增厚，皮屑增多，消瘦，生长停滞。

（1）预防　兔舍要清洁、干燥，阳光充足，定期消毒。

（2）治疗

① 2%敌百虫溶液喷洒患部，7天后再喷洒1次。

② 阿福丁（国产，又称虫克星、阿维菌素）0.1mL，皮下注射。口服剂，每千克体重0.1g，灌服，7天后再服1次。

③ 害获灭注射液（美国产）0.05～0.1mL，皮下注射。

④ 烟叶（或烟梗）4g、水100mL，浸泡24小时，煮沸1小时，待凉，涂擦患部。

⑤ 畜卫佳粉每千克体重2mg，拌饲料中，一次喂服。

⑥ 二氯苯醚菊酯1mL，加水20～25kg，配制成2万～2.5万倍稀释液，涂擦患部。

3. 弓形体病

本病是由龚地弓形体寄生于兔体内引起的一种原虫病。患兔体温升至41℃左右，呼吸加快、嗜睡、惊厥等症状。

① 增效磺胺-5-甲氧嘧啶，每千克体重20mg，肌内注射，每日2次，连用3天。

② 磺胺二甲嘧啶，每千克体重0.2g，内服，每日1次，连服3天。

③ 磺胺嘧啶，每千克体重70mg，甲氧苄胺嘧啶每千克体重14mg，内服，每日2次，连用3～5天。

④ 磺胺甲氧吡嗪，每千克体重30mg，甲氧苄胺嘧啶，每只兔0.02g，内服，每日2次，连服2天。

4. 球虫病

本病是由兔球虫感染120日龄以内的幼兔，表现臌气、下痢、肝肿大、消瘦、贫血等，多发生在温暖多雨时期，特别是霉雨季节最易感染，呈地方性流行，死亡率很高。

(1) 预防　兔舍保持清洁、干燥、通风，每天打扫粪便，将粪便堆积发酵，生物热处理后，再做肥料，坚持常规消毒。

① 复方磺胺甲基异噁唑，每千克饲料添加200mg，服5天，停药3天，为一个疗程，共3个疗程。

② 氯苯胍每千克饲料添加150mg，断奶后的兔连喂45天。

(2) 治疗

① 克球粉，每千克体重50mg，内服，每日1次，连服5天。

② 球痢灵，每千克体重50mg，内服，每日2次，连服5天。

③ 复方磺胺甲基异噁唑（复方新诺明），每千克饲料添加400mg，混匀，连喂7天，停药3天，再喂7天。

④克球多，每千克饲料添加200mg，混匀，连喂28天。

⑤ 黄连6g、黄柏6g、大黄5g、黄芩15g、甘草8g，混合研末，每只兔每次2g，内服，每日2次，连服5天。

⑥ 氯苯胍每千克体重10～15mg，内服，每日1次，连服10天。

（三）普通病

1. 臌胀

兔多吃了易发酵、易膨胀饲料，霉败、变质的饲料，含露水的豆科饲料等，都可引起臌胀。患兔食欲废绝，腹部膨大，呼吸困难，心跳加快。

（1）预防　喂料定量、定时，精粗饲料合理搭配，不喂霉败、变质的饲料。

（2）治疗

① 食醋5～10mL，1次内服。

② 硫酸镁5g，1次内服。

③ 大黄苏打片1～2片，内服。

④ 植物油15mL，内服。

⑤ 十滴水5滴，薄荷油1滴，加水适量，内服。

⑥ 姜酊2mL，大黄酊1mL，内服。

2. 便秘

本病由于饲养管理不当，精、粗饲料比例不合理，缺乏青绿饲料，饮水不足，缺乏运动等原因引起。患兔食欲废绝，粪球细小，干燥坚硬，几天不排粪，精神不安，回顾腹部，嘴啃肛门等。

治疗：

① 液体石蜡或蓖麻油，成年兔16mL，幼兔8mL，加等量水，内服，每日1～2次，连服2天，便秘消失立即停药。

② 花生油或菜籽油25mL、蜂蜜10mL，加水适量，内服，

每日1次，便秘消失停药。

③ 人工盐或硫酸钠，成年兔5g，幼兔2.5g，加水适量，内服，每日1～2次，便秘消失停药。

④ 大黄苏打片，1～2片，内服。

⑤ 果导片（每片含酚酞0.1g），成年2片，幼龄1片，内服，每日2次，便秘消失停药。

3. 腹泻

兔吃了霉败、腐烂、变质的饲料，饲喂不定时定量，贪食过多，饲料突然改变，饮水不清洁，吃了化学药品、农药等，圈舍潮湿，阴雨天气等都可发生腹泻。

治疗：

① 土霉素0.2g，内服，每日2次，连服2天。

② 大蒜2～4g，捣碎，内服，每日2次，连服2天。

③ 痢菌净，每千克体重8mg，内服。注射剂，每千克体重4mg，肌内注射，每日2次，连用2～3天。

④ 2%氟哌酸注射液每千克体重20mg，肌内注射，每日2次，连用2天。口服剂每千克体重30mg，内服，每日2次，连服2天。

⑤ 杀痢王透皮剂，0.5～1mL，涂擦背部或腹部皮肤，重症隔日再涂擦1次。

4. 感冒

感冒多发生于秋末至早春时期，气候突变，贼风侵袭，遭受雨淋等。患兔流鼻涕、打喷嚏、咳嗽、不吃，体温有的40℃以上，呼吸困难。

（1）预防　在气候突变时防止兔受风寒，防贼风侵袭，防雨淋。

（2）治疗

① 柴胡注射液1mL，肌内注射，每日1次，连用2天。

② 安痛定注射液 1mL、维生素 C 注射液 1mL，肌内注射，每日 2 次，连用 2 天。

③ 复方氨基比林注射液 1mL，肌内注射，每日 2 次，连用 2 天。

④ 安乃近注射液 1mL，肌内注射，每日 1 次，连用 2 天。

⑤ 复方阿司匹林（A. P. C），每只兔 1/4 片，内服，每日 2 次。

5. 有机磷中毒

兔误食喷洒过有机磷农药的青菜、青草、牧草等而发生中毒。表现精神沉郁，反应迟钝，食欲废绝，流涎，流泪，瞳孔缩小，呼吸急促，痉挛，衰竭，昏迷，窒息死亡。

① 解磷定对 1059、1605、乙硫磷中毒解毒效果好，每千克体重 20 ~ 40mg，缓慢静脉注射。病情严重者，2 小时后重复 1 次。本药对敌敌畏、敌百虫、乐果等中毒解毒效果差，不可用。

② 0.1% 硫酸阿托品注射液，0.5 ~ 1mL，皮下注射，重病者，2 小时后重复注射 1 次。

③ 双解磷粉针，注射用水配制成 5% 溶液，肌内注射。用 5% 葡萄糖盐水溶解成 5% 的溶液，静脉注射，用药量为 0.1g。

④ 氯磷定注射液，每千克体重 20mg，静脉注射。

⑤ 绿豆 20g、甘草 5g，加水适量，煎汤，内服，每天 2 次。

6. 乳房炎

新生乳兔吮乳时咬破母兔的乳头，兔笼、箱的铁丝、铁钉及锐利物损伤乳房，而感染细菌。另一种是内源性的，没有损伤，细菌通过循环系统而来。

（1）预防　清除兔笼、兔箱内的尖锐物，防止损伤乳房。每天细致观察母兔，要早发现、早治疗。产前 3 天，适当减少精料。

（2）治疗

① 患乳房炎初期，把乳汁挤出，用毛巾或布蘸冷水，在局部冷敷，并涂擦10%鱼石脂软膏。

② 0.25%普鲁卡因30mL，青霉素10万单位，局部分4~6个点，皮下注射。

③ 青霉素10万单位、链霉素10mg，肌内注射，每日2次，连用2~3天。

④ 体温升高者，安痛定1mL或安乃近1mL，肌内注射。

⑤ 2.5%恩诺沙星注射液0.5mL，肌内注射，每日1次，连用2~3天。口服剂，每只兔20mg，拌饲料中服用，连服3天。

7. 子宫脱出

母兔分娩后很短时间子宫内翻，从阴道脱出，形似两条肠管，黏膜紫红色。时间略长，黏膜水肿、变厚，极易破裂、出血，引起死亡。

① 用3%温明矾液或0.1%高锰酸钾液清洗子宫黏膜上的被毛、褥草、粪便等污物。如脱出时间长、水肿者，用5%~10%浓盐水清洗，使其脱水。在子宫黏膜上撒布少许青霉素粉和链霉素粉。整复方法是助手提起兔两后肢，术者一手轻轻托起子宫角，另一手细心地将子宫从四周轮换推入腹腔，再提起后肢左右摇摆几次，并拍击患兔臀部，促使子宫复位。

② 青霉素10万单位、链霉素100mg，肌内注射，每日2次，连用2天。

③ 磺胺二甲嘧啶1片（0.5g），内服，每日2次，连服2天。

第四节　鸡的饲养管理与疫病防治

一、蛋鸡饲养管理技术

1. 蛋用鸡品种与性能指标

从适应性、成活率、高产稳产、饲料报酬和鸡蛋的食用习惯等几个方面考虑，以褐壳蛋鸡为主，选择海兰褐、海赛克斯、伊沙褐、迪卡、罗曼（新）等。

褐壳蛋鸡主要生产性能指标

0~20周龄成活率	97%~98%
达50%产蛋率时日龄	155~160
21~80周龄产蛋数	310~320枚
21~72周龄存活率	91%~95%
72周龄体重	2.2~2.3kg
产蛋期料蛋比	（2.2~2.4）:1

2. 育雏期的饲养管理

育雏前的准备

① 引种：必须在正规种鸡场订购雏鸡，饲养1 000羽蛋鸡规模的养殖场需进雏鸡约1 100羽。不得从疫区购买雏鸡。

② 建议采用网上育雏，条件好的用3~4层重叠式育雏笼育雏。检查维修育雏舍的门窗、电路、供暖设备等。如果采用煤炉或炕道保温，必须将煤烟排出鸡舍外，并用管道将鸡舍外，面的空气导入煤炉（即燃烧鸡舍外面的空气，以免因缺氧而影响雏鸡的生长发育和体质——氧气是排在第一位的营养素）。

③ 在进雏前两周，舍内必须进行清洗，待干后再用消毒药进行喷雾，最后按每立方米21g高锰酸钾+42mL40%甲醛溶液对鸡舍进行密闭熏蒸消毒，24小时后，应通风换气。

④ 在进雏前 1 ~ 2 天，对育雏舍进行预热，使舍温达 32 ~ 34℃，相对湿度达 65% ~75%。

⑤ 按照雏鸡的营养需要准备好育雏料，料要新鲜，防止霉变。同时准备好药品和疫苗。

3. 初生雏的选择和运输

（1）选择健雏　选择绒毛光亮、整齐，大小一致、初生重符合品种要求且腹部柔软、卵黄吸收好，脐部愈合良好的健雏。

养鸡的关键是育雏，育雏的第一步是“检雏”，检雏要注意以下几个关键。

① 掌握种蛋来源：应选择生长发育良好、品种特征性显著、生产性能优良、抗病能力强、精神饱满、新陈代谢旺盛的适龄种鸡提供的种蛋。

② 了解出壳时间：在正常时间内出壳的雏鸡质量比较好，出壳过早或过迟的鸡是因为孵化温度不当或种蛋质量不好所致，比较难饲养。

③ 本批次的种蛋若受精率、出雏率高说明种蛋质量好，则雏鸡质量也好；反之，则说明种蛋质量差，雏鸡质量也差。

④ 雏鸡的精神状态：健雏活泼爱动、眼大有神、反应灵敏，抓在手中挣扎有力；弱雏、病雏则表现呆立、低头、闭眼、反应迟钝，抓在手中挣扎无力。

⑤ 腹部情况：健雏腹部大小适中、柔软，脐部吸收良好，无毛区小并被周围绒毛覆盖；弱雏和“助产”雏则出现脐部吸收不良，周围有血迹，无毛区大，腹部膨大、水肿，颜色不正常。

⑥ 肛门区：健雏肛门区干净，绒毛干燥而稠密；弱、病雏肛门区沾有粪便，绒毛潮湿稀少。

⑦ 外形：残雏腿爪异常，跛行，眼睛有疾。

（2）雏鸡运输　时间最多不应超过 48 小时，长途运输时应

防止雏鸡脱水，应补充水分。运输时鸡盒内温度应保持18℃以上，并注意通风。

4. 雏鸡的饲养管理

(1) 休息　雏鸡进入调试好温度的育雏室后，严禁大声喧哗，让其休息半小时左右，等到一部分雏鸡开始活动时即可“开水”。

(2) 饮水　通常把雏鸡第一次饮水叫“开水”。这既有利于采食、消化、剩余卵黄的吸收和利用，同时又有利于防止雏鸡脱水，维持水的平衡，促进粪便排出和加强新陈代谢。在“开水”时要注意以下几个问题：

① 第一周最好饮用与室温大致相同的温开水，并在饮水中添加5%～10%的葡萄糖（蔗糖也可替代）、适宜的抗生素、复合维生素和电解质营养液，以保证雏鸡健康和促进生长。

② 保证供水，每100只鸡应有1只饮水器，位置与喂料处不宜相距太远。10日龄后饮水器应调整高度，以防弄湿垫料。育雏期间饮水器中不能断水，断水时间过长会引起暴饮，影响鸡群健康。

③ 保持饮水器和饮用水的卫生，饮水器每天应清洗、消毒一次，饮水每天更换二次，确保饮用水的洁净。

(3) 开食

① 抓好开食工作。出壳后第一次喂料叫做“开食”，一般在雏鸡出壳后16～24小时“开水”为宜，即先“开水”后“开食”。开食用的饲料应该使用品质优良的肉仔鸡前期料，不提倡用食口性好的小米或其他饲料，可在开食的饲料中适当增加复合维生素和微量元素。

② 合理饲喂：为了训练雏鸡吃食，开食时和开食后应坚持勤添少喂的原则，以减少饲料的浪费。第一周一般每三小时喂一次，以后可不间断地供料。

③ 防止饲料污染：平养式育雏一般是将塑料布铺于垫料上，将饲料撒在塑料布上开食。由于粪便容易污染饲料而造成饲料浪费，且易诱发球虫及其他疾病，所以要少喂勤添，每次喂料应更换塑料布，用过的塑料布洗净晒干后可重复使用。

④ 及时检查“开食”效果，做到心中有数。每次喂料以后，饲养员应轻轻随机捉十多只小鸡用拇指和食指触摸一下嗉囊部，检查雏鸡开食的比例和吃料情况，及时发现问题，调整饲养方式。

（4）环境　根据雏鸡不同日龄适时调整育雏舍的温度、湿度、通风换气量、雏鸡密度、光照制度，同时注意鸡舍既要保证温度，又要保证空气新鲜。

① 温度。育雏的温度是育雏成功的关键，直接影响雏鸡体温调节、运动、采食、饮水和健康，关系到今后的生长发育、饲料转化和成活率。育雏温度包括室温和离地面 20 厘米高区域内小气候的温度两个方面。不同周龄对温度要求不同。

育雏前期，由于雏鸡体温调节机能不完善，体温随着环境温度变化而改变，因此，温度偏高，会出现饮水量增加、采食量减少、生长速度降低、羽毛生长不良等现象，严重时雏鸡受热出“汗”形成僵鸡，或羽毛脱落成为“光背”没毛鸡。温度偏低对小鸡危险性更大，不仅吃料饮水减少、新陈代谢下降、生长速度降低，还会诱发“白痢”和呼吸道疾病，造成死亡率明显上升。怎样才能掌握好育雏温度呢？应该做到“看雏给温”。根据季节和气候变化调整好室温，仔细观察雏鸡的吃食、饮水和休息的行为。如果鸡群吃饱后一个挨着一个整齐平静地躺着，头颈向前伸，自然的歪向一侧，两翅微微张开，呼吸平稳呈悠闲自在的样子，说明温度最为适宜；如果雏鸡远离热源而“扎堆”、尖叫，说明温度太高；如果雏鸡都挤向热源扎堆尖叫，说明温度太低，应当尽快调整。必须注意，在短时间内温度变化幅度不宜过大，

应该是逐渐平稳地改变为好。

② 光照。光照的目的主要是便于鸡群采食、饮水和工作人员的日常工作。第一周为24小时光照，以后每天光照20小时左右，使鸡有充分时间采食。

对于光照用灯具，为了节约用电，可以使用节能灯。试验表明，采用节能灯不影响仔鸡的生长发育，且可节约大量电费，降低成本。

③ 相对湿度。鸡对相对湿度适应范围比较广，但第一周在70%左右为宜，以后维持在60%即可。然而在实际生产中，前期因温度高、蒸发量大、小鸡通过呼吸与排泄排出的水分少而易出现干燥；后期随着温度下降、仔鸡生长速度加快、饮水量增加、通过呼吸和排泄排出的水分增加而出现湿度增大。因此，前期因相对湿度小，易诱发呼吸道疾病和鸡群脱水；后期因相对湿度大、温度较高易诱发球虫病和霉菌中毒，所以要做好通风换气、调节湿度工作。

④ 换气。育雏期鸡舍相对密闭，温度高、湿度大、饲养密度大、生长速度快、呼出的二氧化碳多、耗氧量大，再加上排粪多所产生的大量氨气和硫化氢等有害气体，易导致疾病的发生；并对眼结膜、呼吸道有强烈的刺激作用，增加发病率、降低饲料报酬和生长速度，因此要适时通风换气，保持空气的新鲜和洁净。

在育雏阶段通风和保温是一对矛盾。第一周以保温为主，以后在保温的前提下适当通风换气，可在中午气温较高时增加通风次数，缩短通风时间，同时严防“贼风”直接吹入鸡舍，引起雏鸡感冒。以后随着雏鸡长大，抵抗力增强，育雏温度下降，可适当增加通风量，延长通风时间，但也应减少空气直接对流。一般来讲，当鸡舍内二氧化碳超过0.5%、氨气含量高达0.2mL/m^3以上，即人进入鸡舍有明显刺鼻、刺眼等不适感觉时，应及时通风换气。

⑤ 防疫保健。加强观察与管理，如果发现粪便异常或鸡精神状态不好，要及时查明原因并采取措施。询问饲料厂家饲料中是否添加抗球虫药物，如果没有添加抗球虫药物，必须在饲料或饮水中添加抗球虫药物进行预防，而不能等到发生球虫后才投药治疗；对鸡体、用具、鸡舍及周围环境进行消毒，平时每周一次，周边有疫情时每天一次；每隔2周用络合碘（聚维酮碘）饮水对雏鸡肠道进行杀菌消毒，20%含量按1：（1 500～2 000）比例添加，连饮一天；1周龄时预防慢性呼吸道疾病，在饲料中添加泰妙菌素，按80%含量计算添加100～120g/t，连用4～5天或用支原净（按说明使用）；一月龄时用氧氟沙星或环丙沙星对雏鸡输卵管进行消炎保健，按纯品计算，每吨饲料添加80～100g，连用3天；按免疫程序（附后）及时对鸡群进行免疫接种。

⑥ 及时选出弱雏，单独饲养。

⑦ 断喙。断喙不仅可以防止啄癖，还可以节约饲料。试验证明，断喙育成的成年鸡，饲料消耗可以降低6%～8%，产蛋期非疾病死亡率降低一半。

断喙应在7～15日龄进行，一般采用断喙器断喙。上喙断去1/2，下喙断去1/3，在断喙的创面应烧烙2秒钟，断喙前后2天可在饲料中添加每千克2mg的维生素K，防止失血过多。

5. 雏鸡日常饲养管理细则

① 进育雏室时应换工作服和鞋帽、消毒，并注意检查门口消毒池内消毒液是否有效，做到及时添加或更换。

② 观察鸡群活动情况，查看室内温度是否正常并做好记录。

③ 观察鸡群精神状态，查看是否有“白痢”和血便等，发现异常，应及时查明原因，采取相应措施。

④ 检查饮水器或水槽是否有水及清洁与否。

⑤ 检查垫料是否潮湿结块、霉变等，及时添加或更换。

⑥ 室内空气是否新鲜，有无刺鼻气味，是否需要开窗换气。

⑦ 检查料桶是否有饲料及有无浪费现象，及时添加和投料。

⑧ 笼养鸡是否有跑鸡、啄肛及卡脖现象，及时采取针对性措施。

⑨ 根据鸡龄与室外气温，确定脱温时间。

⑩ 加强夜间值班工作，注意倾听有无异常呼吸声，观察鸡群是否安静，防止意外事故发生。

6. 育雏鸡质量的衡量指标

6 周龄时成活率不低于 98.5%，体重接近本品种的体重标准，均匀度应达到 80% 的个体在平均体重 ±10% 范围内。

7. 育成期的饲养管理

（1）育成鸡的选择　在育成过程中应观察、称重，不符合品种标准的鸡应尽早淘汰。一般第一次初选在 6 ~ 8 周龄，选择体重适中，健康无病的鸡。第二次在 18 ~ 20 周龄，可结合转群或接种疫苗进行，在平均体重 10% 以下的个体应予淘汰处理。

（2）育成鸡的饲养

① 育成鸡的饲养方式采用三层育成笼或网上平养方式饲养。

② 为控制鸡的生长、抑制性早熟、节约饲料，应按品种标准和增重速度进行限饲。

③ 选用育成期饲料配方或商品育成料，饲粮中补喂砂砾，从 7 周龄开始，每周 100 只鸡给予砂粒 500g。

④ 预防保健：在 60 和 90 日龄及开产前应对蛋鸡的输卵管进行消炎，可在饲料中添加氧氟沙星或环丙沙星，按纯品计算每吨饲料中添加 80 ~ 100g，连用 3 天；每隔 25 ~ 30 天对蛋鸡的胃肠道进行杀菌消炎一次：饮水中添加络合碘（聚维酮碘），20% 含量按 1∶(1 500 ~ 2 000) 比例添加，连饮 1 天；如果发现蛋鸡拉棕黄色或黄褐色的稀糊状粪便（肠炎症状）或有疫病流行时，

应及时在饮水中添加络合碘（方法同上），连饮1～2天，对疾病有很好的控制和辅助治疗效果；注意慢呼的预防与控制（可每隔一个半月进行一次药物预防，方法同雏鸡）；按免疫程序（附后）及时对鸡群进行免疫接种。

8. 转群

转群时间一般为雏鸡6～7周龄时转入育成鸡舍，到17～18周龄，最迟不能超过20周龄转到产蛋鸡舍。转群最好夜间进行，转群前6小时应停料，前2～3天和入舍后3天，饲料内添加多种维生素100～200g/t。转群当天应连续24小时光照。转群时不要忘记断喙（修剪）、做预防注射等，可结合进行淘汰选择。

9. 育成鸡质量的衡量指标

20周龄时总成活率不低于96%，6～20周龄阶段的成活率不低于98%，体重符合本品种的体重标准，均匀度应达到85%的个体在平均体重±10%范围内。

10. 产蛋鸡的饲养管理

（1）饲养方式　采用三层阶梯式笼养，自由饮水，人工给料的方式。

（2）进鸡前的准备　设备要维修、调试完好，用具齐全。进鸡前三天对鸡舍、设备及用具进行消毒。在进鸡前加料加水。

（3）开产前后的饲养管理

①检测鸡群体重并与本品种体重标准对照。如18周龄时达不到体重标准，对原为限制饲养的转为自由采食，提高饲粮代谢能水平（蛋白水平一般不用再提高），推迟一周延长光照时间。

②开产前增加光照时间一周后（或达5%产蛋率）将生长饲粮改换为产蛋饲粮。改换饲粮前为给开产前的鸡补钙，可在生长饲粮中加一些贝壳粉或石粉，任其自由采食。

③根据新开产母鸡的生理特点，在鸡群开始产蛋之时起逐步过渡到产蛋鸡日粮：用预混料配制蛋鸡料应逐步提高豆粕和石粒

（含钙36%～38%）的配比，石粒配比：5%～10%产蛋率时加到3%，以后产蛋率每提高8%～10%增加1%石粒，直至使石粒总配比保持在8.0%～8.5%水平；如果是使用商品全价料或浓缩料，应采取逐步减少青年鸡料和逐步增加蛋鸡料的方式进行。如果在产蛋率上升到20%～50%阶段时发现有个别产蛋鸡站不起来（一般发生在早上，鸡的外表和精神状态都正常），这是缺钙所致，可以在下午喂过饲料半小时后按每1 000羽蛋鸡额外添加3～4kg石粒到饲料槽中，让那些缺钙的产蛋鸡自由采食（蛋鸡有根据需要选择性采食饲料的习性）。特别提示：不能提前过度增加饲料的含钙水平，否则，会导致那些还没有开产的蛋鸡发生痛风（这是因为对还没有开产的蛋鸡来说蛋鸡饲料中的蛋白质和钙绝大部分都是多余的，体内多余的钙和蛋白质的代谢产物——尿酸结合形成尿酸钙，尿酸钙在关节处沉积就会引起痛风）。

④ 自由采食，并直至产蛋高峰过后两周为止。

（4）产蛋期的饲养管理

① 根据不同产蛋期的蛋白质需要量采取3段饲养法，在产蛋率92%以上，88%～92%、88%以下3个不同时期分别饲喂不同蛋白水平的饲粮（商品料应选择相应的料号）。

② 经常观察鸡群精神状态和粪便情况，倾听鸡只呼吸有无异常音；检查设备；及时观察淘汰不合格蛋鸡。

③ 减少应激因素，保持良好而稳定的环境。严格执行科学的鸡舍管理程序，减少突发事故。

④ 注意保持舍内环境卫生，要经常洗刷饲喂用具，并定期消毒。

⑤ 产蛋鸡每天喂料2～3次，每次添加量要适当，尽量保持饲料新鲜，防止饲料浪费。玉米豆粕型日粮每只每天喂料量控制在100～120g。

⑥ 全天供应干净、清洁饮水。饮水系统不能漏水，每天清

洗水槽。

⑦ 鸡蛋收集及包装运输：每天收蛋3次，盛放鸡蛋的蛋箱或蛋托应经过消毒，集蛋人员集蛋前要洗手消毒。集蛋时将破蛋、沙皮蛋、软蛋、特大蛋、特小蛋、畸形蛋单独存放，不作为鲜蛋销售。纸蛋托盛放鸡蛋应用纸箱包装，每箱10～12盘。纸箱可重复使用，使用前要用福尔马林熏蒸消毒。运送鸡蛋的车辆应使用封闭货车或集装箱，不得让鸡蛋直接暴露在空气中进行运输，车辆事先要彻底消毒。

⑧ 定期对蛋鸡的输卵管进行消炎，每隔25～30天可在饲料中添加氧氟沙星或环丙沙星，按纯品计算每吨饲料中添加80～100g，连用3天；如果发现有蛋壳颜色发白、沙皮蛋、血斑蛋、软皮蛋等异常蛋，应及时对蛋鸡输卵管进行消炎，方法同上，连用5天。每隔25～30天对蛋鸡的胃肠道进行消炎一次：饮水中添加络合碘，20%含量按1：（1 500～2 000）比例添加，连饮1天。如果发现蛋鸡拉棕黄色或黄褐色的稀糊状粪便（病毒性肠炎症状）或有疫病流行时，应及时在饮水中添加络合碘（方法同上），连用2天，对疾病有很好的控制和辅助治疗效果。

⑨ 定期清粪。刮粪机清粪每天一次。如果是人工清粪，每隔5～7天清粪一次，清粪时应打开门窗加强通风，以免因鸡舍内氨气浓度突然增加而诱发啄癖等应激反应。

⑩ 灭鼠杀虫。定时、定点投放灭鼠药，控制啮齿类动物，及时收集死鼠和残余鼠药并做无害化处理。防止昆虫传播传染病，常用高效低毒化学药物杀虫，喷洒时避免喷洒到鸡蛋表面、饲料和鸡体上。

⑪ 做好记录和统计分析，绘制本场产蛋鸡群的生产标准与产蛋曲线，并与其品种标准曲线相对照，发现问题及时查找原因并予以纠正。

11. 蛋鸡的疫病防制

(1) 疫病防制的原则 预防为主，综合防疫。

(2) 加强饲养管理 实行“全进全出”饲养制。

(3) 重视场址选择 合理设计及布局。

(4) 严格执行经常性的防疫卫生规章制度

① 消毒剂要选择对人和鸡安全、对设备没有腐蚀性、没有残留毒性且消毒剂的任一成分都不会在肉或蛋里产生有害积累的消毒药。

② 环境消毒：鸡舍周围环境每 2～3 周消毒 1 次；鸡场周围及场内污水池、排粪坑、下水道出口每 1～2 个月消毒 1 次；场门口或生产区入口处的消毒池内消毒液须及时更换，并保持一定深度和浓度。冬季可加盐防止结冰。车辆进场时需经消毒池，并对车身进行喷雾消毒。

③ 保持鸡舍的清洁卫生，地面保持清洁、干燥，定期进行消毒。鸡舍保持空气新鲜，光照、通风、温度、湿度应符合规定要求。

④ 雏鸡转群、成鸡出售的鸡舍及用具要尽快进行清扫、冲洗及消毒，并空闲 10～14 天。空出的鸡舍在进鸡前可按下列顺序进行清洗和消毒。

鸡舍放空→清除粪便→高压水枪冲洗→2%～3%烧碱消毒→3%～6 小时后彻底水洗→通风干燥数日→福尔马林熏蒸消毒→通风→喷雾消毒→放干→进鸡

⑤ 正常情况下每周进行一次带鸡消毒。

⑥ 保持场内清洁卫生。

⑦ 各鸡舍用具和设备必须固定使用，不得串栋使用。

(5) 疫病防治

① 有计划地科学免疫接种。有条件者，要坚持定期监测免疫抗体水平，根据抗体水平科学实施免疫。建立并保存免疫记

录，包括疫苗种类、使用方法、剂量、批号、生产单位等。

具体免疫程序应结合本场疫情而定，建议程序如下。

日龄	疫苗种类	免疫方法及剂量
1 日龄	马立克	皮下注射（由种鸡场实施）
3 日龄	肾型传支	点眼、滴鼻，2 羽份
7 日龄	新城疫 + 传支 H120 二联苗	点眼、滴鼻，2 羽份
14 日龄	法氏囊炎	点眼、滴鼻，2 羽份
19 日龄	新城疫 + 传支二联油苗	皮下注射，0.3mL
22 日龄	禽流感二价苗	肌内注射，0.3mL
28 日龄	法氏囊炎	点眼、滴鼻，2 羽份
35 日龄	鸡痘	刺种，1 羽份
40 日龄	传染性喉气管炎	点眼，1 羽份
45 日龄	传染性鼻炎 + 慢呼二联油苗	肌内注射，0.3mL
60 日龄	传支 H52、新城疫 I 系苗	饮水 2 羽份、肌内注射 1 羽份
98 日龄	传染性喉气管炎	点眼，1 羽份
105 日龄	传染性鼻炎 + 慢呼二联油苗	肌内注射，0.5mL
119 日龄	禽流感二价苗	肌内注射，0.5mL
126 日龄	新城疫 + 减蛋综合征 + 传支三联油苗	肌内注射，0.5mL

以后每隔 50 ~ 60 天用新城疫Ⅳ系苗（4 羽份饮水）加强免疫；每隔 6 个月进行禽流感二价苗（肌注 0.5mL）加强免疫。

特别提示：在进行疫苗饮水免疫时，应控制好停水时间（一般夏天 2 ~ 3 小时，平时 4 小时）和稀释疫苗的用水量（以在 1 小时内饮完为宜，水太少，不能让所有的鸡都饮到足够剂量的疫苗；水太多，疫苗在稀释后的活性逐步降低，鸡也不能在有效时间内饮到足够剂量的疫苗），并建议将疫苗分 2 次稀释饲喂，中间间隔 1.5 小时。

② 在转笼前后应加喂驱虫药物 1 ~ 2 次，以清除鸡体内外寄生虫。

二、鸡的疫病防治

（一）鸡新城疫

1. 流行病学

鸡新城疫是由副黏病毒引起的高度接触性传染病，主要侵害鸡、火鸡，其他禽类也可感染，如鸽、鹌鹑、孔雀等。

本病是鸡病中危害最严重的一种传染病，死亡率可达90%以上，造成的经济损失很大。家禽（不论品种）对本病最易感染，雏鸡比成年鸡的易感性更高，成年鸡一般表现非典型症状，哺乳动物对本病有强大的抵抗力。

本病在任何季节都可发生，但以春秋两季较多。主要通过健康鸡和病鸡接触而传染。病鸡的分泌物、血液、肉、内脏、鸡毛、消化道内容物等是主要的传染源。在流行停止后的病愈鸡或带毒鸡，常呈慢性经过，精神不好，有咳嗽和轻度的神经症状，保留这种慢性鸡，是造成本病继续流行的原因。本病的传播途径主要是消化道和呼吸道，蛋也可带毒而传播本病。

2. 临床症状

本病潜伏期一般为2～7天，急性暴发时可在3～4天内使全部鸡或几乎全部鸡死亡。死亡率因病型不同而有差异，最高可达90%以上，最低的只有1%左右。病程持续1～3周。最急性型新城疫往往看不到症状而死亡，或者表现为呼吸加快，虚弱衰竭，排绿色稀粪，4～8天内死亡。急性病例体温升高，不食或少食，精神委顿，羽毛松乱，呼吸困难，排绿色稀粪，以后衰竭死亡。不死的鸡可出现歪头、转圈等脑炎症状。亚急性和慢性型常出现在上述两型的后期，表现为喘气、啰音、衰竭、卧地不起，头像啄食样有节奏地振动，排绿色稀粪，或出现观星状。产蛋鸡的产蛋率显著下降。

3. 病理变化

口腔黏膜有灰白色芝麻籽样坏死灶，喉头和气管黏膜出血，腺胃乳头环状或点状出血，肠道黏膜出血，病程长者十二指肠有局限性枣核状溃疡，盲肠扁桃体肿胀、出血和坏死。

4. 防治

免疫由于各鸡场的实际情况不同，鸡群的免疫状况不同，因此，必须根据免疫监测的结果制定出适合实际情况的免疫程序。

当发生新城疫或疑似新城疫时，应立即对全场所有鸡进行紧急免疫接种，首先接种假定健康鸡群，然后接种刚发病鸡群，最后接种发病鸡群。认真处理病、死鸡，全场彻底消毒。

（二）禽流感

1. 流行病学

禽流感是由正黏病毒科 A 型流感病毒引起的多种家禽及野鸟的一种高度接触性传染病。本病的主要传染源是发病禽和带毒禽，主要经呼吸道、消化道感染，亦有可能垂直传播。飞鸟在病毒的远距离传播中起着重要作用。本病一年四季均可发生，以冬春季多见，临床上常见与新城疫等其他呼吸道疾病混合感染。

2. 临床症状

发热、昏睡、咳嗽、打喷嚏、张口喘气，鼻窦肿胀，流泪流涕，冠髯发绀、出血，头颈部肿大，嗉囊积液。部分病例出现共济失调，下痢，产蛋率明显下降。高致病性禽流感病例死亡率可达60%～100%，低致病性禽流感病例呈零星死亡。

3. 病理变化

眼角膜混浊，眼结膜出血，脚胫鳞片出血、水肿；皮下水肿或呈胶冻样浸润；肺脏出血水肿，脾脏有灰白色斑点样坏死，胰脏有褐色斑点样出血、变性、坏死；法氏囊出血；从口腔至泄殖腔整个消化道黏膜出血、溃疡或有灰白色斑点、条纹样膜状物（坏死性伪膜）；其他组织器官也有出血，并常可见有明显的纤

维素性腹膜炎，产蛋鸡发生卵黄性腹膜炎，输卵管内有炎性渗出物。

4. 防治

积极做好综合性防治措施，注意防止病原传入鸡群。当发生高致病性禽流感时，应立即封锁疫点疫区，上报疫情，并将病禽作无害化处理。发生低致病性禽流感的地区，应采取免疫、对症治疗、消毒等其他一些综合性措施控制本病。

（三）传染性法氏囊病

1. 流行病学

鸡传染性法氏囊病是由传染性法氏囊病病毒引起的一种急性接触性传染病。2~8 周龄的鸡均可发生，但主要侵害 3~6 周龄雏鸡。本病的特点是发病急，传播迅速，呈尖峰式死亡曲线，康复快。由于法氏囊被破坏，产生免疫抑制现象，对疫病的抵抗力下降而易患其他传染病。

2. 临床症状

病鸡厌食，无神，羽毛松乱、无光泽，腹泻、排出白色或黄色水样粪便，饮水量增加。死亡常发生于感染后第 3 天，迅速升高，5~7 日下降。死亡率常在 2%~8%。

3. 病理变化

胸、腿、翅部肌肉严重脱水并出血；腺胃与肌胃交界外有出血条纹；肝脏肿胀，表面红白相间；肾脏肿大、苍白，尿酸盐沉积；法氏囊出血、水肿和坏死。发病后期法氏囊萎缩，囊腔内有黄白色干酪样坏死物。

4. 预防与治疗

（1）预防　12~15 日龄（母源抗体消失后）用法氏囊弱毒疫苗进行首免，间隔 1 周后用中毒疫苗二免。或用法氏囊灭活疫苗在 10 日龄以前进行皮下注射。

（2）治疗　发病后，立即注射高免血清或高免卵黄液，同时服用抗生素和抗病毒药物防治继发感染，饮水中添加口服补液盐、维生素 C、维生素 K。注意保温、防暑，减少拥挤，减少应激等。

（四）传染性支气管炎

1. 流行病学

传染性支气管炎是由冠状病毒引起的，是侵害鸡的一种急性、高度接触性传染病。自然感染的潜伏期 2～5 天，传播迅速，短期内可全群发病，病程 1～3 周。雏鸡的死亡率可达 25% 以上，如果发生肾型病变，则死亡率更高。

2. 临床症状

雏鸡发病时突出的症状是咳嗽、喘气、流鼻涕和气管啰音，畏寒，精神委顿、食欲减退，饮水量增加，腹泻。发生肾型病变的雏鸡则排出白色或水样稀粪。产蛋鸡发病后，出现不太明显的咳嗽、气喘，产蛋率明显下降，蛋壳变薄、变脆、畸形或产软壳蛋，破蛋率升高，蛋清变得稀薄如水，一般持续 3 周左右。

3. 病理变化

传染性支气管炎的剖检变化不明显，有特征性的是鼻腔、鼻窦和气管黏膜有渗出物，气囊混浊或有干酪样渗出物。肾脏肿大、苍白，由于肾小管充满尿酸盐，外观呈灰白色花斑状。输尿管长度变短。

4. 防治

本病目前尚无药物治疗，只能通过加强饲养管理和卫生管理，提高育雏室温度，降低饲养密度，添加抗菌药物防止并发症和继发病，可减少死亡。对肾型病变，在饮水中添加多种维生素、4% 的红糖等可降低死亡率。

为防止本病的发生，应对鸡进行免疫接种，H120 适用于初生雏鸡和各种日龄的鸡，H52 适用于 21 日龄以上的鸡。另外还有鸡传染性支气管炎灭活疫苗，皮下或肌内注射可使鸡获得较长

的免疫期。

(五) 传染性喉气管炎

1. 流行病学

传染性喉气管炎是由疱疹病毒引起的一种以呼吸道症状为特征的传染病。病程一般 7 ~ 15 天，有时可达 1 个月，发病率 90% ~100%，死亡率 5% ~70%。

2. 临床症状

重症型发病快，症状明显，死亡率高。主要表现为严重的呼吸困难，病鸡伸颈张口喘气，同时发出响亮的湿性啰音，咳嗽、甩头，常甩出带血的黏液。此外，眼结膜潮红、肿胀、流泪，鼻孔流出浆液或黏液性分泌物。冠和肉髯暗红发紫，有时排出绿色稀粪，多窒息死亡，有的长期不食不饮，衰竭而死。产蛋鸡发病后产蛋率明显下降，1 个月左右逐渐恢复。

轻症型主要表现结膜炎和上呼吸道炎症。患鸡结膜潮红、流泪，鼻孔有浆液性分泌物，有时出现咳嗽、张口喘气和甩头。一般发病率 5% 左右。

3. 病理变化

最突出而明显的变化是喉头黏膜潮红、肿胀、出血和糜烂，喉腔内有黏液，其中混有血丝或血块。气管黏膜充血、出血，管腔内也有黏液和血块。其他脏器无明显病变。

4. 防治

目前尚无有效治疗药物，有些药物可以缓解症状，推迟死亡，争取抗体产生的时间。

在发病疫区可以按免疫程序对鸡进行弱毒疫苗的免疫，接种方法是点眼。

(六) 马立克氏病

1. 流行病学

鸡马立克氏病是由 B 群疱疹病毒引起的鸡淋巴组织增生性疾

病。主要特征是外周神经以及内脏器官的淋巴样细胞浸润，引起肢体麻痹和淋巴细胞性肿瘤形成。本病主要发生在 2～5 个月龄的鸡，成年鸡也可发病，但死亡减少或不死。自然感染时潜伏期较长，1 日龄感染时 2 周龄开始排毒，3～4 周龄可出现症状和肉眼病变。死亡多发生在 2～5 个月或以上，因此，本病是在幼雏期感染，到育成期才大量发病。

2. 临床症状和病理变化

根据症状和病理变化，常将本病分为四个型。

（1）急性（内脏）型　病鸡精神委顿，食欲减退，羽毛松乱，排黄白色或绿色稀粪，迅速消瘦，衰竭死亡。剖检时多见内脏器官中有大小不等的灰白色肿瘤结节或内脏器官弥漫性肿大，色泽变淡。

（2）神经（慢性、古典）型　可见病鸡发生肢体麻痹，一腿或一翅麻痹，不能站立或一翅下垂，或头颈歪斜，严重时发生一腿向前一腿向后的劈叉姿势，有时表现为嗉囊下垂膨大。剖检时，轻微病变不易肉眼观察，严重时可以看到麻痹部位的神经呈局灶性或弥漫性肿胀、增粗、发暗，失去原有的光泽和横纹。

（3）眼型　本型是由于病鸡的虹膜受到肿瘤细胞的侵蚀，使虹膜退色，失去正常的橘红色而呈蓝灰色，瞳孔缩小，边沿不整，视力减退或失明。

（4）皮肤型　在皮肤上形成大小不等的肿瘤结节，特别是羽毛囊显著肿大。

3. 防治

本病目前尚无治疗药物，也不能用被动抗体治疗，必须进行综合性防治，才能降低发病率，减少经济损失。疫苗接种是减少发病和死亡的最有效方法。但疫苗接种后有些鸡群仍然感染发病死亡，分析可能有以下几种原因：

① 免疫空白期感染；

② 疫苗运输、保存和使用中由于某些原因造成免疫失效；

③ 环境中有超强毒存在；

④ 疫苗本身的质量的保护率的影响。

为了保证免疫成功，应做到以下几点：

① 严格执行疫苗接种的规定，不用过期和失效疫苗；

② 加强孵化室和育雏室的卫生管理，防治幼雏期感染；

③ 每一鸡场只饲养同一日龄的鸡；

④实行全进全出制度，鸡舍空闲期应彻底清洗消毒。

（七）淋巴细胞性白血病

1. 流行病学

鸡白血病是一种病型很复杂的慢性传染病，它是由禽 C 型病毒群的致瘤病毒引起的。特征是造血组织发生恶性、无限制的肿瘤性增生，在全身组织器官中形成肿瘤性病灶，死亡率高，危害严重。本病自然情况下只感染鸡，直接或间接接触以及经蛋传递感染。

2. 临床症状

自然感染的潜伏期 14～30 周，性成熟期发病率最高，14 周龄以下的鸡很少发病。发病后表现为精神不振，食欲减退，冠髯苍白、萎缩，进行性消瘦，体重减轻，拉稀，停止产蛋，腹部膨大，呈鸭行步态，最后衰竭死亡。

3. 病理变化

剖检可见尸体极度消瘦，肝脏极度肿大，几乎占据整个腹腔。肝脏中有大小不等、灰白色、质地细腻的肿瘤结节。有时不见肿瘤结节，但肝脏色淡，呈弥漫性肿大，脾脏肿大，也可见和肝脏性质相同的肿瘤结节，法氏囊中也有肿瘤形成。其他组织器官也可形成肿瘤结节，但不多见。

4. 防治

淋巴细胞性白血病无法治疗，也无治疗价值，只能靠预防来控制。消灭种鸡群中的病原体，消灭蛋内和蛋壳上的病原体，防止孵化过程中污染，建立无蛋传递疾病的健康鸡群。

（八）产蛋下降综合征

鸡产蛋下降综合征是由腺病毒引起的青年母鸡的一种传染病。它的特征是鸡群不能如期达到应有的产蛋高峰或产蛋量突然下降并伴有蛋壳质量的变化。本病主要经蛋传递或接种被病毒污染的疫苗。患鸡无明显症状，仅表现为产蛋率下降，蛋壳畸形、退色、变薄，饲料消耗量增加。刚开产的青年鸡不能在2~3周内达到产蛋高峰，产蛋量不呈直线上升，而呈双峰式曲线。成年产蛋鸡群产蛋量突然下降，下降幅度可达5%~8%，严重时下降30%~50%，蛋壳变薄、变软。

本病无治疗方法，关键是预防，一是控制蛋传递性疾病，二是用灭活油佐剂疫苗进行预防。

（九）鸡痘

1. 流行病学

鸡痘是由禽痘病毒引起的传染病。由于病毒在上皮细胞内大量复制，引起上皮细胞发生水疱变性，从而形成肉眼可见的痘疹。鸡痘一年四季均可发生，潜伏期4~10天，病程3~5周，发病率高，死亡率低。

2. 临床症状和病理变化

根据痘疹发生的部位，鸡痘可分为皮肤型、黏膜型、混合型，偶尔也可发生败血型。

（1）皮肤型　多在鸡的头部皮肤、冠、肉髯和翅下、胸腹部无毛的皮肤上发生。由细小的灰白色麸皮样物到形成灰白色小米至豌豆大表面干燥坚硬的结节，再后痘疹破溃形成痂皮。小鸡在发痘期间食欲减退，母鸡产蛋减少。

（2）黏膜型　主要在口腔黏膜、鼻腔黏膜、眼结膜等处发生痘疹，并引起化脓性或纤维素性炎症。鼻黏膜受害时，表现为

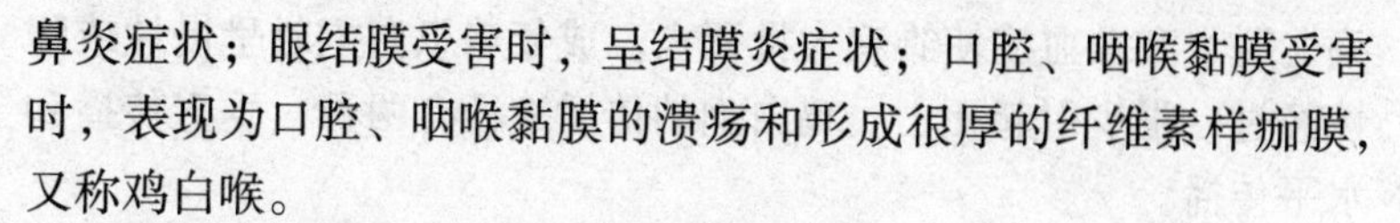

鼻炎症状；眼结膜受害时，呈结膜炎症状；口腔、咽喉黏膜受害时，表现为口腔、咽喉黏膜的溃疡和形成很厚的纤维素样痂膜，又称鸡白喉。

（3）混合型　皮肤和黏膜均受害。

3. 防治

皮肤型鸡痘无须治疗。黏膜型鸡痘可进行对症治疗，除去口腔或喉头部的痂膜，然后涂擦碘甘油。

预防本病应进行疫苗接种，20 日龄以上的鸡均可接种。同时加强卫生管理，做好防蚊灭蝇工作。

（十）传染性鼻炎

1. 流行病学

鸡传染性鼻炎是由鸡副嗜血杆菌引起的一种急性呼吸道传染病，特征是鼻腔、鼻窦黏膜发炎，打喷嚏、流鼻涕、流泪和脸部肿胀。主要传染源是病鸡和带菌鸡，经呼吸道飞沫传播。本病一年四季均可发生，4～12 周龄的青年鸡容易感染，初产母鸡也可发生。鸡群中一旦感染，可在 1～2 周内迅速波及全群。

2. 临床症状和病理变化

发病后突出的特点是流浆液或黏液性鼻液、病鸡不断甩头，鼻窦、眼睑肿胀，流泪，打喷嚏，鼻腔分泌物脓样恶臭，结膜发炎，眼部肿胀突出，公鸡肉髯肿胀。病鸡食欲减退或废绝，羽毛松乱，有时下痢。雏鸡生长停滞，母鸡产蛋减少，体重减轻。本病常合并或继发霉形体病和大肠杆菌病。

3. 防治

本病的治疗尚无理想药物，磺胺类药物治疗有效。目前国内已研制出本病的灭活菌苗，免疫期达 6 个月。

（十一）鸡白痢

1. 流行病学

鸡白痢是由沙门氏菌引起的危害雏鸡的传染病，由于白色下痢、脱水和败血症使雏鸡大批死亡。成年鸡患白痢时呈慢性或隐性经过，很少引起死亡。鸡白痢的传播途径有两种，垂直传播和水平传播。

2. 临床症状

（1）雏鸡白痢　蛋内感染的雏鸡多于出生后1～2天内以急性败血症形式死亡，缺乏白痢和其他症状。出生后感染的幼雏，多在出壳后5～6天开始发病死亡，10～14天发病和死亡最多，急性者病程仅1天，一般4～7天。20天以上的鸡发生感染时病程较长，死亡率也低。耐过的雏鸡发育不良，成为慢性病鸡或带菌鸡。病鸡表现为精神不好，羽毛松乱，怕冷，闭目嗜睡。发生肺炎时则伴有呼吸困难。拉白色糊状稀粪，有时呈黄白色或黄绿色。肛门部绒毛常被粘集在一起，甚至堵塞肛门，患鸡不能排粪，引用肛门发炎。

（2）成年鸡白痢　可能是幼雏阶段耐过的病鸡，也可能是育成期感染所致。表现为产蛋率、受精率、孵化率降低，发病率、死亡率升高。病鸡精神不振，鸡冠萎缩，贫血，食欲不佳或不食，拉白色稀粪，停止产蛋。一周左右死亡。

3. 病理变化

雏鸡可见卵黄吸收不良，在心肌、肺、肝等器官可见灰白色坏死病灶或结节，肾脏充血或贫血，肝脏肿大呈灰黄或土黄色，盲肠中有干酪样物堵塞肠腔，有时混有血液，肠壁增厚，常有腹膜炎。

成年鸡主要病变在卵巢和睾丸，卵泡变性坏死或卵黄破裂。公鸡睾丸极度肿胀，常伴发心包炎。急性发病死亡的成年鸡剖检可见心脏增大而变形，心肌中有灰白色结节。肝脏肿大呈黄绿色，脾脏肿大质脆，肾脏肿大变性。

4. 防治

多种药物对鸡白痢都有一定疗效，但只能减轻或缓解症状，

减少死亡，而不能完全消灭体内的细菌。对鸡白痢防治的最好办法是雏鸡开始饮水和进食时即投药物预防。另外把好进雏关，温度、饲养密度要适当，饲料营养成分要齐全。

（十二）禽霍乱

1. 病原

禽霍乱是由多杀性巴氏杆菌引起的一种接触传播的烈性传染病，鸡、鸭、鹅和野禽与野鸟都可以感染，对成年鸡所造成的危害仅次于新城疫。本病一年四季都可流行。急性发病时，可引起很高的死亡率，慢性发病则死亡率很低，产蛋高峰期的鸡较易感。

2. 临床症状

（1）急性　发病急，死亡快，往往看不到症状即死亡。有的在死前数小时才出现临床症状。病鸡无神，缩颈闭眼，羽毛松乱，发热厌食，口腔内有黏液流出，腹泻，排出黄白或绿色粪便，死前鸡冠或肉髯变青紫色，肉髯常肿胀。

（2）慢性　多表现为局部感染，常见于肉髯、翅或腿关节肿胀。呼吸道感染则鼻流黏液，呼吸困难。

3. 病理变化

（1）急性　心包积液，心冠或心外膜有出血点或块状出血。肝肿大，有灰白色或黄白色小坏死点。十二指肠有出血点和瘀血，肠内容物有血液，肺充血、出血。

（2）慢性　因侵害的器官不同而有差异。当呼吸道症状为主时，见到鼻腔和鼻窦内有多量黏性分泌物，某些病例见肺硬变。局限于关节炎和腱鞘炎的病例，主要见关节肿大变形，有炎性渗出物和干酪样坏死。公鸡的肉髯肿大，内有干酪样的渗出物，母鸡的卵巢明显出血，有时卵泡变形，似半煮熟样。

4. 预防

（1）保持鸡群优良体质，加强饲养管理　据观察，鸡群日粮中蛋白质水平直接关系到禽霍乱的发病和流行，蛋白质含量不足时，禽霍乱的发病率明显增高，所以要使鸡群日粮营养常年保持中上等水平。另外，要合理安排鸡群的饲养密度，密度越大，越易发病。

(2) 疫苗预防　一般开产前注射禽霍乱油乳剂菌苗，免疫期3个月至半年，但由于该病的获得性免疫机制及菌株的类型不同，疫苗的保护率不高。

(3) 彻底消除环境污染

5. 治疗

选择药物应考虑以下因素：① 疗效好、作用快，以降低死亡率。② 毒性低、副作用小。③ 价格便宜、来源广，易获得。④ 投药操作简单，对鸡群惊扰小。

常用药物：青霉素类制剂、土霉素、磺胺类药物、喹诺酮类药物等。

(十三) 鸡球虫病

1. 病原

鸡球虫病病原是一种单细胞的原生动物——球虫，引起鸡发病的主要是艾美尔属的球虫。鸡球虫病对雏鸡的危害很严重，常造成大批死亡和生长迟缓，是养鸡业的重大障碍。

不同年龄的鸡均可感染本病，但危害最大的是4~6周龄的雏鸡，成年鸡多为隐性感染或处于带虫免疫状态。主要经饲料、饮水传播。笼养鸡较少发生，地面平养、鸡舍潮湿、卫生不良、拥挤、营养不良容易发病。

2. 临床症状

(1) 急性　多见于雏鸡，表现为精神沉郁，站立不稳，羽毛松乱，翅下垂，食欲废绝，贫血，拉血样粪便。一般在拉血后1~2天死亡，病程两周左右。雏鸡发病后死亡率可达50%，严重时可达100%。

（2）慢性　多见于2个月以上的成年鸡，主要表现为生长缓慢，逐渐消瘦，间歇性下痢，无明显便血，成年鸡产蛋量下降，死亡率虽低，但恢复缓慢。

3. 病理变化

（1）急性型　盲肠球虫病变主要在盲肠，可见双侧盲肠高度肿胀，呈暗红或黑红色，切开后盲肠内有大量鲜红或暗红色血液、血凝块，后期则见灰白色干酪样物质，其中混有血块。肠黏膜坏死脱落。小肠球虫病主要在小肠浆膜有出血点和灰白色的虫落斑块，黏膜有出血斑点和坏死灶，肠腔内有干酪样物质和血液、血凝块，但无盲肠球虫时出血量大。

（2）慢性型　主要病变在小肠前段和中段，十二指肠和小肠前段出现大量淡黄色斑点，小肠中段肠管变粗，肠壁增厚，内容物黏稠，呈淡灰或淡褐色。

4. 预防与治疗

球虫病的预防应从两方面进行：一方面是加强卫生管理和饲养管理，消除环境中可能存在的球虫卵囊，提高鸡的抗病力；另一方面是药物预防，如克球粉、盐霉素、马杜拉霉素等。

治疗球虫的药物很多，治疗效果好坏的关键是及时用药，早一分钟用药就可能减少一分损失。常用的药物有三字球虫粉、磺胺类药物、鸡宝－20、球克等。

（十四）组织滴虫病

1. 病原

组织滴虫病是由火鸡组织滴虫引起的鸡和火鸡的一种原虫病。由于病理变化主要表现为盲肠炎和肝脏坏死性炎症，又称盲肠肝炎。又由于患病鸡血液循环障碍，冠髯暗红，故俗称“黑头病”。

鸡的易感年龄主要是2周到3月龄，成年鸡多带虫而不显症状，地面平养鸡多发。

2. 临床症状

潜伏期 8 ~21 天或更长。病鸡精神不振，减食或不食，羽毛松乱，翅下垂，怕冷。拉淡黄色或淡绿色稀粪，严重时发生血便。消瘦、贫血、冠髯暗红，零星死亡。

3. 病理变化

剖检时特征性病变在肝脏和盲肠。肝脏稍肿大，表面有圆形或不规则的坏死灶，坏死灶中央稍凹陷，周边稍隆起，淡黄或灰黄色，大小不等，有的互相融合成大片坏死。盲肠肿大增粗，肠腔内充满干酪样坏死物，肠黏膜发生坏死性肠炎。

4. 预防与治疗

应加强卫生管理，尽可能笼养，对鸡粪要做堆积发酵处理。常用药物有二甲硝咪唑、新砷凡纳明等。

（十五）鸡绦虫病

鸡绦虫病是由多种绦虫引起的肠道寄生虫病。由于虫体寄生在小肠中，它一方面夺取营养，造成肠黏膜的炎症和损伤，引起消化机能障碍，另一方面还产生毒素引起机体中毒，严重时大量绦虫缠绕在一起阻塞肠管。鸡绦虫病是一种常见的危害严重的寄生虫病，主要侵害雏鸡和青年鸡，在卫生状况不良的条件下更易发生。特别是地面平养的鸡更易感染，造成严重损失。

鸡感染绦虫病时精神不振、消瘦、贫血、下痢，粪便中带血，有时可看到灰白色的节片或大米粒样的节片。

防治方法：① 经常清除鸡粪，堆积发酵，杀死虫卵。② 有计划地进行预防性驱虫。③ 及时治疗，选用灭绦灵、吡喹酮、丙硫咪唑等。

（十六）矿物质缺乏症

1. 硒缺乏症

硒是一种具有重要生物活性的元素，它在体内和维生素 E 协同作用，防止某些代谢产物对细胞膜的氧化作用，使细胞免受损

害。硒和维生素 E 两者有协同作用、互补作用，但又有不同的作用。在临床上往往是两者同时缺乏，单一缺乏者少见。

硒缺乏症多发生于 3 ~6 周龄的雏鸡，缺乏时的表现与缺乏维生素 E 相似，即发生渗出素质症、白肌病和脑软化症。初期症状不明显，少数雏鸡突然死亡，多数雏鸡精神委顿，站立不稳，有的以跗关节着地，鸡冠苍白，胸、腹部皮下水肿，皮肤呈蓝紫色。剖检特征性病变是胸、腹部皮下组织呈淡蓝色或灰黄色水肿或胶冻样浸润。胸肌中有灰白色条纹，心包积液，心肌中有灰白色坏死灶。脑膜有小出血点，脑组织中有黄绿色不透明的坏死灶。

防治：饲料中添加 0.1mg/kg 的硒，即可防治本病。发病时可用含有 1mg/kg 硒（2.2mg/kg 亚硒酸钠）的饲料或饮水供给雏鸡采食或饮用。或用 0.005% 的亚硒酸钠注射液，每只鸡 2mL 皮下或肌内注射。

2. 锰缺乏症

锰是家禽生长、繁殖所必需的元素，对胚胎和骨骼的发育、蛋壳形成、维持内分泌腺的正常活动和能量代谢都起重要作用。锰缺乏时，雏鸡出现骨短粗症，运动失调和神经症状。成年鸡则发生产蛋减少，蛋壳薄而脆，孵化后期大批死亡。

防治：每吨饲料加入 242g 硫酸锰。发病后用硫酸锰 10g、氯化胆碱 50g、多种维生素 20g 共混于 50kg 饲料中，并给予青饲料，补充生物素。

3. 铜缺乏症

铜的主要作用是催化血红蛋白的形成，缺铜时发生贫血、羽毛褪色、骨骼变形。缺铜时还能影响铁的吸收利用，使铁沉积在肝脏和其他组织中，不能参与造血。

除玉米外其他饲料中都含有足够的铜，为防止缺乏常在饲料中添加硫酸铜。

4. 锌缺乏症

锌参与许多酶的组成，对维持皮肤黏膜的正常结构、功能，对蛋白质的合成和利用以及羽毛的生长都起着重要的作用。

缺锌时雏鸡体质衰弱，生长缓慢，羽毛发育不良，食欲不振，贫血，消瘦。2月龄以内的雏鸡呈现胫骨短粗、关节肿大、跛行。成年鸡缺锌时，羽毛缺损，蛋壳薄，出雏率低，弱雏多，胫部皮肤呈鳞片状脱落。

治疗可用硫酸锌或硫酸锌添加到饲料中，一般每千克饲料15~20mg。锌过多会产生不良影响，对蛋白质代谢和钙、锰、铜的吸收有不利影响。

（十七）鸡痛风病

痛风是由于蛋白质代谢障碍和肾脏受损害而引起尿酸和尿酸盐在体内蓄积的代谢病。它与某些传染病如传染性支气管炎、新城疫、传染性法氏囊病感染时肾脏的尿酸和尿酸盐沉积不同，后者是这些传染病的病理变化，而不是独立的疾病。痛风发生的主要原因是饲喂高蛋白质饲料，饲养密度过大，鸡舍阴暗潮湿，运动和光照不足，维生素A和维生素D缺乏，饮水不足，饲料中钙含量高而磷含量低以及某些中毒性疾病和其他疾病。

根据痛风的临床表现和病理变化，可分为内脏型痛风和关节型痛风。

（1）内脏型痛风　临床上多见，病鸡精神不振，食欲减退，消瘦、贫血、排大量灰白色稀粪，常因脱水而死亡。剖检病死鸡可见肾脏肿大、色淡，肾小管和输尿管中充满灰白色尿酸盐，外观肾脏呈灰白色花纹状。输尿管增粗，充满白糊状尿酸盐，有时可见其中有坚硬灰白的树枝状物。心包膜、心包腔、肝、肠系膜、气管黏膜等处附有尿酸盐结晶。

（2）关节型痛风　临床上少见，主要表现运动障碍，患鸡跛行，不愿走动，关节肿大变形。消瘦、贫血、营养不良。剖检

可见关节囊内和关节周围组织中有半液体状灰白色尿酸盐。

目前，对鸡和其他动物以及人的痛风都无特效药物治疗。只有加强饲养管理，消除可能的致病因素，如降低饲料中蛋白含量，供给充足的维生素 A、维生素 D 和饮水，改善钙、磷比例，降低饲养密度，保持鸡舍干燥通风，防止中毒性疾病和其他疾病等。

第二章　设施蔬菜栽培技术

第一节　主要设施类型及应用

一、设施蔬菜栽培概述

（一）概念

设施蔬菜栽培，又称保护地蔬菜栽培，是指在不适宜蔬菜生长发育的寒冷或炎热季节，利用保温、防寒或降温、防御设施和设备，人为调节光、热、水、气和土、肥等环境条件，人工创造适于蔬菜作物生长发育的环境条件，从事蔬菜栽培的应用学科。它是蔬菜栽培学的分支，又是设施园艺的重要组成部分。设施蔬菜以蔬菜生理、土壤肥料、气候学、品种、栽培、管理为基础，涵盖了建筑、材料、机械、自动控制等多种学科和多种系统，是生物科学、工程科学、环境科学的交叉学科。因而设施蔬菜栽培科技含量高，技术性强，属高科技产业。随着科学技术的迅猛发展和高新技术在农业上的广泛应用，设施蔬菜越来越成为极其重要的创新产业，成为抗御自然灾害、实现蔬菜反季节栽培和高产高效的重要手段。

蔬菜栽培设施分类方法很多。根据温度性能可分为保温加温设施和防暑降温设施。保温加温设施包括阳畦、温床、温室、大小拱棚等；防暑降温设施包括荫障、荫棚和遮阳覆盖设施等。按照此分类方法，北方地区蔬菜栽培设施主要以保温加温设施为主。

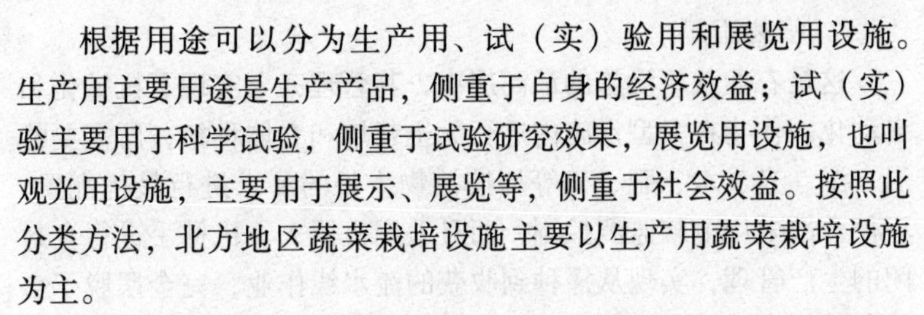

根据用途可以分为生产用、试（实）验用和展览用设施。生产用主要用途是生产产品，侧重于自身的经济效益；试（实）验主要用于科学试验，侧重于试验研究效果，展览用设施，也叫观光用设施，主要用于展示、展览等，侧重于社会效益。按照此分类方法，北方地区蔬菜栽培设施主要以生产用蔬菜栽培设施为主。

从设施的规模、复杂程度及技术水平可将设施分为如下的四个层次：简易覆盖设施、普通保护设施（塑料中小拱棚、塑料大棚、日光温室）、现代温室、植物工厂。

1. 简易覆盖设施

简易覆盖设施主要包括各种温床、冷床、小拱棚、荫障、荫棚、遮阳覆盖等简易设施。这些农业设施结构简单，建造方便，造价低廉，多为临时性设施，主要用于作物的育苗和矮秆作物的季节性生产。

2. 普通保护设施

通常是指塑料大中拱棚和日光温室，这些保护设施一般每栋在200～1 000m^2，结构比较简单，环境调控能力差，栽培作物的产量和效益较不稳定。一般为永久性或半永久性设施，是我国现阶段的主要农业栽培设施，在解决蔬菜周年供应中发挥着重要作用。

3. 现代温室

通常是指能够进行温度、湿度、肥料、水分和气体等环境条件自动控制的大型单栋和连栋温室。这种园艺设施每栋一般在1 000m^2 以上，大的可达30 000m^2，用玻璃或硬质塑料板和塑料薄膜等进行覆盖配备，由计算机监测和智能化管理系统，可以根据作物生长发育的要求调节环境因子，满足生长要求，能够大幅度提高作物的产量、质量和经济效益。

4. 植物工厂

这是农业栽培设施的最高层次，其管理完全实现了机械化和自动化。作物在大型设施内进行无土栽培和立体种植，所需要的温、湿、光、水、肥、气等均按植物生长的要求进行最优配置，不仅全部采用电脑监测控制，而且采用机器人、机械手进行全封闭的生产管理，实现从播种到收获的流水线作业，完全摆脱了自然条件的束缚。但是植物工厂建造成本过高，能源消耗过大，目前只有少数温室投入生产，其余正在研制之中或超前研究，为以后生产提供技术储备。

按照此分类方法，北方地区蔬菜栽培设施重点以前两种为主，后两种是未来发展方向，虽初见端倪，但发展缓慢，处于试验和探索阶段，本书仅介绍前两种。

（二）蔬菜设施栽培的作用

1. 蔬菜育苗

秋、冬及春季利用风障、冷床、温床、塑料棚及温室为露地和保护地培育甘蓝类、白菜类、葱蒜类、茄果类、豆类及瓜类蔬菜的幼苗，或保护耐寒性蔬菜的幼苗越冬，以便提早定植，获得早熟高产。夏季利用荫障、荫棚、遮阳网和防雨棚等培育芹菜、莴笋、番茄等幼苗。

2. 越冬栽培

北方利用日光温室进行喜温蔬菜冬季栽培，利用风障、塑料中棚等冬前栽培耐寒性蔬菜。南方也有采用大棚多重覆盖进行茄果类蔬菜的特早熟栽培。

3. 早熟栽培

利用塑料大棚进行防寒保温，提早定植，以获得早熟的产品。

4. 延后栽培

北方利用塑料大棚进行秋延迟栽培，早霜出现后，以延长蔬

菜的生育及供应期。

5. 炎夏栽培

高温、多雨季节利用荫障、荫棚、大棚及防雨棚等，进行遮阳、降温、防雨等保护措施，于炎夏进行栽培，或在晚春、早夏期间采用设施进行炎夏栽培。

6. 促成栽培

寒冷季节利用温室进行加温，栽培果菜类蔬菜，以使产品促成。

7. 软化栽培

利用软化室（窖）或其他软化方式以形成鳞茎、根、植株或种子创造条件，促其在遮光的条件下生长，而生产出青韭、韭黄、青蒜、蒜黄、豌豆苗、豆芽菜、芹菜、香椿芽等。

8. 假植栽培（贮藏）

秋冬期间利用保护措施把在露地已长成或半成的商品菜连根掘起，密集囤栽在冷床或小棚中，使其继续生长，如芹菜、莴笋、花椰菜等。经假植后于冬、春供应新鲜蔬菜。

9. 无土栽培

利用设施进行无土栽培（水培、沙培、岩棉培等），生产无公害蔬菜，或有害物质残留量低的蔬菜。

10. 良种繁育与育种

利用设施为种株进行越冬贮藏或进行隔离制种。

（三）我国蔬菜设施栽培的现状与问题

1. 现状

（1）面积迅速扩大　从20世纪80年代开始，我国蔬菜设施栽培技术逐步在生产上推广应用。据中国农业技术推广协会统计，2007年全国蔬菜种植面积0.186亿公顷，蔬菜总产量5.99亿吨，人均占有量450多千克。在我国蔬菜产业中，全国各类蔬菜设施栽培面积已达266.67多万公顷，设施蔬菜总产值已占蔬菜总产值40%以上。特别是近几年设施蔬菜种植面积发展迅猛，蔬菜设施栽培已成为“现代农业”、“都市农业”和“高效生态农业”的主要发展方向。

(2) 栽培方式多样　我国地域宽广，地形、地貌乃至气候、土壤等条件差异较大，加之经济技术基础不一。因而，形成了不同的设施栽培形式，如地膜覆盖、塑料薄膜大棚、连栋大棚、智能温室、日光温室、遮阳网覆盖栽培、防虫网栽培等。

(3) 南北栽培自成特色　南方地区夏季及早秋持续高温炎热和梅雨而导致蔬菜供应的“伏缺”，由于推广遮阳和防雨、防虫网覆盖栽培，加之选用相应的耐热、耐高温品种，解决了这一问题。北方冬季寒冷，光照充足，利用日光温室能有效地增加棚温，解决蔬菜的越冬及春提前和秋延迟栽培。

(4) 多品种、多茬次周年均衡供应　在南方，由于防虫网、遮阳网的大面积推广应用，夏季还能进行防雨遮阳栽培，实现周年多品种、多茬次的栽培与综合利用；在北方，由于日光温室等设施栽培推广应用，隆冬季节实现喜温性蔬菜的多茬次、多品种的栽培。无论春夏秋冬，还是天南地北，没有吃不到的蔬菜品种，也没有卖不掉的蔬菜品种。

2. 问题

与发达国家相比，我国设施栽培还有很大差距，主要表现在以下几方面。

(1) 设施种植面积增长幅度大，现代化程度低，调控能力差　我国的设施园艺绝大部分用于蔬菜生产。20世纪80年代以来，温室、大棚蔬菜的种植面积连年增加。以河南濮阳市为例：20世纪70~80年代塑料大棚为主，数量较少，20世纪90年代初节能型日光温室得到大面积推广，塑料大棚面积迅速增加。到2007年底全市温室大棚面积发展到3 000 hm^2。目前的栽培设施中，有国家标准的装配式钢管塑料大棚和玻璃温室仅占设施栽培

面积的少部分，大多数的农村仍然采用自行建造的简单低廉的竹木大小棚，只能起到一定的保温作用，根本谈不上对温光水气养分等环境条件的调控，抗自然环境的能力极差，主要依靠经验和单因子定性调控，智能化程度非常低。

（2）蔬菜种植方式单调、种类品种单一、效益低　由于受传统蔬菜栽培茬口安排的影响以及对设施栽培茬口安排缺乏系统深入的研究，目前设施栽培茬口安排存在着单调、利用率低下的情况。重茬、连作问题更是突出，导致了病虫为害严重，蔬菜生长环境恶化。

（3）病虫严重造成不合理用药　设施栽培中，由于重茬、连作导致蔬菜病虫害加重，每年蔬菜总产量因此而造成的损失达20%以上。各地菜农在防治病虫的过程中为了眼前的利益，急于求成，经常出现超剂量使用农药或大量使用剧毒农药的现象，造成人畜中毒的事件屡屡发生。许多菜农为省事，不管蔬菜是否有病虫，每5～7天均喷一次杀菌剂，一次杀虫剂。在一些常年种植反季节蔬菜的地方3～4天喷一次药的情况司空见惯，其结果是虽然蔬菜产量无损失，但蔬菜中的农药残留量却让人触目惊心，而且长期如此，病虫将越治越难治，最后造成投入增加和收益下降的被动局面。

（4）设施栽培的土壤结构变差　保护地内的土壤长期处于覆盖之下，没有雨水淋溶作用，而且保护地内常使用滴灌供水，加之施肥量多偏高，尤其是氮肥过量最为明显。这些化肥不能被作物完全地吸收利用而有一部分残留在土壤中，使土壤溶液中盐浓度过高，出现酸化或盐碱化，破坏了土壤结构，也污染了地下水，使饮用水中的有害无机盐超标。另外，氮肥分解成硝酸盐被植物吸收后，植物体内硝酸盐含量大幅增加，被人体吸收后易还原成亚硝酸盐，并进一步和胃肠中的胺类合成极强的致癌物质——亚硝胺，导致胃癌和食道癌。蔬菜中化肥含量过高是导致

近年来癌症发病率上升的原因之一。

（四）我国蔬菜设施栽培方向

1. 无害化

我国绿色蔬菜数量很少，同时利用设施进行绿色食品蔬菜生产的也很少。目前，随着社会的发展，生活水平的提高，人们会更加注重这类健康食品，市场对绿色蔬菜的需求量将更大。所以开发绿色蔬菜的潜力很大。依据当地的环境优势和自然资源，大力开发有地方特色的、能满足市场需求的绿色食品，能增加设施蔬菜栽培的产值，提高生产企业的效益；还能保护生态环境，增进人们的身体健康。

2. 名优化

名特优新蔬菜是指那些品质优良、口味独特、形态美观或具有一定的药用保健作用，当地没有或少有的蔬菜种类和品种。这些蔬菜可以是由于当地特殊的气候等自然条件及人为因素形成的。也可能是由外地甚至是外国引种的。这些名特优新蔬菜的引种和推广栽培丰富了人们的菜篮子，也使种植者获得了非常可观的经济效益。

3. 标准化

蔬菜产业在我国农业生产中具有相对优势，在国际市场上也占有较大的份额，种植蔬菜成为许多农民致富的主要收入来源。但近年来国际市场和许多国内的超市都对蔬菜的品质提出了更高的要求，质量问题成了制约我国蔬菜产业进一步发展的瓶颈。

专家认为，蔬菜产业实行标准化生产，已经刻不容缓，是国际国内市场的需要，是经济发展的需要。蔬菜产业实行标准化并不是简单的只遵照一个标准，农产品市场是个分层次的市场，不同消费群体对蔬菜需求的标准是不一样的，例如，有机食品的生产成本和价格都相对较高，市场需求量却较为有限，这就要求蔬菜生产者要细分市场，研究自己的目标市场，生产适应其标准的

蔬菜产品。

二、简易保护设施的性能及作用

（一）风障和风障畦

1. 结构与性能

风障可以分为大风障和小风障两种。大风障，又叫完全风障，由篱笆、披风草及土背组成，篱笆由芦苇、高粱秆、竹子、玉米秆等夹制而成，高2～2.5m；披风由稻草、谷草、塑料薄膜围于篱笆的中下部；基部用土培成30cm高的土背，一般冬季防风范围在10m左右。

小风障，又叫普通风障，高1m左右，一般只用谷草和玉米秆做成，防风效果在1m左右（图2－1）。

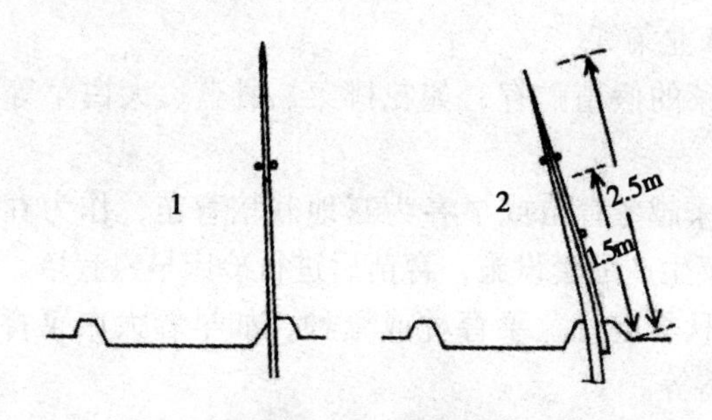

图2－1　风障结构

1－普通风障；2－完全风障

2. 作用

① 主要应用于北方地区的幼苗越冬保护。

② 春菜的提前播种和定植。

3. 建造

风障和风障畦建造简单，先整地做畦，东西行向，畦宽1.5m左右；畦北侧挖沟，沟宽0.2～0.3m，深度0.3m；做篱笆，向南倾斜并与地面成70～80°C夹角；最后制作披风。

(二) 冷床

冷床主要分两大类，一种是槽子型，另一种是向阳型。

1. 性能

阳畦又称冷床，是利用太阳能来保持畦温的栽培方式。普通阳畦一般由畦框、风障、薄膜（或玻璃）窗、保温覆盖物（稻草、蒲草）等组成。根据各地的气候条件、栽培方式的不同，形成了畦框成斜面的抢阳畦和畦框等高的槽子畦等类型。阳畦内一般气温比露地可提高13.5～15℃，地温提高20℃。畦内早、晚温度较低，中午温度高；晴天增温效果好，阴天增温效果差，温度低。阳畦内不同位置接受阳光状况不同。

2. 作用

① 冷床可在秋季进行矮生作物的晚熟栽培，如芹菜的越冬栽培、冷床韭菜等。

② 蔬菜的假植贮存，如花椰菜、甘蓝、大白菜等冬季假植贮存。

③ 冬季越冬育苗或早春为露地栽培育苗，作为春季小拱棚或露地蔬菜生产配套设施，育苗后进行冷床早熟栽培。

④ 春秋季进行蔬菜育种或繁种，如早春大白菜育种、马铃薯繁殖种薯等。

3. 建造

冷床结构和建造比较简单，先取土或挖土做畦框，再做风障，上薄膜（或玻璃）窗，上保温覆盖物（稻草、蒲草）。

(三) 改良阳畦

1. 性能

由于采光面角度大，透光量多，又有厚墙与厚屋顶防寒保温，因此温度一般比阳畦高4～7℃，低温持续时间也较短。

2. 应用

① 作为温室、塑料大棚极早熟栽培的配套育苗设施。

② 作为果菜类早春早熟栽培、秋冬季叶用蔬菜栽培设施，如：番茄早熟栽培，冬季芹菜、韭菜、莴苣等栽培。

③ 作为食用菌冬季、春季栽培设施。

3. 建造

按建设材料不同改良阳畦分玻璃改良阳畦（图 2－2，c）、薄膜改良阳畦（图 2－2，d）两种。按照设计宽度和长度放线，做后墙，埋立柱，做后坡，做前坡，上薄膜（或玻璃）窗，上草苫。

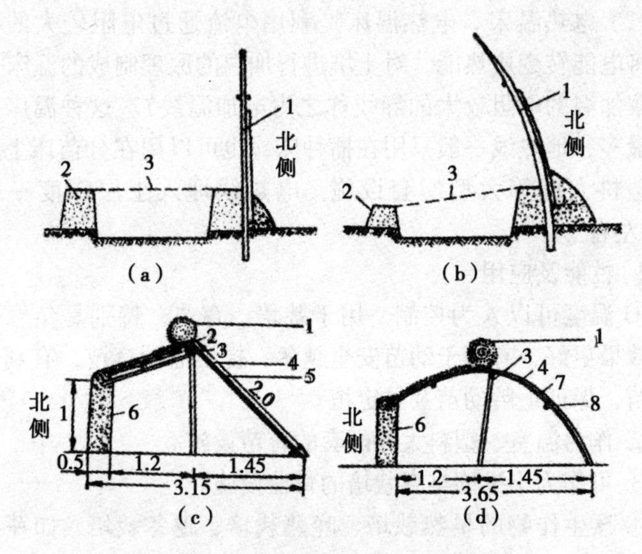

图 2－2　阳畦的各种类型（单位：m）

（a）槽子畦；（b）抢阳畦；（c）玻璃改良阳畦；（d）薄膜改良阳畦

1－风障；2－床框；3－透明覆盖物

（四）温床

1. 温床种类

温床根据加温热能来源的不同，可分酿热温床、电热温床、火热温床等。其中最常用的是酿热温床和电热温床。

（1）酿热温床　酿热温床是在阳畦的基础上改进的保护地设施，主要由床框、床坑、酿热物、塑料薄膜或玻璃窗、保温覆盖物等5部分组成。除具备阳畦的防寒保温的功能外，还通过酿热物提高地温，可以弥补日光升温的不足。酿热温床的原理是利用细菌、真菌、放线菌等好气性微生物的活动，分解酿热物释放出热能来提高温床的温度。根据温床在地平面上的位置，可以分为地上式、地下式和半地下式温床，目前应用最多的是半地下室酿热温床。

（2）电热温床　电热温床是利用电流通过电阻较大的导线时，将电能转变成热能，对土壤进行加温的原理制成的温床（用于土壤加温的电阻较大的导线称之为电加温线）。这种温床目前应用最多，地热线一般只用在播种床，也可以用在分苗床上，温室、塑料大棚等大型配套设施。电热线埋入土层深度一般为10cm左右。

2. 性能及应用

① 温度可以人为控制，用于栽培、育苗，特别是冬春季节育苗效果更好，有利于幼苗安全越冬，提早播种育苗，有利于培育壮苗，保证适龄幼苗及早定植。

② 作为温室、塑料大棚配套的育苗设施。

③ 可作为小拱棚早春栽培的育苗设施。

④ 矮生作物的早熟栽培、晚熟栽培、越冬栽培，如芹菜的越冬栽培、冬韭栽培等。

3. 酿热温床的结构与建造

（1）酿热温床的主要技术参数　结构和技术参数见图2－3。

（2）酿热温床的建造程序　选择背风向阳、南和东西方向无高大遮阴物的地方，按照图2－3的宽度和按实际应用面积确定长度放线。然后挖土，为了使温床温度均匀一致，便于管理，使幼苗生长一致，挖土时在大约距离北墙端1/3处挖土浅一些，

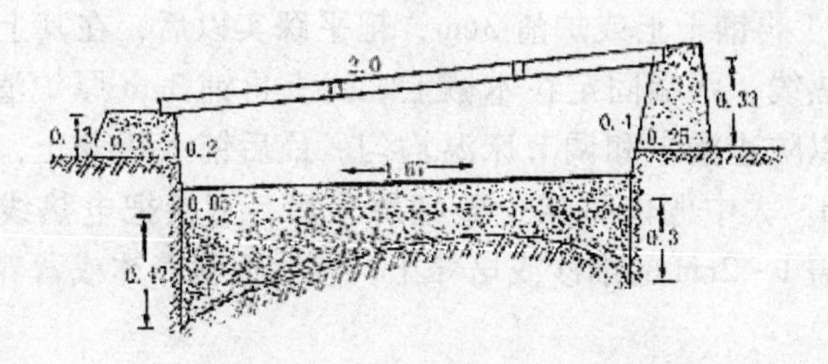

图 2-3　半地下式酿热温床主要参数和结构示意（单位：m）

北墙处深一些，南墙处最深，整个底面成一个弧面，也就是说温度低的地方酿热物厚度大，温度高的地方酿热物少一点。

4. 电热温床的建造

（1）原理　利用电流通过阻力大的导体，把电能转变成热能来进行土壤加温。

（2）设备　主要加温和温度控制设备有电热线、控温仪、开关、交流接触器及断线检查器等。电热线有 1 000W、800W、600W 等多种规格，其功率选择应根据苗床的功率要求、育苗面积等来确定。

（3）功率确定　在北方一般育苗苗床每平方米功率为 100～120W/m^2。

苗床总功率（W）=总面积×100～120W。

例：苗床长 40m，宽 1.5m，则：苗床总功率 W=40×1.5×100=6 000W；

已知：电热线额定功率 1 000W，每条 160m，

所需电热线条数（n_1）=W/电热线额定功率

即：n_1=6 000W/1 000W=6 条

布线条数(n_2)=(n_1×6)/畦长=(160×6)/40=24.0 条

行距(t)=畦宽/(n-1)=1.5/(24-1)=0.065m≈6.5cm

（4）建造程序　苗床底部整平，铺一层稻草或麦秸等，厚

约 10cm，再铺干土或炉渣 3cm，耙平踩实以后，在其上呈回纹状布加热线，两端固定在木橛上。线上再铺 3cm 厚炉渣和 3cm 碎草，以防止漏水和调节床温均匀。最后铺入培养土，厚度在 8 ~ 10cm。大中棚内将床土整细踩平后，直接把电热线铺在上面，加盖 1 ~ 2cm 的细沙或培养土，然后把营养钵或营养块放置在上面。

（5）注意事项

① 为使床温整体上比较均匀，原则上电热线两侧密，中间稀。

② 除了电源连接的导线外，其余部分都要埋在泥土中。

③ 线要绷紧，以防发生移动或重叠，造成床温不均或烧坏电热线。

④ 电加热线打结应在两端的普通导线处。

三、塑料中小拱棚的性能及作用

（一）塑料中小拱棚结构

通常把跨度在 4 ~ 6m、棚高 1.5 ~ 1.8m 的称为中棚，可在棚内作业，并可覆盖草苫。中棚有竹木结构、钢管或钢筋结构、钢竹混合结构，有设 1 ~ 2 排支柱的，也有无支柱的，面积多为 66.7 ~ 133m^2。

小拱棚的跨度一般为 1.5 ~ 3m，高 1m 左右，单棚面积 15 ~ 45m^2。它的结构简单、体积较小、负载轻、取材方便，一般多用轻型材料建成，如细竹竿、毛竹片、荆条、直径 6 ~ 8mm 的钢筋等能弯成弓形的材料做骨架。

（二）小拱棚的性能与应用

1. 性能

（1）温度　受外部环境温度影响比较大，升降温快。棚内不同部位的温度存在较大的差异。

(2) 光照　小拱棚透光性能较好，但薄膜的透光率与薄膜的质量、污染、老化程度、膜面吸附水滴等情况有关。

(3) 湿度　棚内空气湿度较高。

2. 应用

① 多用于春、秋各类蔬菜作物生产。在生产上一般和地膜覆盖相结合，主要适用于瓜、茄、豆和叶菜的春提早栽培。

② 用于春、秋各类蔬菜作物育苗。

③ 特殊情况下秋季蔬菜的活体贮存、保护。

④ 冬季蔬菜越冬保护，或加盖草苫进行耐寒蔬菜的冬季栽培。

3. 建造

(1) 主要技术参数　小棚一般棚宽 1.5～3m，棚高 50～80cm，采用毛竹等材料按 80～100cm 的间距插成拱架，在拱架上覆盖塑料薄膜即成。

(2) 建造程序　平整土地，施足底肥，深翻后做成 1.5～3m 平畦，南北行向最好，按 80～100cm 的间距插 2m 长毛竹等材料插成拱架，上 2m 宽农膜，四周压严，棚膜要伸展，东西南北都要伸直，不留褶皱。

(三) 中拱棚性能与应用

中棚是全国各地普遍应用的简易保护地设施，其性能优于小棚，次于大棚。主要用于春秋蔬菜早熟栽培和育苗、秋季的延后栽培或加盖草苫进行耐寒蔬菜的越冬栽培。建造参照小拱棚部分。

四、塑料大棚的性能及作用

通常把不用砖石结构围护，只以竹、木、水泥或钢材等杆材作骨架，用塑料薄膜覆盖的一种大型拱棚称为塑料薄膜大棚（简称塑料大棚）。它和温室相比，具有结构简单、建造和拆装方便，一次性投资较少等优点；与中小棚相比，又具有坚固耐用，使用寿命长，棚体空间大，作业方便及有利作物生长，便于环境调控等优点。

（一）塑料大棚的性能

1. 温度条件

外界气温越高，增温值越大，外界气温低，棚内增温有限。低温的增温效果随天气的变化而变化，晴天增温 5～8℃，阴天增幅 4～5℃。

2. 湿度条件

晴天、刮风天低，阴天、无风天高；白天低，夜间高。湿度变化与温度变化有密切关系，温度升高，则相对湿度降低；温度降低，则相对湿度升高。

3. 光照条件

棚内水平照度比较均匀，但垂直光照强度高处较强，向下逐渐减弱，近地面处最弱。

（二）大棚的应用

1. 用于蔬菜春季早熟栽培

主要用于果菜类早熟栽培，如番茄、茄子、辣椒、黄瓜、西瓜等茄果类、瓜类、豆类春季早熟栽培，也可用于高产高效叶菜类春季早熟栽培。在河南、山东一般比露地栽培提早 30～45 天上市。春季早熟栽培是我国北方塑料大棚生产的主要茬口，是经济效益最好的茬口。

2. 秋季延后栽培

主要用于果菜类早熟栽培，如番茄、茄子、辣椒、黄瓜延迟栽培。在河南、山东一般比露地栽培延迟 30 天左右，也是我国北方塑料大棚生产的比较重要的茬口。

3. 秋冬进行耐寒性蔬菜的加茬栽培

主要用于蒜苗、香菜、菠菜等耐寒蔬菜的加茬生产。

4. 春季育苗

5. 花卉果树栽培

还可用于花卉、果树春提早栽培和秋延后栽培；同时可用于多种果树的育苗。

（三）主要结构类型与建造

1. 主要结构类型

（1）基本结构　见图2-4。

（2）主要类型　按照骨架结构分为竹木结构（图2-5）、钢架无柱（图2-6）、管架结构（图2-7）和钢竹混合结构（图2-8）4种。

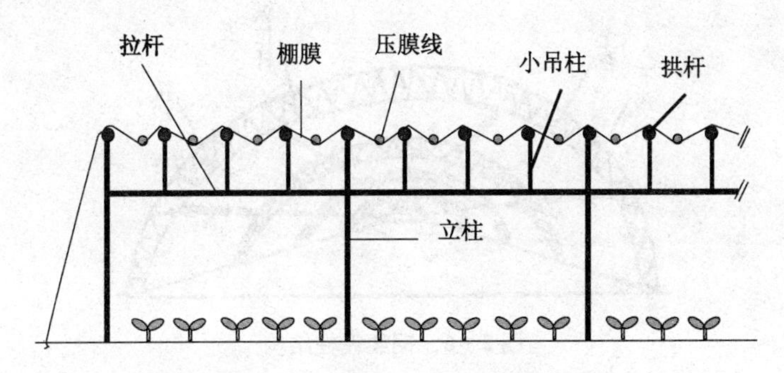

图2-4　竹木结构大棚骨架纵剖面

2. 主要技术参数

南北行向，一般长40～60m，跨度8～12m，高度2.5～3m。

3. 建造程序

近几年在我国北方钢架无柱、钢竹混合结构等类型的大棚有所发展，但仍然以竹木结构大棚为主，面积较大，下面重点介绍竹木结构大棚的施工。

立柱：立柱分中柱、侧柱、边柱3种。选直径4～6cm的圆木或方木为柱材。立柱基部可用砖、石或混凝土墩，也可用木柱

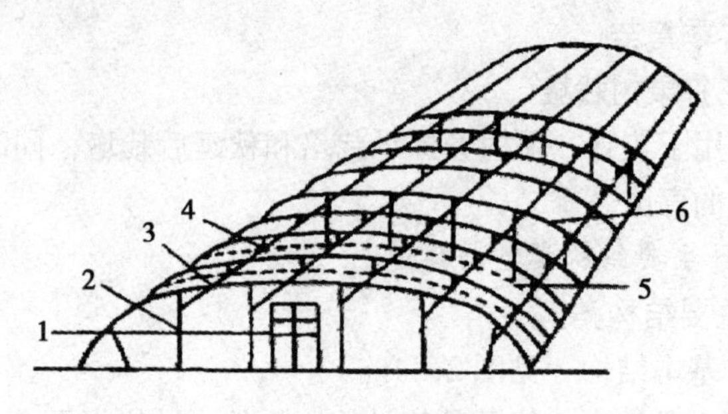

图 2－5　竹木结构

1－门；2－立柱；3－拉杆；4－小吊柱；5－拱架；6－压杆（压膜线）

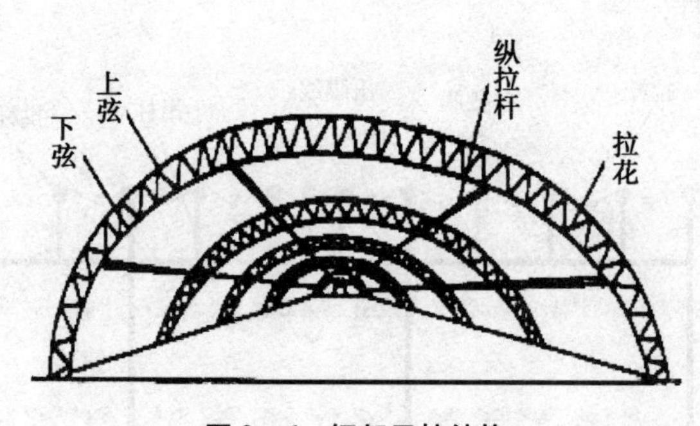

图 2－6　钢架无柱结构

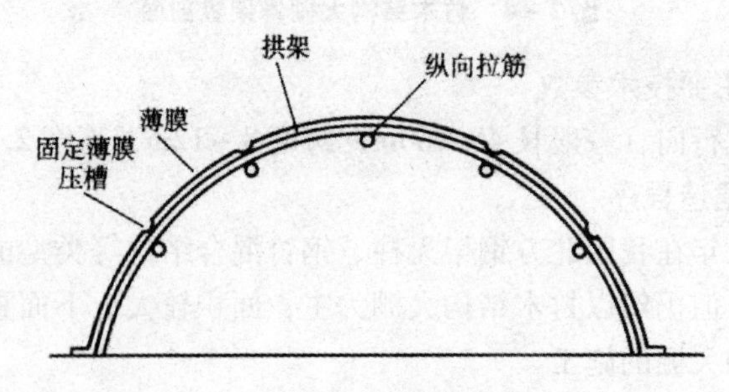

图 2－7　管架结构

直接插入土中 30～40cm。上端锯成缺刻，缺刻下钻孔，刻留固

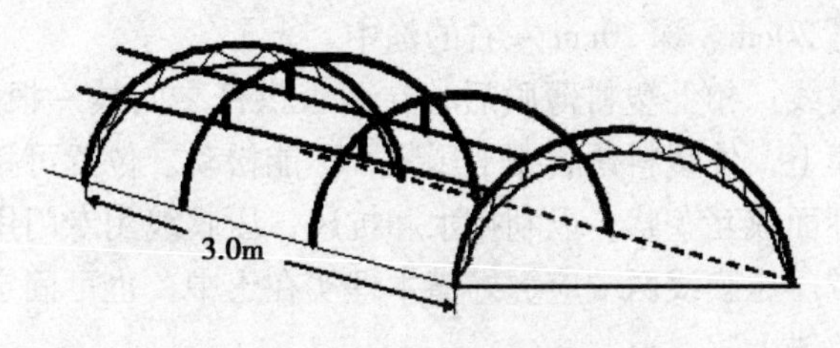

图 2-8　钢竹混合结构

定棚架用。南北延长的大棚，东西跨度一般是 8～12m，两排相距 1.5～2.0m，边柱距棚边 1m 左右，同一排柱间距为 1.0～1.2m，棚长根据大棚面积需要和地形灵活确定。然后埋立柱，根据立柱的承受能力埋南北向立柱 4～5 道，东西向为一排，每排间隔 3～5m，柱下放砖头和石块，以防柱下沉。柱子的高度要不断调整。

拱杆：拱杆连接后弯成弧形，是支撑薄膜的拱架。如南北延长的大棚，在东西两侧划好标志线，使每根拱架设东西方向，放在中柱、侧柱、边柱上端的刻里，把拱架的两端埋和用直径为 3～4cm 的竹竿或木杆压成弧形，若一根竹竿长度不够，可用多根竹竿或竹片绑接而成。

拉杆：拉杆是纵向连接立柱的横梁，对大棚骨架整体起加固作用。拉杆可用略于拱杆的竹竿或木杆，一般直径为 5～6cm，顺着大棚的纵长方向，每排队绑一根，绑的位置距顶 25～30cm 处，要用铁丝绑牢，以固定立西半球，使之连成一体。

盖膜：首先把塑料薄膜按棚面的大小粘成整体。如果准备开膛放风，则以棚脊为界，粘成两块长块，并在靠棚脊部的薄膜边粘进一条粗绳。不准备开膛放风的，可将薄膜粘成一整块。最好选晴朗无风的天气盖膜，先从棚的一边压膜，再把薄膜拉过棚的另一侧，多人一起拉，边拉边将薄膜弄平整，拉直绷紧，为防止皱褶和拉破薄膜，盖膜前拱杆上用草绳等缠好，把薄膜两边埋在棚两偶宽20cm、深20cm左右的沟中。

压膜线：扣上塑料薄膜后，在两根拱杆之间放一根压膜线，压在薄膜上，使塑料薄膜绷平压紧，不能松动。位置可稍低于拱杆，使棚面成互垄状，以利排水和抗风，压膜线用专门用来压膜的塑料带。压膜线两端应绑好横木埋实在土中，也可固定在大棚两侧的地锚上。

装门：我国南方在南端或东端设门，用方木或木杆做门杠，门杠上钉上薄膜。采用塑料大棚育苗时，一般将棚内土地按大棚走向做成宽1.0～1.5m的小厢，每厢需加盖塑料薄膜，盖的方法与小拱棚相同。没有加热设施的大棚，在严寒季节，同样需采用多层塑料膜覆盖保温防冻。

五、日光温室的性能及作用

通常把温室内的热量来源主要来自太阳辐射的温室称为日光温室。节能日光温室为我国独创，研究水平、种植面积和栽培技术均居国际领先地位。早在20世纪80年代初期，我国辽宁省海城和瓦房店创建了节能型日光温室，并在北纬35°～43°地区的严寒冬季，成功地进行了不加温生产黄瓜、茄子等喜温性作物的生产。

（一）日光温室的性能

1. 温度

日光温室的温度有季节变化和日变化。

日光温室内的日变化状况决定于日照时间、光照强度、拉盖不透明物的早晚等。温室也具有局部温差。一般水平温差小于垂直温差，在一定范围内，温室越宽，水平温差越大，温室越高，垂直温差越小。纵向的水平温差小于横向。

冬季温室南部的土壤温度比北部高2～3℃，而夜间北部比南部高3～4℃，纵向水平温差为1～3℃。温室南部产量较北

部高。

温室内土壤的高低与季节有关。总之，外界气温高，无冻土层影响时，室内的地温较高，气温与地温的温差小；如果外界的气温在0℃以下，外界的土壤结冻时，室内的地温升高难度增大，气温与地温的温差增大。

一天中5cm深地温的最低温度出现在上午8～9时，最高温度出现在下午3时左右；15cm深的最低温度出现在上午9～11时，最高出现在下午6时左右。下午盖帘后到第二天揭帘之前，地温变化缓慢，变化幅度在2.5～4℃，离地面越深，变化幅度越小。

2. 光照

春季和秋季太阳的高度角较大，进入温室的光量多，而冬季的太阳高度角小，进入温室的光量小，温室的光照条件差。温室内光照的分布因季节的不同而不同，而且部位不同局部的光差也很大。在同一水平方向上，由前向后，光照强度逐渐减少，以温室的后墙内侧光强最低。温室垂直方向上的光照，以温室的上层最高，中层次之，下层最差。距离透明覆盖物的距离越远，光照强度越弱。

3. 湿度

气温升降是影响空气相对湿度变化的主要因素。温室内的空气湿度随天气变化、通风浇水等措施而有变化。一般晴天白天空气相对湿度为50%～60%，而夜间可达到90%；阴天白天可达到70%～80%，夜间可达到饱和状态。晴天的夜间，整个夜间相对湿度高，且变化小，最高值出现在揭开草苫后十几分钟内。日出后，最小值通常出现在14～15时，温室内的空气相对湿度变化较大，可达20%～40%，且与气温的变化规律相反。室内的气温越高，空气的相对湿度越低；气温越低，空气相对湿度越高。

由于温室的空气湿度大，温室内的土壤湿度也比同样条件下的露地土壤湿度大。温室内土壤的水分蒸发量与太阳辐射量成直线关系，太阳辐射量高，土壤蒸发量大。

4. 气体条件

寒冷季节的日光温室放风量小，放风时间短，造成温室内外的空气交换受阻，气体条件差异较大，这种差异主要表现在二氧化碳的浓度和有害气体上。

白天空气的二氧化碳的浓度一般在340mg/kg左右，并没有达到蔬菜的光合作用饱和点。温室生产，夜间蔬菜呼吸放出二氧化碳积累在温室中，早晨揭草苫时，二氧化碳的浓度可达到700～1 000mg/kg。揭草苫后，随温度的提高，光照的增强，光合作用加剧，二氧化碳由于不断地被消耗，浓度很快下降，到中午放风之前，可降低到200mg/kg以下，对蔬菜的生长发育极为不利，是对二氧化碳比较敏感的时期。

有害气体主要包括氨气、亚硝酸气体、二氧化硫等对农作物造成伤害的气体。北方地区日光温室主要进行冬季反季节蔬菜生产，多在完全覆盖的条件下进行生产，有害气体极易造成积累，达到一定浓度极易产生危害。如辣椒对氨气尤其敏感，氨气可使植株灼伤，甚至死亡。当氨气的浓度达到5mg/kg时，蔬菜就会受害。辣椒对亚硝酸气体也比较敏感，当空气中的亚硝酸气体达到5～10mg/kg时，蔬菜即开始受害。黄瓜对二氧化碳、亚硝酸气体比较敏感。冬春季节日光温室及时合理通风换气是十分必要的。

5. 土壤条件

日光温室是在完全覆盖的条件下进行生产，大量施用肥料，只靠人工灌溉，没有雨水淋洗，很容易积累盐分。尤其是在大量施用速效氮肥时，这种现象更为严重。在高的土壤浓度下，土壤的渗透压增大，蔬菜吸水困难，引起蔬菜缺水，严重时会引起反

渗，植株萎蔫。土壤的浓度过高，会造成土壤元素之间相互干扰，使某些元素的吸收受阻。因此，在夏季温室闲置季节，要除去前屋面的薄膜，让雨水淋洗土壤，或用清水冲洗，在再次定植前要深翻土壤，通过多施有机肥的方法，减少化肥的施用量。

（二）日光温室的作用

① 主要用于果菜类反季节生产，如番茄、茄子、辣椒、黄瓜、西瓜等茄果类、瓜类、豆类越冬栽培。

② 果菜类早春早熟栽培、秋冬蔬菜栽培。

③ 用于各类蔬菜育苗。

④ 作为食用菌冬季、春季栽培设施。

⑤ 作为果树春季栽培设施。

（三）日光温室的主要结构类型

1. 基本框架结构

北方地区基本框架结构概括起来这样一句话，“高后墙，短后坡，拱圆形”，也就是说后墙在建筑和受力许可范围内，尽量高一些，后坡适当短一些，前坡面为拱圆形，见图2－9。

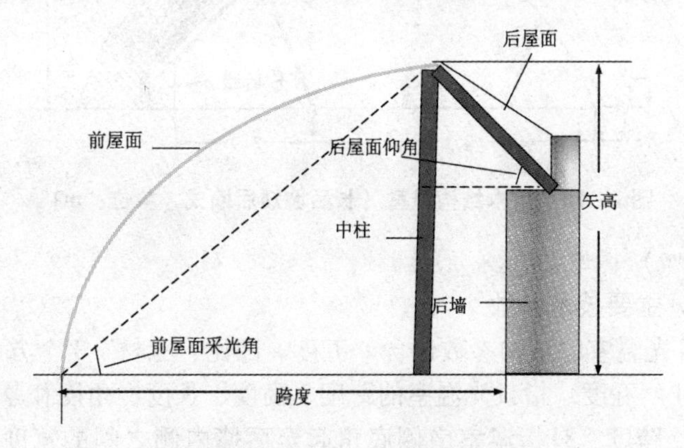

图2－9　日光温室的基本框架结构

2. 主要类型

按照骨架结构分为竹木结构（图 2－10）、琴弦式结构（图 2－11）、钢架无柱温室（图 2－12）和高温型混合结构（图 2－13 和图 2－14）4 种。前两种以前应用较多，随着经济发展和生产水平提高二者趋于淘汰，后两种是目前推广应用较多的类型。

高温型混合结构特点：地上部与基本框架相似，后墙一般用土砌成，后墙加厚，多为直角梯形，下底达到 4～4.5m，上底 2.5～3m。温室栽培床下沉 70～80cm，矢高达到 4.0m，跨度达到 9～10m，前坡建设材料可以用钢筋水泥结构，也可钢架无柱结构，可以无后坡（图 2－14），也可建后坡（图 2－13），也可用土心砖墙。升温、保温效果更好，所以将此类温室称为高温型混合结构温室。

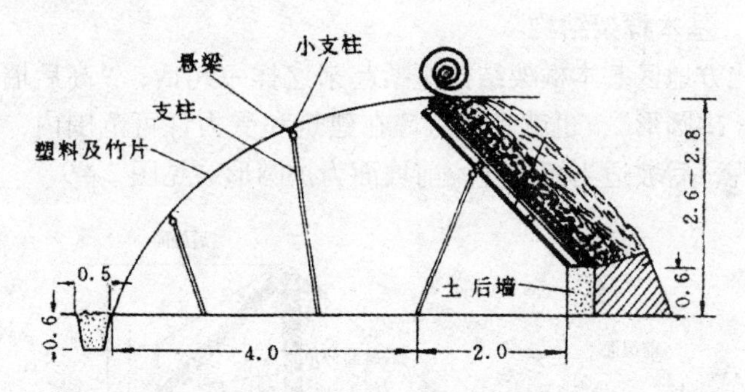

图 2－10　竹木结构温室（长后坡矮后墙式，单位：m）

（四）建造

1. 主要技术参数

日光温室的结构参数包含“五度、四比、三材”3 个方面。

（1）五度　指日光温室的跨度、高度、长度、角度和厚度。

① 跨度，是指温室南侧底角起至后墙内侧之间的宽度。适宜的跨度配以适宜的脊高，可以保证屋面采光角度合理，保证作物有足够的生长空间和便于作业。目前一般为 8m 左右。

图 2 – 11　琴弦式结构温室（单位：m）

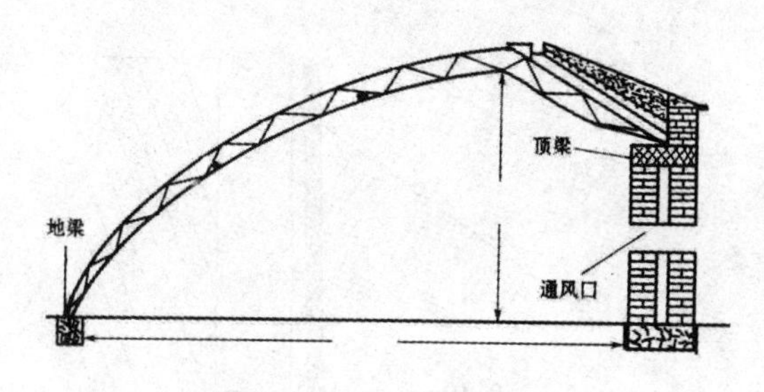

图 2 – 12　钢架无柱温室

② 高度，包括脊高和后墙高。

脊高又叫矢高，是指屋脊至房梁的高度。温室高度适当，前屋面采光角度合理，有利于白天的采光，而且室内空间大，操作方便，热容量也大，室温也高。目前一般为 3.2 ~3.4m。后墙的高度决定着后坡仰角的大小和后坡的高度，过高和过低都会影响温室后墙的吸热和室内操作。适度的高度一般为 2m 左右。

③ 温室长度，一般因地而异，但不能太短或太长。过短（30m 以下）由于两墙轮替遮阳，室内见光面积小，温度升不上去，影响生长；过长（100m 左右）管理温室不便，维护也比较

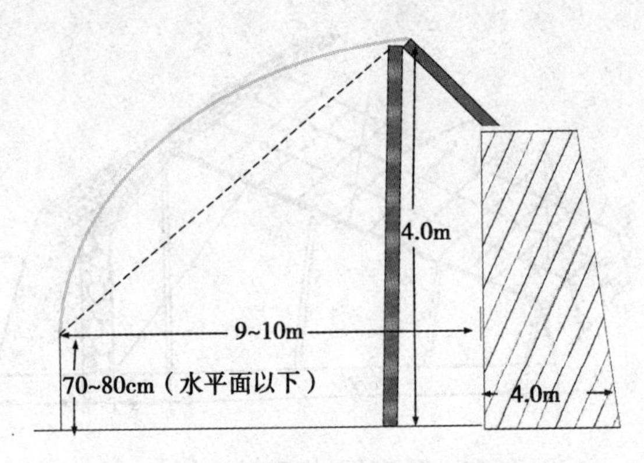

图 2－13　高温型混合结构温室

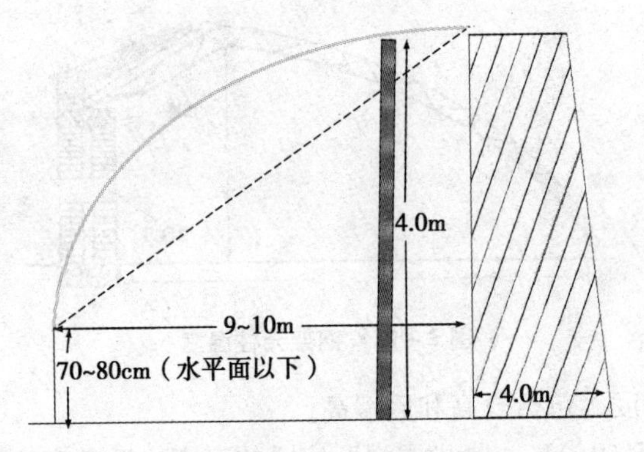

图 2－14　高温型无后坡混合结构温室

困难。一般以 60～80m 为宜。

④ 温室角度，包括屋面角、后坡仰角和方位角。

屋面角是指前屋面与地平面的夹角，其角度是否合理直接影响温室采光量的大小。屋面角越大，则采光量越大，但屋面角过大，会使温室的脊高过高，建造困难，保温性下降。拱圆形日光温室理想的屋面角应为底角 60°，前部 25°，后部 15°左右。

后坡仰角即后坡角度适中可使冬至前后中午整个温室照到阳

光，后墙能吸热储能和反光。仰角一般应大于当地冬至中午时的太阳高度角，如在河南应为35°~40°。日光温室的方位一般均为东西延长，坐北朝南，这样可以在冬春季接受较多的太阳辐射。所以温室的方位一般为正南，方位角为0°，但也可根据本地区的气候特点和地形，向东或西偏斜5°，增加早晨和下午的光照时间。

⑤ 厚度，包括墙体厚度和后坡厚度。

日光温室的墙体和后坡既起承重作用，又起保温作用，所以墙体和后坡的厚薄直接影响温室的保温蓄热性能。一般实心土墙的厚度要求达到1m以上，空心砖墙的厚度要求达到0.5m以上。后坡的厚度因覆盖材料不同而不同，一般最厚处要求达到0.4~0.5m。

（2）四比　指温室的前后坡比、高跨比、保温比和遮阳比。

① 前屋面与后坡投影之比为前后坡比，二者比例适当可提高土地利用率。目前跨度为8m的温室其前后坡比为7:1。

② 温室高度与跨度之比称为高跨比，高跨比适度，采光角度就合理。一般为1:2.5。

③ 前屋面面积与温室内净土地面积之比称为保温比，保温比合理，温室保温效果就好。高效节能型日光温室保温比要求达到1:1为好。

④ 遮阳比主要是指前排温室对后排温室的遮阳影响。前后两排温室如果相距太近，则前排温室就会挡住后排温室一部分光照，影响后排温室生产，太远又浪费土地。实践证明，为了在冬至季节前排温室不遮挡后排温室的光照，则前排温室中柱到后排温室前沿的间距应是前排温室脊高的2.5倍。

（3）三材　即建筑材料、采光材料和保温材料。

① 建筑材料包括骨架材料和墙体材料两种。

墙体材料多为土墙，少数为砖墙或石砌墙。骨架材料多为竹木材料和无机复合材料，少数为钢管材料。

② 采光材料就是温室前屋面上覆盖的农膜。

常用的有聚乙烯长寿无滴膜、聚氯乙烯长寿无滴膜和醋酸乙烯长寿无滴膜等。另外，在夏季还使用遮阳网和防虫网等遮光降温防虫材料。

③ 农膜的种类。

聚乙烯长寿无滴膜（PE）　在聚乙烯树脂中添加防老化剂，同时又加入了防雾滴助剂，不仅寿命长，而且具有流滴性。与普通聚乙烯膜比较，薄膜内表面形成不遮光的水膜而不是水滴，可提高透光率10%～20%。厚度在0.12mm的长寿无滴膜，无滴持效期可达到150天以上。由于聚乙烯膜是吹塑而成，所以其幅宽可以达到9～10m。

聚氯乙烯长寿无滴薄膜（PVC）　在聚氯乙烯树脂中添加一定比例的增塑剂、耐候剂和防雾滴助剂，经塑化轧延而成。有的还采用了双向拉伸工艺，使幅宽由2m扩展到3～4m。聚氯乙烯的流滴均匀性和持久性都好于聚乙烯长寿无滴膜。薄膜表面凝结水不形成露珠，而是形成一层均匀的水膜，水滴顺膜面倾斜流下，透光率可比普通膜提高30%左右，且由于没有水滴落到植株上，可使病害减少。这种膜的缺点是透光率衰减速度快，经过强光高温季节后，透光率会下降到50%以下，而且其耐热性差，膜面易松弛，不易压紧；再者其比重大，单位面积覆盖所耗用的膜量大，生产成本较高，还存在添加剂化学污染的可能性。

乙烯－醋酸乙烯多功能复合膜（EVA）　属于三层共挤的一种高透明、高效能薄膜，国外早就开始应用，我国已开始投入日光温室应用。这种薄膜是针对聚乙烯多功能复合膜雾度大、流滴性有机保温剂代替无机保温剂，从而使中间层和内层树脂具有一定的极性分子，成功防雾滴剂的良好载体。流滴性改善，雾度很小，透明度较高，直射光透过率显著提高，有利于日光温室喜温

蔬菜的生产，它是目前我国北方地区重点推广的新型多功能膜。

聚乙烯紫光膜　根据太阳光透过塑料薄膜后的光谱变化原理，在聚乙烯树脂中添加紫色，使0. 38μm以下的短波光转换为0. 4 ~0. 7μm的长波光，从而提高了透光率，升温快，保温性能提高。在番茄、草莓和彩色甜辣椒等需要转色的品种上表现较好，番茄可提早采收7 ~10天，产量增加20%左右，紫茄子产量增加30%以上，皮色黑紫油亮。

对于有水滴的普通膜，群众在使用中采取了一些无滴化处理的办法。可在秋末扣上去以后，经25 ~30天的暴晒，然后选择无风的晴天中午将膜翻转过来，原来在外面的翻向里面，就完全无滴化了。还可以喷涂防水滴剂，可使普通聚乙烯薄膜变成无滴膜，聚乙烯长寿无滴膜在持效期过后，喷涂后也可恢复其流滴性。

（4）保温材料　包括墙体中填充的珍珠岩、炉渣、锯末等隔热材料和覆盖后坡的秸秆、草泥、珍珠岩以及覆盖前屋面的草苫、纸被、保温被等。草苫一般用稻草或蒲草编织，其中以稻草草苫原料来源广泛，保温效果较好，一般可提高温度5 ~6℃。草苫要打得厚而紧密，才有良好的保温效果。草苫一般宽1. 2m，长8m，重30kg以上。好草苫要有7 ~8道筋，两头还要加上一根小竹竿，这样才能经久耐用。

2. 日光温室的施工程序

（1）日光温室场地的选择　一般规模比较小，只要注意不被树木、建筑物遮阳，靠近水源、电源即可。

规模较大的日光温室群，在场地选择上要注意下列几点。

一是阳光要充足，东南西三侧无遮阳物。

二是避开风道。

三是土质疏松肥沃，地下水位低。土壤疏松肥沃有利于早熟高产，便于耕作。地下水位偏高，不利于冬季和早春提高地温。

四是靠近居民点及公路干线。靠近居民点和公路不但便于管理、运输，而且方便组织人员对各种灾害性天气采取对策。

五是电源和水源。电源为载 220V 照明电，水源要求水质良好无污染。

六是避开污染严重的环境。

七是靠近蔬菜批发市场，有利于销售；或者在温室生产集中区建设蔬菜批发市场，搞活流通，提高效益。

（2）平整地面与放线　修建温室一般在当地雨季结束到土壤冻结前半个月进行。

首先，按设计好的日光温室平面图。

其次，测定好方位。方位角的确定：温室采光好坏主要取决于日光温室的方位角、温室前坡角度、温室前坡的形状、塑料薄膜的透光率、温室内骨架的遮光程度等方面。温室最佳方位角一般为正南偏东或偏西 5°～10°。在气候温和地区，可早揭草苫，方位角采取南偏正南或偏东 5°，每偏东 1°太阳光线与前屋面垂直时间提前 4 分钟，南偏东 5°提前 20 分钟；北纬 40°以北纬度较高的地区，早晨揭苫偏晚，可采取南偏西 5°～10°的方位角。偏西 1°则延迟 4 分钟，南偏西 10°延迟 40 分钟，有利于在光照最好的 13 时进入温室的光量最大，也利于延长午后的光照蓄热时间。

第三步，确定温室四个角的角桩。

第四步，再确定山墙和后墙的位置。

（3）进料筑墙　筑土墙所需用土可在定位后的温室后墙外侧挖沟取土，不可用定位后的温室内耕作层土。如取土困难，可将耕作层土堆放在一边，用底层生土打墙，然后再将耕作层熟土返回原地。这样不但可以省运土劳力，而且由此降低了温室内部地面高度，还可相应提高室内温度。土墙的厚度一般以底口 1～1.2m、上口 0.6～0.8m 为宜，分次作业至所需的高度。夯土墙时不能分段进行，应分层夯实，避免土墙体纵裂，影响温室牢固

性和保温性。

（4）立屋架、埋立柱　首先埋好后立柱（顶立柱），再上半人字梁和桁条，再埋前立柱、中立柱。立柱设计要求高矮一致，距离相等，东西南北上线，立柱下端最好埋四块砖作底基，防止立柱受压力后下沉。安装前屋面毛竹骨架，可用8号铁丝将毛竹和立柱固定好。

（5）覆盖后屋面　后屋面共分五层。第一层：苇把屋面（材料：玉米秸、高粱秸）；第二层：泥糠混合物；第三层：旧农膜；第四层：泥糠混合物；第五层：草屋面。最后压顶封檐。

（6）最后工序　拉铁丝，上竹子，覆盖膜。

3. 附属设施及规格

附属设备和设施包括防雨膜、反光幕。

防雨膜是夜间盖在草苫上面的一层农膜，一般用普通农膜或用从温室上换下来的上一年的旧农膜更经济。覆盖防雨膜后，可有效地防止雨雪打湿草苫而降低保温性。

反光幕是把聚酯膜一面镀铝，再复合上一层聚乙烯，形成反光的镜面膜。这种复合膜比单层镀铝膜的优越之处是铝粉不脱落，使用寿命长。张挂反光幕的区域内，光照强度增强。在水平方向上表现距反光幕愈近，增光效应愈强；在垂直方向上表现为距地面愈近，增光效应愈明显。而且在不同的天气和季节有不同的变化。阴天的增光率大于晴天的增光率，冬季增光率大于春季的增光率。这些对增加温室后部的光照和在光照不足的阴天、冬天增加光照的效应是明显的。据测定，张挂反光幕后，距反光幕2m远，距地面1m高处，平均最高气温比对照增加3.1℃，最低温度比对照高3.6℃。

六、夏季保护设施的性能及作用

（一）夏季保护设施

1. 遮阳网结构与作用

遮阳网俗称遮荫网、凉爽纱，国内产品多以聚乙烯、聚丙烯等为原料，是经加工制作编织而成的一种轻量化、高强度、耐老化、网状的新型农用塑料覆盖材料。利用它覆盖作物具有一定的遮光、防暑、降温、防台风暴雨、防旱保墒和忌避病虫等功能。用来替代芦帘、秸秆等农家传统覆盖材料，进行夏秋高温季节作物的栽培或育苗，已成为我国南方地区克服蔬菜夏秋淡季的一种简易实用、低成本、高效益的蔬菜覆盖新技术。它使我国的蔬菜设施栽培从冬季拓展到夏季，成为我国热带、亚热带地区设施栽培的特色。

该项技术与传统芦帘遮阳栽培相比，具有轻便、管理操作省工、省力的特点，而芦帘虽一次性投资低，但使用寿命短，折旧成本高，贮运铺卷笨重，遮阳网一年内可重复使用4—5次，寿命长达3—5年，虽一次性投资较高，但年折旧成本反而低于芦帘，一般仅为芦帘的50%～70%。自1987年使用以来，到2001年已推广到15万公顷，成为中南地区夏季条件下进行优质高效叶菜栽培的主要形式。

（1）遮阳网的种类　依颜色分为黑色或银灰色，也有绿色、白色和黑白相间等品种。依遮光率分为35%～50%、50%～65%、65%～80%、≥80%等4种规格，应用最多的是35%～65%的黑网和65%的银灰网。宽度有90、150、160、200、220cm不等，每平方米重45～49g。许多厂家生产的遮阳网的密度是以一个密区（25mm）中纬向的扁丝条数来度量产品编号的，如SZW－8表示密区由8根扁丝编织而成，SZW～12则表示由12根扁丝编织而成，数字越大，网孔越小，遮光率也越大。选购遮

阳网时，要根据作物种类的需光特性、栽培季节和本地区的天气状况来选择颜色、规格和幅宽。遮阳网使用的宽度可以任意切割和拼接，剪口要用电烙铁烫牢，两幅接缝可用尼龙线在缝纫机上缝制，也可用手工缝制。

（2）大棚遮阳网的覆盖形式　利用我国南方地区冬春塑料薄膜大棚栽培蔬菜之后，夏季闲置不用的大棚骨架盖上遮阳网进行夏秋蔬菜栽培或育苗的方式，是夏秋遮阳网覆盖栽培的重要形式。根据覆盖的方式又可分为棚内平盖法、大棚顶盖法和一网一膜三种。棚内平盖法是利用大棚两侧纵向连杆为支点，将压膜线平行沿两纵向连杆之间拉紧，连成一平行隔层带，再在上面平铺遮阳网，一般网离地面1～1.5m；大棚顶盖法和一网一膜法覆盖，一般大棚两侧地面1m左右悬空不覆网。根据各地经验，栽培绿叶菜最佳的覆盖方式是一网一膜法，其遮阳降温、防暴雨的性能较单一的遮阳网覆盖的效果要好得多，但要注意，遮阳网一定要盖在薄膜的上面，如果把遮阳网盖在薄膜的内侧，则大棚内是热积聚增温而不是降温，所以因特别注意。

2. 防雨棚结构与作用

防雨棚是在多雨的夏、秋季，利用塑料薄膜等覆盖材料，扣在大棚或小棚的顶部，任其四周通风不扣膜或扣防虫网，使作物免受雨水直接淋洗。利用防雨棚进行夏季蔬菜和果品的避雨栽培或育苗。

（1）大棚型防雨棚　即大棚顶上天幕不揭除，四周围裙幕揭除，以利通风，也可挂上20～22目的防虫网防虫，可用于各种蔬菜的夏季栽培。

（2）小棚型防雨棚　主要用做露地西瓜、甜瓜早熟栽培。小拱棚顶部扣膜，两侧通风，使西瓜、甜瓜开雌花部位不受雨淋，以利授粉、受精，也可用来育苗。前期两侧膜封闭，实行促成早熟栽培是一种常见的先促成后避雨的栽培方式。

（3）温室型防雨棚　广州等南方地区多台风、暴雨，建立玻璃温室状的防雨棚，顶部设太子窗通风，四周玻璃可开启，顶部为玻璃屋面，用做夏菜育苗。

（二）防虫网结构与作用

防虫网是以高密度聚乙烯等为主要原料，经挤出拉丝编织而成的20～30目（每2.54cm长度的孔数）规格的网纱，具有耐拉强度大，优良的抗紫外线、抗热性、耐水性、耐腐蚀、耐老化、无毒、无味等特点。由于防虫网覆盖能简易、有效地防止害虫对夏季小白菜等的危害，所以，在南方地区作为无（少）农药蔬菜栽培的有效措施而得到推广。

1. 品种规格

目前防虫网按目数分为20、24、30、40目，按宽度有100、120、150cm，按丝径有0.14～0.18mm等数种。使用寿命为3～4年，色泽有白色、银灰色等，以20、24目最为常用。

2. 主要覆盖形式

（1）大棚覆盖　是目前最普遍的覆盖形式，由数幅网缝合覆盖在单栋或连栋大棚上，全封闭式覆盖，内装微喷灌水装置。

（2）立柱式隔离网状覆盖　用高约2m的水泥柱（葡萄架用）或钢管，做成隔离网室，在其内种植小白菜等叶菜，农民称在帐子里种菜，夏天既舒适又安全，面积在500～1 000m^2范围内。

第二节　设施环境调控技术

设施蔬菜栽培是在一定的空间范围内进行的，因此生产者对环境的干预、控制和调节能力与影响，比露地栽培要大得多。设施蔬菜通过人为地调节控制，尽可能使作物与环境间协调、统一、平衡，人工创造出作物生育所需的最佳的综合环境条件，从

而实现蔬菜等作物设施栽培的优质、高产、高效。因此，设施蔬菜栽培管理的重点和核心是创造出适合环境条件的作物品种及其栽培技术，创造出使蔬菜作物本身特性得以充分发挥的环境。设施蔬菜栽培实质是根据作物遗传特性和生物特性对环境的要求调控环境，制定相应的栽培技术措施。制定生产方案时应该注意了解设施、作物、条件和手段。

1. 首先要了解设施的结构性能和可以利用的条件

光照、温度、湿度、气体、土壤是作物生长发育必不可少的5个环境因子，每个环境因子对各种作物生育都有直接的影响，作物与环境因子之间存在着定性和定量的关系，这是从事设施蔬菜生产必须掌握的。制定生产方案前要了解各种农业设施的建筑结构、配套设备以及环境工程的结构、性能，摸清各个环境因子的分布规律，设施所创造的环境状况及不同季节各个环境因子变化规律，还要熟悉设施昼夜变化规律，以及它们对设施内不同作物或同一作物不同生育阶段的影响程度。

2. 掌握作物的遗传特性和生物学特性及其对各个环境因子的要求

作物种类繁多，不同作物生长发育特性、生物学特性及对各个环境因子的要求不同。同一种类又有许多品种，不同品种生长发育特性、生物学特性及对各个环境因子的要求也有差异。每一个品种在生长发育过程中又有不同的阶段，各个发育阶段对周围环境的要求均不相同，生产者必须了解。

3. 设施蔬菜栽培实质是作物与环境的有机结合

在摸清农业设施内的环境特征及掌握各种园艺作物发育对环境要求的基础上，通过环境调控与栽培管理技术措施，使园艺作物与设施的小气候环境达到最和谐、最完美的统一。使各个环境因子最大限度地满足某种作物的某一发育阶段，对光、温、湿、气、土的要求。作物与环境越和谐统一，其生长发育也越加健壮，才能实现蔬菜等作物设施栽培的优质、高产、低成本、高效益。

4. 设施蔬菜栽培过程中“人是第一因素”

与露地栽培比较，设施蔬菜栽培人为调控环境成分加大，设施内光照、温度、湿度、气体、土壤等环境因子在一定限度内进行人为的合理调控成为可能。在作物与环境的有机结合过程中，人起着决定作用。因此，设施蔬菜栽培对人的科学文化素质、技术素质比露地栽培要求更高。发展设施蔬菜栽培首要任务搞好操作人员的技术培训，操作人员技术素质在某种程度上也影响着产量和效益。

一、温度调控

温度是影响作物生长发育的最重要的环境因子，它影响着植物体内一切生理变化，是植物生命活动最基本的要素。与其他环境因子比较，温度是设施栽培相对容易调节控制，又是十分重要的环境因子。

农业设施内温度的调节和控制包括保温、加温和降温 3 个方面。温度调控要求达到能维持适宜于作物发育的设定温度，温度的空间分布均匀，变化平缓。

（一）设施温度环境特点

1. 气温

（1）与外界气温的相关性　园艺设施内的气温远远高于外界温度，而且与外界温度有一定的相关性。光照充足的白天，外界温度较高时，室内气温升高快，温度也高；外界温度低时，室内温度也低，但室内外温度并不呈正相关。设施内的温度主要取决于光照强度，严寒的冬季只要晴天光照充足，即使外界温度很低，室内温度也能很快升高，并且保持较高的温度。遇到阴天，虽然室外温度并不低，室内温度上升量也很少。

(2) 气温的日变化 太阳辐射的日变化对设施的气温有着极大的影响，晴天时气温变化显著，阴天不显著。塑料大棚在日出之后气温上升，最高气温出现在13时，14时以后气温开始下降，日落前下降最快，昼夜温差较大。日光温室内最低气温往往出现在揭开草毡前的短时间内，6~10℃，12时以后上升趋于缓慢，13时气温达到最高。以后开始下降，15时以后下降速度加快，直到覆盖草毡时为止。盖草苫后气温回升1~3℃，以后气温平缓下降，直到第二天早晨。气温下降的速度与保温措施有关。刚盖完草苫气温回升，原因是日光温室的贯流放热是不断进行的，只是晴天白天太阳辐射能不断透入温室内，温室的热收入大于支出，室温不会下降。到了午后光照强度减弱，温度开始下降，降到一定程度需要盖草苫保温，致使贯流放热量突然减少，而墙体、温室构件、土壤蓄热向空气中释放，所以短时间内出现气温回升。

(3) 气温在空间上分布 设施内的气温在空间上分布是不均匀的。白天气温在垂直方向上的分布是日射型，气温随高度的增加而上升；夜间气温在垂直方向的分布是辐射型，气温随着高度增加而降低；上午8时至10时和下午2时至4时是以上两种类型的过渡型。南北延长的大棚里，气温在水平方向的分布，上午东部高于西部，下午则相反，温差1~3℃。夜间，大棚四周气温比中部低，一旦出现冻害，边沿一带最先发生。日光温室内气温在水平方向上的分布存在着明显的不均匀性。在南北方向上，中柱前1~2m处气温最高，向北、向南递减。在高温区水平梯度不大，在前沿和后屋面下变化梯度较大。晴天的白天南部高于北部，夜间北部高于南部。温室前部昼夜温差大，对作物生长有利。东西方向上气温差异较小，只是靠东西山墙2m左右温度较低，靠近出口一侧最低。

(4) “逆温”现象 一般出现在阴天后、有微风、晴朗夜间，温室大棚表面辐射散热很强，有时棚室内气温反而比外界气温还低，这种现象叫做“逆温”。其原因是白天被加热了的地表面和作物体，在夜间通过覆盖物向外辐射放热，而晴朗无云有微风的夜晚放热更剧烈。另外，在微风的作用下，室外空气可以大气反辐射补充热量，而温室大棚由于覆盖物的阻挡，室内空气却得不到这部分补充热量，造成室温比外界温度还低。10 月至翌年 3 月易发生逆温，逆温一般出现在凌晨，日出后棚室迅速升温，逆温消除。有试验研究表明，逆温出现时，设施内的低温仍比外界高，所以作物不会立即发生冻害，但逆温时间过长或温度过低就会出问题。

2. 地温

设施内的地温不但是蔬菜作物生长发育的重要条件，也是温室夜间保持一定温度的热量来源，夜间日光温室内的热量，有将近 90% 来自土壤的蓄热。

（1）热岛效应　我国北方广大地区，进入冬季土壤温度下降快，地表出现冻土层，纬度越高封冻越早，冻土层越深。日光温室采光、保温设计合理，室外冻土层深达 1m，室内土壤温度也能保持 12℃以上。设施内从地表到 50cm 深的地温都有明显的增温效应，但以 10cm 以上的浅层增温显著，这种增温效应称之为“热岛效应”。但温室内的土壤并未与外界隔绝，室内外温差很大，土壤的热交换是不可避免的。由于土壤热交换，使大棚温室四周与室外交界处地温不断下降。

（2）地温的变化　日光温室的地温水平分布具有以下特点：5cm 土层温度在南北方向上变化比较明显，晴天的白天，中部温度最高，向南向北递减，后屋面下低于中部，但比前沿地带高，夜间后屋面下最高，向南递减。阴天和夜间地温的变化梯度比较小。东西方向上差异不大，靠门的一侧变化较大，东西山墙内侧温度最低。塑料大棚地温无论白天还是夜间，中部都高于四周。

设施内的地温，在垂直方向上的分布与外界明显不同。外界条件下，0～50cm 的地温随土壤深度的增加而增加，即越深温度越高，不论晴天或阴天都是一致的。设施内的情况则完全不同，晴天白天上层土壤温度高，下层土壤温度低，地表 0cm 温度最高，随深度的增加而递减；阴天，特别是连阴天，下层土壤温度比上层土壤温度高，越是靠地表温度越低，20cm 深处地温最高。这是因为阴天太阳辐射能少，气温下降，温室里的热量主要靠土壤贮存的热量来补充。因此，连阴天时间越长，地温消耗也越多，连续 7～10 天的阴天，地温只能比气温高 1～2℃，对某些作物就要造成危害。

（二）设施内的热收支状况

1. 热量来源

塑料大棚和日光温室的蔬菜栽培设施是根据温室效应原理设计建造的，太阳能是蔬菜栽培设施中热量来源。所谓温室效应就是太阳光透过透明材料（或玻璃）进入大棚或温室内部空间，使进入大棚或温室的太阳辐射能大于大棚或温室向周围环境散失的热量，大棚或温室内的空气、土壤、植物的温度就会不断升高，这个过程称之为“温室效应”。

2. 热量损逸

（1）地中传热　白天进入室内的热量，大部分被地面（包括墙壁、立柱、后坡等构件和作物）吸收，其中一部分向地下传导，使地温升高并蓄热，一部分热量在土壤中经过横向传导，传递到室外土壤中，这种现象叫“地中传热”。

（2）贯流放热　地面得到的热中，有一部分以反射和对流的形式被传递到温室各维护面（包括墙体、屋顶及棚膜）的内表面，然后又由外表面以辐射和对流的方式把热量散失到空气中去。这样一个包括辐射＋对流→传导→辐射＋对流的失热过程，叫做“贯流放热”。

(3) 缝隙放热　有一部分热量还会通过温室的门窗、墙壁的缝隙、棚膜的孔隙，以对流的形式向室外传热，这叫做“缝隙放热”。

设施散热途经：经过覆盖材料的围护结构传热；通过缝隙漏风的换气传热；与土壤热交换的地中传热。

(三) 保温

设施保温原理：减少向设施内表面的对流传热和辐射传热；减少覆盖材料自身的热传导散热；减少设施外表面向大气的对流传热和辐射传热；减少覆盖面的漏风而引起的换气传热。

具体方法：增加保温覆盖的层数，采用隔热性能好的保温覆盖材料，以提高设施的气密性。

1. 减少贯流放热和通风换气量

温室大棚散热有3种途径：一是经过覆盖材料的围护结构传热；二是通过缝隙漏风的换气传热；三是与土壤热交换的地中传热。3种传热量分别占总散热量的70%~80%、10%~20%和10%以下。各种散热作用的结果，使单层不加温温室和塑料大棚的保温能力比较小。即使气密性很高的设施，其夜间气温最多也只比外界气温高2~3℃。在有风的晴夜，有时还会出现室内气温反而低于外界气温的逆温现象。

2. 多层覆盖保温

为提高塑料大棚的保温性能，可采用大棚内套小棚、小棚外套中棚、大棚两侧加草苫，以及固定式双层大棚、大棚内加活动式的保温幕等多层覆盖方法，有较明显的保温效果。

北方隆冬季节日光温室内作物行内覆盖地膜，行间再铺设碎秸秆、稻草等可以有效地保持地温，冬季晚间在草苫外加一层薄膜可以有效保持夜间的气温，同时又有防雨雪的作用。

3. 增大保温比

适当减低农业设施的高度，缩小夜间保护设施的散热面积，

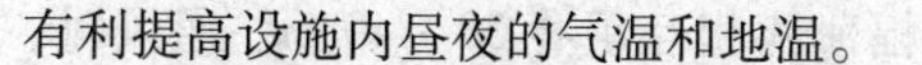

有利提高设施内昼夜的气温和地温。

4. 增大地表热流量

① 增大保护设施的透光率，使用透光率高的玻璃或薄膜，正确选择保护设施方位和屋面坡度，尽量减少建材的阴影，经常保持覆盖材料干洁。

② 减少土壤蒸发和作物蒸腾量，增加白天土壤贮存的热量，土壤表面不宜过湿，进行地面覆盖也是有效措施。

③ 设置防寒沟，防止地中热量横向流出。在设施周围挖一条宽30cm，深与当地冻土层相当的沟，沟中填入稻壳、蒿草等保温材料。

（四）加温

1. 设施加温

我国北方传统的大棚或温室，大多采用炉灶煤火加温，近年来大型连栋温室和花卉温室多采用锅炉水暖加温或地热水暖加温，也有采用热水或蒸汽转换成热风的采暖方式。

2. 临时加温

塑料大棚大多没有加温设备，少部分试用热风炉短期加温，对提早上市、提高产量和产值有明显效果。用液化石油气经燃烧炉的辐射加温方式，对大棚防御低温冻害也有显著效果。

用木炭、电力等临时加温措施，对大棚或日光温室生产抵御连续阴雨雪天气等低温自然灾害的作用十分明显，在北方广大农村应用比较普遍。

（五）降温

保护设施内降温最简单的途径是通风，但在温度过高，依靠自然通风不能满足作物生育的要求时，必须进行人工降温。

1. 通风

通风是设施内降温最简单的途径，方式包括以下3种。

（1）带状通风　又称扒缝放风。扣膜时预留一条可以开闭的通风带，覆膜时上下两幅薄膜相互重叠30～40cm。通风时，将上幅膜扒开，形成通风带。通风量可以通过扒缝的大小随意调整。

（2）筒状通风　又称烟囱式防风。在接近棚顶处开一排直径为30～40cm的圆形孔，然后黏合一些直径比开口稍大，长50～60cm的塑料筒，筒顶黏合上一个用8号线做成的带十字的铁丝圈。需大通风时，将筒口用竹竿支起，形成一个个烟囱状通风口；小通风时，筒口下垂；不通风时，筒口扭起。这种方法在温室冬季生产中排湿降温效果较好。

（3）底脚通风　多用于高温季节，将底脚围裙揭开，昼夜通风。

温室大棚通风降温需遵循以下原则。

① 逐渐加大通风量。通风时，不能一次开启全部通风口，而是先开1/3或1/2，过一段时间后再开启全部风口。可将温度计挂在设施内几个不同的位置，以决定不同位置通风量大小。

② 反复多次进行。高效节能日光温室冬季晴天12时至14时之间室内最高温度可以达到32℃以上，此时打开通风口。由于外界气温低，温室内外温差过大，常常是通风不足半小时，气温已下降至25℃以下，此时应立即关闭通风口，使温室贮热增温。当室内温度再次升到30℃左右时，重新放风排湿。这种通风管理应重复几次，使室内气温维持在23～25℃。由于反复多次的升温、放风、排湿，可有效地排除温室内的水气，二氧化碳气体得到多次补充，使室内温度维持在适宜温度的下限，并能有效地控制病害的发生和蔓延。遇多云天气，更要注意随时观察温度计，温度升高就通风，温度下降就闭风。否则，棚内作物极易受高温高湿危害。

③ 早晨揭苫后不宜立即放风排湿。冬季外界气温低时，早晨揭苫后，常看到温室内有大量水雾，若此时立即打开通风口排

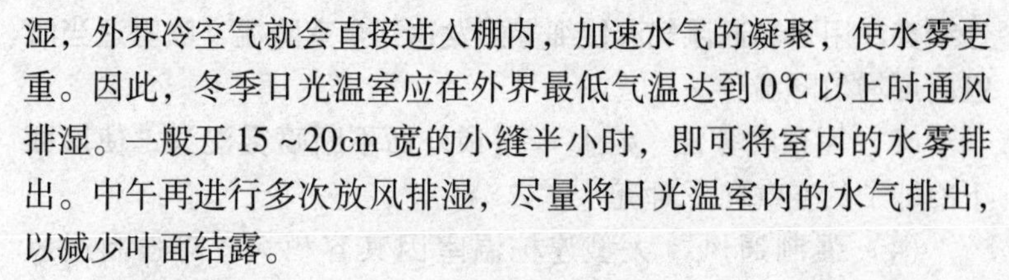

湿，外界冷空气就会直接进入棚内，加速水气的凝聚，使水雾更重。因此，冬季日光温室应在外界最低气温达到0℃以上时通风排湿。一般开15～20cm宽的小缝半小时，即可将室内的水雾排出。中午再进行多次放风排湿，尽量将日光温室内的水气排出，以减少叶面结露。

④ 低温季节不放底风。喜温蔬菜对底风（扫地风）非常敏感，低温季节生产原则上不放底风，以防冷害和病害的发生。

2. 遮光降温法

遮光20%～30%时，室温相应可降低4～6℃。在与温室大棚屋顶部相距40cm左右处张挂遮光幕，对温室降温很有效。遮光幕的质地以温度辐射率越小越好。考虑塑料制品的耐候性，一般塑料遮阳网都做成黑色或墨绿色，也有的做成银灰色。室内用的白色无纺布保温幕透光率70%左右，也可兼做遮光幕用，可降低棚温2～3℃。另外，也可以在屋顶表面及立面玻璃上喷涂白色遮光物，但遮光、降温效果略差。在室内挂遮光幕，降温效果比在室外差。

3. 屋面流水降温法

流水层可吸收投射到屋面的太阳辐射的8%左右，并能用水吸热来冷却屋面，室温可降低3～4℃。采用此方法时需考虑安装费和清除玻璃表面的水垢污染的问题。水质硬的地区需对水质做软化处理再用。

4. 蒸发冷却法

使空气先经过水的蒸发冷却降温后再送入室内，达到降温的目的。

（1）湿垫排风法　在温室进风口内设10cm厚的纸垫窗或棕毛垫窗，不断用水将其淋湿，温室另一端用排风扇抽风，使进入室内空气先通过湿垫窗被冷却再进入室内。

（2）细雾降温法　在室内高处喷以直径小于0.05mm的浮游

性细雾，用强制通风气流使细雾蒸发达到全室降温，喷雾适当时室内可均匀降温。

(3) 屋顶喷雾法　在整个屋顶外面不断喷雾湿润，使屋面下冷却了的空气向下对流。

(4) 强制通风　大型连栋温室因其容积大，需强制通风降温。

二、光照调控

(一) 设施内光照环境

正如人们所说的“万物生长靠太阳”，它精辟地阐明了光照对作物生长发育的重要性。植物的生命活动都与光照密不可分，因为其赖以生存的物质基础，是通过光合作用制造出来的。目前我国农业设施的类型中，塑料拱棚和日光温室是最主要的，约占设施栽培总面积的90%或更多。塑料拱棚和日光温室是以日光为唯一光源与热源的，所以光环境对设施农业生产的重要性是处在首位的。

1. 设施光照环境特点

(1) 光照度　设施内的光照度只有自然的70% ~80%。如采光设计不科学，透入的光量会更少，而薄膜用过一段时间后透光率降低，室内的光照强度将进一步减弱。设施内光照度的日变化和季节变化都与自然光照度的变化具有同步性。晴天的上午设施内光照度随太阳高度角的增加而增加，中午光照度最高，下午随太阳高度角的减少而降低，其曲线是对称的。但设施内的光照变化较室外平缓。

设施内光照度在空间上分布不均匀。在垂直方向上越靠近薄膜光照强度越强，向下递减，靠薄膜处相对光强为80%，距地面0.5 ~1.0m为60%，距地面20cm处只有55%。在水平方向上，南北延长的塑料大棚，上午东侧光照强度高，西侧低，下午

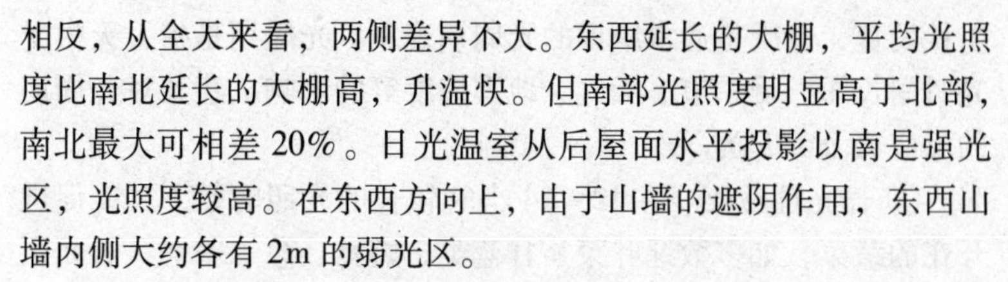

相反，从全天来看，两侧差异不大。东西延长的大棚，平均光照度比南北延长的大棚高，升温快。但南部光照度明显高于北部，南北最大可相差 20%。日光温室从后屋面水平投影以南是强光区，光照度较高。在东西方向上，由于山墙的遮阴作用，东西山墙内侧大约各有 2m 的弱光区。

（2）光照时数　设施内的光照时数主要受纬度、季节，天气情况及防寒保温的管理技术的影响。塑料拱棚为全透明设施，无草苫等外保温设备，见光时间与露地相同，没有调节光照时间长短的功能，而日光温室由于冬春覆盖草苫保温防寒，人为地缩短了日照时数。

（3）光质　即光谱组成。露地栽培阳光直接照在作物上，光的成分一致，不存在光质差异。而设施栽培中由于透明覆盖材料的光学特性，使进入设施内的光质发生变化。例如，玻璃能阻隔紫外线，对 5 000nm 和 9 000nm 的长波辐射透过率也较低。

2. 蔬菜设施的光环境对作物生育的影响

（1）作物对光照强度的要求　作物对光照的要求大致可分为阳性植物（又称喜光植物）、阴性植物和中性植物。

① 阳性植物。这类植物必须在完全的光照下生长，不能忍受长期荫蔽环境，一般原产于热带或高原阳面。如西瓜、甜瓜、番茄、茄子等都要求较强的光照，才能很好地生长。光照不足会严重影响产量和品质，特别是西瓜、甜瓜，含糖量会大大降低。

② 阴性植物。这类植物不耐较强的光照，遮阳下方能生长良好，不能忍受强烈的直射光线，它们多产于热带雨林或阴坡。如蔬菜中多数绿叶菜和葱蒜类比较耐弱光。

③ 中性植物。这类植物对光照强度的要求介于上述两者之间，一般喜欢阳光充足，但在微阴下生长也较好，如中光型的蔬菜有黄瓜、甜椒、甘蓝类、白菜、萝卜等。

（2）作物对光照时数的要求　光照时数的长短影响蔬菜的

生长发育，也就是通常所说的光周期现象。光周期是指1天中受光时间长短，受季节、天气、地理纬度等的影响。蔬菜对光周期的反应可分为3类。

① 长光性蔬菜。在12～14小时较长的光照时数下，能促进开花的蔬菜，如多数绿叶菜、甘蓝类、豌豆、葱、蒜等，若光照时数少于12～14小时，则不抽薹开花，这对设施栽培有利，因为绿叶菜类和葱蒜类的产品器官不是花或果实（豌豆除外）。

② 短光性蔬菜。当光照时数少于12～14小时能促进开花结实的蔬菜，为短光性蔬菜，如豇豆、茼蒿、扁豆、苋菜、蕹菜等。

③ 中光性蔬菜。对光照时数要求不严格，适应范围宽，如黄瓜、番茄、辣椒、菜豆等。需要说明的是短光性蔬菜，对光照时数的要求不是关键，而关键在于黑暗时间长短，对发育影响很大；而长光性蔬菜则相反，光照时数至关重要，黑暗时间不重要，甚至连续光照也不影响其开花结实。

设施栽培光照时数不足往往成为设施蔬菜栽培的限制因子。因为在高寒地区尽管光照强度能满足要求，但1天内光照时间太短，不能满足要求，一些果菜类若不进行补光就难以栽培成功。

(3) 光质及光分布对作物的影响　一年四季中，光的组成由于气候的改变有明显的变化。如紫外光的成分以夏季的阳光中最多，秋季次之，春季较少，冬季则最少。夏季阳光中紫外光的成分是冬季的20倍，而蓝紫光比冬季仅多4倍。因此，这种光质的变化可以影响到同一种植物不同生产季节的产量及品质。

光质还会影响蔬菜的品质，紫外光与维生素C的合成有关，玻璃温室栽培的番茄、黄瓜等其果实维生素C的含量往往没有露地栽培的高，就是因为玻璃阻隔紫外光的透过率，塑料薄膜温室的紫外光透光率就比较高。光质对设施栽培的园艺作物的果实着色有影响，颜色一般较露地栽培色淡，如茄子为淡紫色。番茄、

葡萄等也没有露地栽培风味好，味淡，口感不甜。例如，日光温室的葡萄、桃、塑料大棚的油桃等都比露地栽培的风味差，这与光质有密切关系。

（二）改善蔬菜设施光照环境的措施

由于蔬菜设施内光分布不如露地均匀，使得作物生长发育不能整齐一致。同一种类品种、同一生育阶段的园艺作物长得不整齐，既影响产量，成熟期也不一致。弱光区的产品品质差，且商品合格率降低，种种不利影响最终导致经济效益降低，因此设施栽培必须通过各种措施，尽量减轻光分布不均匀的负面效应。

蔬菜设施内对光照条件的要求：一是光照充足，二是光照分布均匀。从我国目前的国情出发，主要还依靠增强或减弱农业设施内的自然光照，适当进行补光，而发达国家补光已成为重要手段。

1. 改进农业设施结构提高透光率

（1）选择好适宜的建筑场地及合理建筑方位　选择四周无遮阳的场地建造温室大棚并计算好棚室前后左右间距，避免相互遮光。根据设施生产的季节，当地的自然环境，如地理纬度、海拔高度、主要风向、周边环境（有否建筑物、有否水面、地面平整与否等）。

（2）设计合理的屋面坡度　优化设计，合理布局，建造日光温室前进行科学的采光设计，确定最优的方位、前屋面采光角、后屋面仰角等与采光有关的设计参数。单栋温室主要设计好后屋面仰角、前屋面与地面交角、后坡长度，既保证透光率高也兼顾保温好。连接屋面温室屋面角要保证尽量多进光，还要防风、防雨（雪），使排雨（雪）水顺畅。

（3）合理的透明屋面形状　生产实践证明，拱圆形屋面采光效果好。

（4）骨架材料　在保证温室结构强度的前提下尽量用细材，

以减少骨架遮阳，梁柱等材料也应尽可能少用，如果是钢材骨架，可取消立柱，对改善光环境很有利。竹木结构日光温室骨架材料的遮阳面积占覆盖面积的15%～20%，钢架无柱日光温室建材强度高，截面小，是最理想的骨架材料。

（5）覆盖材料　选用透光率高且透光保持率高的透明覆盖材料，我国以塑料薄膜为主，应选用防雾滴且持效期长、耐候性强、耐老化性强等优质多功能薄膜、漫反射节能膜、防尘膜、光转换膜。大型连栋温室有条件的可选用PC板材。

2. 改进栽培管理措施

（1）保持透明屋面干洁　使塑料薄膜温室屋面的外表面少染尘，经常清扫以增加透光，内表面应通过放风等措施减少结露（水珠凝结），防止光的折射，提高透光率。

（2）增加光照时间和透光率　在保温前提下，尽可能早揭晚盖外保温和内保温覆盖物，增加光照时间。在阴雨雪天，也应揭开不透明的覆盖物，在确保防寒保温的前提下时间越长越好，以增加散射光的透光率。双层膜温室，可将内层改为白天能拉开的活动膜，以利光照。

（3）合理安排种植行向，合理密植　合理选择行向、合理密植目的是为减少作物间的遮阳，密度不可过大，否则作物在设施内会因高温、弱光发生徒长，作物行向以南北行向较好，没有死阴影。若是东西行向，则行距要加大，尤其是北方单栋温室更应注意行向。

（4）加强植株管理　黄瓜、番茄等高秧作物采用扩大行距，缩小株距的配置形式，改善行间的透光条件；及时整枝打杈，改插架为吊蔓，减少遮阳；必要时可利用高压水银灯、白炽灯、荧光灯、阳光灯等进行人工补光。及时整枝打杈，及时吊蔓或插架。进入盛产期时还应及时将下部老叶摘除，以防止上下叶片相互遮阳。

(5) 选用耐弱光的品种

(6) 温室后墙涂成白色或张挂反光幕，地面铺地膜　利用反射光改善温室后部和支柱下部的光照条件。

(7) 采用有色薄膜　人为地创造某种光质，以满足某种作物或某个发育时期对该光质的需要，获得高产、优质。但有色覆盖材料其透光率偏低，只有在光照充足的前提下改变光质才能收到较好的效果。

3. 人工补光

人工补光的目的有二：一是人工补充光照，用以满足作物光周期的需要，当黑夜过长而影响作物生育时，应进行补充光照。另外，为了抑制或促进花芽分化，也需要补充光照。这种补充光照要求的光照强度较低，称为低强度补光。另一目的是作为光合作用的能源，补充自然光的不足。据研究，当温室内床面上光照日总量小于 100W/m^2 时，或光照时数不足 4.5 小时/天时，就应进行人工补光。但这种补光要求的光照强度大，为 1 000 ~ 3 000 lx，所以成本较高，国内生产上很少采用，主要用于育种、育苗。

(三) 遮光

遮光主要有两个目的：一是减弱蔬菜设施内的光照强度；二是降低设施内的温度。初夏中午前后，光照过强，温度过高，超过作物光饱和点，对生育有影响时应进行遮光。蔬菜设施遮光 20% ~40% 能使室内温度下降 2 ~ 4℃；在育苗过程中移栽后为了促进缓苗，通常也需要进行遮光。遮光材料要求有一定的透光率、较高的反射率和较低的吸收率。

遮光方法有如下几种。

① 覆盖各种遮阳物，如遮阳网、无纺布、苇帘、竹帘等。

② 玻璃面或塑料薄膜上部涂白可遮光 50% ~55%，降低室温 3.5 ~5.0℃。

③ 屋面流水，可遮光25%，遮光对夏季炎热地区的蔬菜栽培以及花卉栽培尤为重要。

三、水分调控

设施内的湿度环境，包含空气湿度和土壤湿度两个方面。水是农业的命脉，也是植物体的主要组成成分，一般作物的含水量高达80%～95%，因此湿度环境的重要性更为突出。

（一）设施湿度环境特点

1. 空气湿度

设施内空间小，气流比较稳定，又是在密闭条件下，不容易与外界交流，因此空气相对湿度较高。相对湿度大时，叶片易结露，引起病害的发生和蔓延。因此，日光温室冬季蔬菜生产，需要解决如何降低空气湿度的问题。设施内相对湿度的变化与温度呈负相关，晴天白天随着温度升高相对湿度降低，夜间和阴雨雪天气随室内温度的降低而升高。空气湿度大小还与设施容积相关，设施空间大，空气相对湿度小些，但往往局部湿度差大，如边缘地方相对湿度的日平均值比中央高10%；反之，空间小，相对湿度大，而局部湿度差小。空间小的设施，空气湿度日变化剧烈，对作物生长不利，易引起萎蔫和叶面结露。从管理上来看，加温或通风换气后，相对湿度下降；灌水后相对湿度升高。

2. 土壤湿度

设施空间或地面有比较严密的覆盖材料，土壤耕作层不能依靠降水来补充水分，故土壤湿度只能由灌水量、土壤毛细管上升水量、土壤蒸发量及作物蒸腾量的大小来决定。与露地相比，设施内的土壤蒸发和植物蒸腾量小，故土壤湿度比露地大。蒸发和蒸腾产生的水气在薄膜内表面结露，顺着棚膜流向大棚两侧的前底脚，逐渐使棚中部干燥而两侧或前底脚土壤湿润，引起局部湿度差。

（二）土壤湿度的调控

设施生产的农产品特别是蔬菜产品大都是柔嫩多汁的器官，含水量在90%以上。水是绿色植物进行光合生产中最主要的原料，水也是植物原生质的主要成分，植物体内营养物质的运输要在水溶液中进行，根系吸收矿质营养也必需在土壤水分充足的环境下才能进行。

作物对水分的要求一方面取决于根系的强弱和吸水能力的大小；另一方面取决于植物叶片的组织和结构，后者直接关系到植物的蒸腾效率。蒸腾系数越大，所需水分越多。根据作物对水分的要求和吸收能力，可将其分为耐旱植物、湿生植物和中生植物。

1. 不同蔬菜作物对土壤湿度的要求

（1）耐旱植物　抗旱能力较强，能忍受较长期的空气和土壤干燥而继续生活。这类植物一般具有较强大的根系，叶片较小、革质化或较厚，具有贮水能力或叶表面有茸毛，气孔少并下陷，具有较高的渗透压等。因此，它们需水较少或吸收能力较强，如南瓜、西瓜、甜瓜耐旱能力均较强。

（2）湿生植物　这类植物的耐旱性较弱，生长期间要求有大量水分存在，或生长在水中。它们的根、茎、叶内有通气组织与外界通气，一般原产热带沼泽或阴湿地带，如蔬菜中的莲藕、菱、芡实、莼菜、慈姑、茭白、水芹、蒲菜、豆瓣菜和水蕹菜等。

（3）中生植物　这类植物对水分的要求属中等，既不耐旱，也不耐涝，一般旱地栽培要求经常保持土壤湿润。蔬菜中的茄果类、瓜类、豆类、根菜类、叶菜类、葱蒜类也属此类。

2. 土壤湿度调节与控制

设施内土壤湿度只能由灌水量、土壤毛细管上升水量、土壤蒸发量以及作物蒸腾量的大小来决定。土壤湿度的调控应当依据作物种类及生育期的需水量、体内水分状况、土壤质地和湿度以及天气状况而定。目前我国设施栽培的土壤湿度调控仍然依靠传统经验，主要凭人的观察感觉，调控技术的差异很大。随着设施园艺向现代化、工厂化方向发展，要求采用机械化自动化灌溉设备，根据作物各生育期需水量和土壤水分张力进行土壤湿度调控。

常用的灌溉方式有以下几种。

（1）喷灌　采用全园式喷头的喷灌设备，安装在温室或大棚顶部2.0～2.5m高处。也有的采用地面喷灌，即在水管上钻有小孔，在小孔处安装小喷嘴，使水能平行地喷洒到植物的上方。

（2）水龙浇水法　采用塑料薄膜滴灌带，成本较低，可以在每个畦上固定一条，每条上面每隔20～40cm有一对0.6mm的小孔，用低水压也能使20～30m长的畦灌水均匀。也可放在地膜下面，降低室内湿度。

（3）滴灌法　滴灌是通过安装在毛细管上的滴头把水一滴滴均匀而又缓慢地滴入植物根区附近的土壤中，借助于土壤毛细管力的作用，使水分在土壤中渗入和扩散，供植物根系吸收和利用。

（4）地下灌溉　地下灌溉是灌溉水借土壤下毛细管作用自下而上湿润土壤，达到灌溉作物目的的灌溉方法，也称渗灌。

（三）空气湿度的调节与控制

1. 降低空气湿度的方法

（1）通风换气降湿　设施内造成高湿原因是密闭所致。一般采用自然通风，调节风口大小、时间和位置，达到降低室内湿度的目的，但通风量不易掌握，而且室内降湿不均匀。在有条件时，可采用强制通风，可由风机功率和通风时间计算出通风量，而且便于控制。

（2）增温降湿　加温除湿是有效措施之一。湿度的控制既

要考虑作物的同化作用，又要注意病害发生和消长的临界湿度。保持叶片表面不结露，就可有效控制病害的发生和发展。

（3）覆盖地膜降湿　覆盖地膜即可减少由于地表蒸发所导致的空气相对湿度升高。据试验，覆膜前夜间空气湿度高达95%～100%，而覆膜后，则下降到75%～80%。

（4）科学灌水　采用滴灌或地中灌溉，根据作物需要来补充水分，同时灌水应在晴天的上午进行，或采取膜下灌溉等。

2. 增加空气湿度的方法

（1）喷雾加湿　喷雾器种类很多，可根据设施面积选择。

（2）湿帘加湿　主要是用来降温的，同时也可达到增加室内湿度的目的。

（3）温室内顶部安装喷雾系统　降温的同时可加湿。

四、气体调控

设施内的气体条件不如光照和温度条件那样直观地影响着园艺作物的生育，往往被人们所忽视。但随着设施内光照和温度条件的不断完善，保护设施内的气体成分和空气流动状况对园艺作物生育的影响逐渐引起人们的重视。设施内空气流动不但对温、湿度有调节作用，并且能够及时排出有害气体，同时补充二氧化碳，对增强作物光合作用，促进生育有重要意义。因此，为了提高作物的产量和品质，必须对设施环境中的气体成分及其浓度进行调控。

（一）设施气体环境特点

1. 二氧化碳浓度低

二氧化碳是绿色植物光合作用的主要原料，一般蔬菜作物的二氧化碳饱和点是0.1%～0.16%，而自然界中二氧化碳的浓度是0.03%，显然不能满足需求。但露地生产中从来表现不出二氧化碳不足现象，原因是空气流动，作物叶片周围的二氧化碳不断得到补充。设施生产是在封闭或半封闭条件下进行的，二氧化碳的主要来源是土壤微生物分解有机质和作物的呼吸作用。冬季很少通风，二氧化碳得不到补充，特别是上午随着光照强度的增加，温度升高，作物光合作用增强，二氧化碳浓度迅速下降，到10时左右二氧化碳浓度最低，造成作物的“生理饥饿”，严重地抑制了光合作用。

2. 易产生有害气体

设施生产中如管理不当，常发生多种有毒害气体，如氮气、二氧化氮等，这些气体主要来源于有机肥的分解、化肥挥发等。当有害气体积累到一定浓度，作物就会发生中毒症状，浓度过高会造成作物死亡，必须尽早采取预防措施加以防除。

（二）农业设施内的气体环境对作物生育的影响

1. 设施内有益气体

（1）氧气　作物生命活动需要氧气，尤其在夜间，呼吸作用则需要充足的氧气。地上部分的生长需氧来自空气，而地下部分根系的形成，特别是侧根及根毛的形成，需要土壤中有足够的氧气，否则根系会因为缺氧而窒息死亡。在蔬菜栽培中常因灌水太多或土壤板结，造成土壤中缺氧，引起根部危害。

（2）二氧化碳　二氧化碳是绿色植物进行光合作用的原料，因此是作物生命活动必不可少的。大气中二氧化碳含量约为0.03%，这个浓度并不能满足作物进行光合作用的需要，若能增加空气中的二氧化碳浓度，将会大大促进光合作用，从而大幅度提高产量。露地栽培难以进行气体施肥，而设施栽培因为空间有限，可以形成封闭状态，进行气体施肥并不困难。

2. 设施内有害气体

（1）氨气　氨气呈阳离子状态（$NH4^+$）时被土壤吸附，可被作物根系吸收利用，但当它以气体从叶片气孔进入植物时，就会发生危害。当设施内空气中氨气浓度达到0.005‰时，就会不

同程度地危害作物。氨气危害症状是：叶片呈水浸状，颜色变淡，逐步变白或变褐，继而枯死。一般发生在施肥后几天。番茄、黄瓜对氨气反应敏感。氨气是设施内肥料分解的产物，其危害主要是由气孔进入体内而产生的碱性损害。氨气的产生主要是施用未经腐熟的人粪尿、畜禽粪、饼肥等有机肥（特别是未经发酵的鸡粪），遇高温时分解发生。其次是追施化肥不当也能引起氨气危害，如在设施内应该禁用碳铵、氨水等，再其次是大量使用含硝铵的烟雾杀虫（菌）剂。

（2）二氧化氮　危害症状是：叶面上出现白斑，以后褪绿，浓度高时叶片叶脉也变白枯死。番茄、黄瓜、莴苣等对二氧化氮敏感。二氧化氮是施用过量的铵态氮而引起的。施入土壤中的铵态氮，在亚硝化细菌和硝化细菌作用下，要经历一个铵态氮→亚硝态氮→硝态氮的过程。在土壤酸化条件下，亚硝化细菌活动受抑，亚硝态氮不能转化为硝态氮，亚硝态酸积累而散发出二氧化氮，施入铵态氮越多，散发二氧化氮越多。当空气中二氧化氮浓度达0.002‰时可危害植株。

（3）二氧化硫　二氧化硫对作物的危害主要是由于二氧化硫遇水（或湿度高）时生产亚硫酸，亚硫酸是弱酸，能直接破坏作物的叶绿体，轻者组织失绿白化，重者组织灼伤，脱水，萎蔫枯死。设施中二氧化硫是由燃烧含硫量高的煤炭，滥用或大量使用含硫黄烟雾杀虫（菌）剂，燃烧产生二氧化硫。施用大量的肥料产生二氧化硫，如未经腐熟的粪便及饼肥等在分解过程中，也释放出多量的二氧化硫。

（4）乙烯和氯气　设施内乙烯和氯气的来源主要是使用有毒的农用塑料薄膜或塑料管。因为这些塑料制品选用的增塑剂、稳定剂不当，在阳光暴晒或高温下可挥发出如乙烯、氯气等有毒气体，危害作物生长。受害作物叶绿体解体变黄，重者叶缘或叶脉间变白枯死。

（三）农业设施内气体环境的调节与控制

1. 二氧化碳浓度的调节与控制

二氧化碳施肥的方法很多，可因地制宜地采用。

（1）有机肥发酵　肥源丰富，成本低，简单易行，但二氧化碳发生量集中，也不易掌握。

（2）液态二氧化碳　为酒精工业的副产品，经压缩装在钢瓶内，可直接在设施内释放，容易控制用量，肥源较多，节能环保。

（3）固态二氧化碳（干冰）　放在容器内，任其自身的扩散，可起到施肥的效果，但成本较高，适合于小面积试验用。

（4）化学反应法　采用碳酸盐或碳酸氢盐和强酸反应产生二氧化碳，我国目前应用此方法最多。现在国内浙江、山东有几个厂家生产的二氧化碳气体发生器都是利用化学反应法产生二氧化碳气体，已在生产上有较大面积的应用。

2. 预防有害气体

（1）合理施肥　设施内不施用挥发性强的碳酸氢铵、氨水等，少施或不施尿素、硫酸铵，可使用硝酸铵，要穴施、深施，不能撒施。施肥后要覆土、浇水，并进行通风换气。避免使用未充分腐熟的厩肥、粪肥，要施用完全腐熟的有机肥。施肥要做到基肥为主，追肥为辅。追肥要按“少施勤施”的原则。

（2）通风换气　每天应根据天气情况，及时通风换气，排除有害气体。

（3）加强田间管理　经常检查田间，发现植株出现中毒症状时，应立即找出病因，并采取针对性措施，同时加强中耕、施肥工作，促进受害植株恢复生长。

（4）其他措施　选用厂家信誉好、质量优的农膜、地膜进行设施栽培。应选用含硫量低的优质燃料进行加温，加温炉体和烟道要设计合理，保密性好。合理选择使用优质烟雾杀虫（菌）剂。

五、土壤改良和保护

土壤是作物赖以生存的基础，作物生长发育所需要的养分和水分，都需从土壤中获得，所以，农业设施内的土壤营养状况直接关系作物的产量和品质，是十分重要的环境条件。

（一）设施土壤环境特点

1. 土壤气体条件

土壤表层气体组成与大气基本相同，但二氧化碳浓度有时高达0.03%以上。这是由于根系呼吸和土壤微生物活动释放出二氧化碳造成的，土层越深，二氧化碳浓度越高。

2. 土壤的生物条件

土壤中存在着有害生物和有益生物，正常情况下这些生物在土壤中保持一定的平衡。但由于设施内的环境比较温暖湿润，为一些病虫害提供了越冬场所，导致设施内的病虫害较露地严重。

3. 土壤的营养条件

设施蔬菜栽培常常超量施入化肥，使得当季有相当数量的盐离子未被作物吸收而残留在耕层土壤中。再加上覆盖物的遮雨作用，土壤得不到雨水的淋溶，在蒸发力的作用下，使得设施内土壤水分总的运动趋势是由下向上，不但不能带走多盐分，还使内盐表聚。而露地土壤水分的趋势是由上向下，可溶性离子溶液大都随水下行，故表土内很少积累盐分。同时，施用氮肥过多，在土壤中残留量过大，造成土壤pH值降低，使土壤酸化。长年使用的温室大棚，土壤中氮、磷浓度过高，钾相对不足，钙、锰、锌也缺乏，对作物生长发育不利。

（二）设施土壤环境对作物生育的影响

1. 设施土壤环境恶化原因

蔬菜设施如温室和塑料拱棚内温度高，空气湿度大，气体流动性差，光照较弱，而作物种植茬次多，生长期长，故施肥量

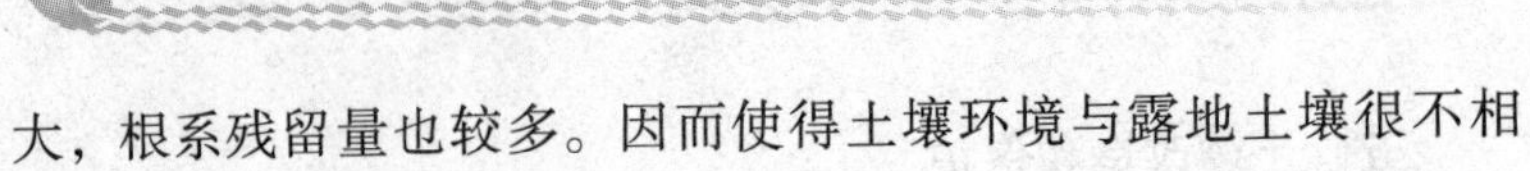

大，根系残留量也较多。因而使得土壤环境与露地土壤很不相同，影响设施作物的生育。

2. 设施土壤恶化类型与特点

（1）土壤盐渍化　土壤盐渍化是设施栽培的一种十分普遍现象，其危害极大，不仅会直接影响作物根系的生长，而且通过影响水分、矿物质元素的吸收、干扰植物体内正常生理代谢而间接地影响作物生长发育。土壤盐渍化是指土壤中由于盐类的聚集而引起土壤溶液浓度的提高，这些盐类随土壤蒸发而上升到土壤表面，从而在土壤表面聚集的现象。土壤盐渍化现象发生主要有以下两个原因。

① 设施内温度较高，土壤蒸发量大，盐分随水分的蒸发而上升到土壤表面；同时，由于设施长期覆盖薄膜，灌水量又少，加上土壤没有受到雨水的直接冲淋，于是，这些上升到土壤表面（或耕作层内）的盐分也就难以流失。

② 设施内作物的生长发育速度较快，为了满足作物生长发育对营养的要求，需要大量施肥。但由于土壤类型、土壤质地、土壤肥力以及作物生长发育对营养元素吸收的多样性、复杂性，很难掌握其适宜的肥料种类和数量，所以常常出现过量施肥的情况，没有被吸收利用的肥料残留在土壤中，时间一长就大量累积。

土壤盐渍化随着设施利用时间的延长而提高。肥料的成分对土壤中盐分的浓度影响较大，氯化钾、硝酸钾、硫酸铵等肥料易溶解于水，且不易被土壤吸附，从而使土壤溶液的浓度提高；过磷酸钙等不溶于水，但容易被土壤吸附，故对土壤溶液浓度影响不大。

3. 土壤酸化

由于任何一种作物其生长发育对土壤 pH 值都有一定的要求，土壤 pH 值的降低势必影响作物的生长；同时，土壤酸度的提高，还能制约根系对某些矿物质元素（磷、钙、镁等）的吸

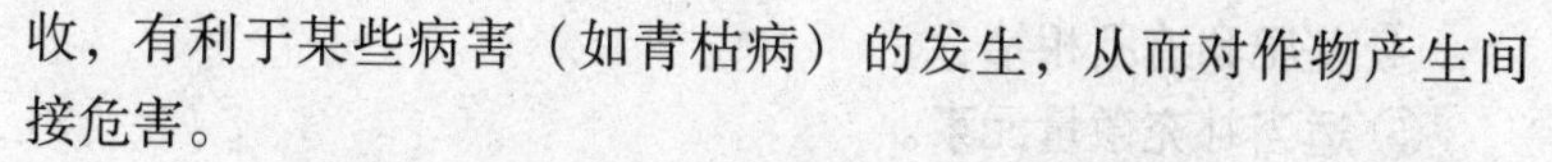

收，有利于某些病害（如青枯病）的发生，从而对作物产生间接危害。

由于化学肥料的大量施用，特别是氮肥的大量施用，使得土壤酸度增加。因为，氮肥在土壤中分解后产生硝酸留在土壤中，在缺乏淋洗条件的情况下，这些硝酸积累导致土壤酸化，降低土壤的 pH 值。

4. 连作障碍

设施中连作障碍是一个普遍存在的问题，主要表现在以下几方面。

（1）病虫害严重　设施连作后，由于其土壤理化性质的变化以及设施温湿度的特点，一些有益微生物（铵化菌、硝化菌等）的生长受到抑制，而一些有害微生物则迅速得到繁殖，土壤微生物的自然平衡遭到破坏，这样不仅导致肥料分解过程的障碍，而且病害加剧；同时，设施成了害虫越冬和活动场所，一些害虫基本无越冬现象，周年为害作物。

（2）有毒物质积累增加　根系生长过程中分泌的有毒物质得到积累，并进而影响作物的正常生长。

（3）土壤养分失衡　由于作物对土壤养分吸收的选择性，土壤中矿物质元素的平衡状态遭到破坏，容易出现缺素症状，影响产量和品质。

（三）农业设施土壤环境的调节与控制

1. 科学施肥

科学施肥是解决设施土壤盐渍化等问题的有效措施之一，具体的要点如下。

① 增施有机肥，提高土壤有机质的含量和保水保肥性能。

② 有机肥和化肥混合施用，氮、磷、钾合理配合。

③ 选用尿素、硝酸铵、磷铵、高效复合肥和颗粒状肥料，避免施用含硫、含氯的肥料。

④ 基肥和追肥相结合。

⑤ 适当补充微量元素。

2. 适度休闲养地

对于土壤盐渍化严重的设施，应当安排适当时间进行休耕，以改善土壤的理化性质。在冬闲时节深翻土壤，使其风化；夏闲时节深翻晒垡。

3. 灌水洗盐

一年中选择适宜的时间（最好是多雨季节），解除大棚顶膜，使土壤接受雨水的淋洗，将土壤表面或表土层内的盐分冲洗掉。必要时，可在设施内灌水洗盐。河南、山东等黄河中下游地区利用引黄灌淤压盐，改良土壤，也能收到良好效果。

4. 客土

对于土壤盐渍化严重或土壤传染病害严重的情况下，可采用更换客土的方法。当然，这种方法需要花费大量劳力，一般是在不得已的情况下使用，但在土壤盐渍化、土壤酸化、连作障碍比较严重的地区也是很有效的办法。

5. 合理轮作

轮作是一种科学的栽培制度，能够合理地利用土壤肥力，防治病、虫、杂草危害，改善土壤理化性质，使作物生长在良好的土壤环境中。可以将有同种严重病虫害的作物进行轮作，如马铃薯、黄瓜、生姜等需间隔2~3年，茄果类3~4年，西瓜、甜瓜5~6年；还可将深根性与浅根性及对养分要求差别较大的作物实行轮作，如消耗氮肥较多的叶菜类可与消耗磷钾肥较多的根、茎菜类轮作，根菜类、茄果类、豆类、瓜类（除黄瓜）等深根性蔬菜与叶菜类、葱蒜类等浅根性蔬菜轮作。

6. 土壤消毒

（1）药剂消毒　根据药剂的性质，有的灌入土壤，也有的洒在土壤表面。使用时应注意药品的特性，现举几种常用药剂为

例说明。

① 甲醛（40%）。40%甲醛也称福尔马林，广泛用于温室和苗床土壤及基质的消毒，使用的浓度50～100倍。使用时先将温室或苗床内土壤翻松，然后用喷雾器均匀喷洒在地面上再稍翻一下，使耕作层土壤都能沾着药液，并用塑料薄膜覆盖地面保持2天，使甲醛充分发挥杀菌作用以后揭膜，打开门窗，使甲醛散发出去，两周后才能使用。

② 氯化苦。主要用于防治土壤中的线虫，将床土堆成高30cm的长条，宽由覆盖薄膜的幅度而定，每30cm² 注入药剂3～5mL至地面下10cm处，之后用薄膜覆盖7天（夏）到10天（冬），以后将薄膜打开放风10天（夏）到30天（冬），待没有刺激性气味后再使用。该药剂对人体有毒，使用时要开窗，使用后密闭门窗保持室内高温，能提高药效，缩短消毒时间。

③ 硫黄粉。用于温室及床土消毒，消灭白粉病菌、红蜘蛛等。一般在播种前或定植前2～3天进行熏蒸，熏蒸时要关闭门窗，熏蒸一昼夜即可。

（2）蒸汽消毒　蒸汽消毒是土壤热处理消毒中最有效的方法，大多数土壤病原菌用60℃蒸汽消毒30分钟即可杀死，但对TMV（烟草花叶病毒）等病毒，需要90℃蒸汽消毒10分钟。多数杂草的种子，需要80℃左右的蒸汽消毒10分钟才能杀死。

第三节　设施蔬菜栽培茬口安排及立体栽培模式

一、设施蔬菜栽培茬口安排

（一）温室的茬次安排

1. 茬次安排的原则

日光温室种植作物和茬口安排的原则是需要和可能高度统

一。所谓可能，首先是所建日光温室创造的温光条件能够满足某些作物在特定生产时节的生育要求；其次是和生产者基本了解和掌握了有关生产技术；第三是有利于轮作倒茬和防病。所谓需要，一是市场需求，有稳定可靠的销售渠道；二是经济效益好，可使生产者获得比较满意的经济收入。

（1）根据设施条件安排作物和茬口　不同构型的日光温室具有不同的温光性能，同一构型的日光温室在不同地区其温光性能也不一样。按照已建日光温室在当地所能创造的温光条件安排种植作物和茬口，是取得栽培高效益的关键。温光条件优越的日光温室宜安排冬春茬喜温蔬菜生产；而对于那些结构不尽合理，室内最低气温经常低于8℃，且常有3℃以下的低温出现的日光温室，是不宜用来进行冬春茬黄瓜等喜温果菜生产的，而宜进行秋冬茬韭菜等耐寒叶菜、早春茬喜温果菜生产。

（2）根据市场安排作物和茬口　鲜菜生产是一项商品性极强的产业，其效益高低首先取决于市场需求。利用市场经济杠杆来调整种植结构，必须有市场停息和分析预测，不仅要看当地市场，还要看全国蔬菜大市场的趋向。市场的需求是多样的，但日光温室生产宜相对稳定和向区域化专业化发展，这样不仅有利于提高技术水平，而且产品更容易建立稳定可靠的销售渠道。所以具体到一村一户的生产安排，还应与区域性专业化生产相协调。

（3）有利于轮作倒茬　日光温室占地的相对稳定使连作障碍不可避免。在安排种植作物和接茬时，必须有利于轮作倒茬，对于那些忌连作的蔬菜，更需在茬口安排上给予重视。不仅同一种蔬菜连作有害，而且同一类、同一科的蔬菜连作也有害。葱蒜类蔬菜作前茬对于大多数果菜类来说都是有利的。

（4）要从稳产保收提高效益上安排作物和茬口　日光温室由于受外界自然条件的制约，容易受到自然灾害的影响。特别是在黄淮海地区的河南，冬季持续连阴天多，光照弱，还有倒春寒

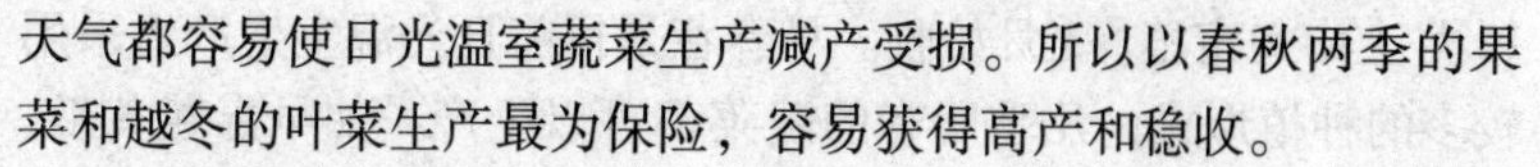

天气都容易使日光温室蔬菜生产减产受损。所以以春秋两季的果菜和越冬的叶菜生产最为保险，容易获得高产和稳收。

（5）要根据自己现有的生产技术和条件安排茬口　日光温室蔬菜生产是一种技术、劳力和资金密集型的产业，生产者的素质、技能和资金都有一定的要求。要根据自己的技术水平和资金投入能力来选择茬口和品种。技术高、资金足的农户可种植高档一些的品种和进行越冬栽培；技术水平较低、投入不足的农户可选择叶菜类进行生产，等积累了一定的技术和积蓄后再进行高效益的生产。

2. 茬口类型

目前日光温室的栽培季节主要在秋、冬、春三季，夏季多为休闲期。为了与其他设施和大田生产相区别，一般把这三茬分为秋冬茬、冬春茬和早春茬。区别这三茬的关键是看产品的上市时期。

（1）秋冬茬　一般是指夏末秋初（7～8 月）播种育苗，中秋（9～10 月）定植，秋末到初冬（11～12 月）开始收获，直到深冬的 1 月结束。主要茬口有秋冬黄瓜、番茄、甜（辣）椒、茄子、芹菜等。但也有春、夏育苗，秋末转入日光温室生产的。如春季或初夏播种的韭菜，夏季养苗，秋季养根，秋末转入日光温室生产。还有的是日光温室早春茬或露地早春栽培的茄子、甜（辣）椒等，在春夏季收获过产品后，把老株平茬再生，秋末转入日光温室栽培，成为越冬茬生产。

（2）冬春茬　也叫越冬一大茬生产。一般是夏末到中秋（9～10月）育苗，初冬定植到温室，冬季开始上市，一直连续收获到第二年的夏初。其收获期一般是 120～160 天。主要茬口有冬春茬黄瓜、番茄、茄子、甜（辣）椒、西葫芦等。这是目前日光温室蔬菜生产上难度比较大，但效益比较好的一茬。

（3）早春茬　一般是初冬（11 月至翌年 1 月）播种育苗，

12月上中旬定植，3月始收。早春茬是目前日光温室生产上采用较多的种植形式，几乎所有的蔬菜都可以生产，如早春茬黄瓜、番茄、茄子、甜（辣）椒、西葫芦、西瓜、洋香瓜、芹菜等。

3. 茬次安排

（1）冬春一大茬生产　冬春一大茬生产是近些年发展起来的一种种植制度，首先要求温室有良好的风光和保温能力，同时也要有配套的技术。目前，我国北方高效节能型日光温室以冬春一大茬生产为主。

（2）秋冬、早春两茬生产　秋冬、早春两茬生产是日光温室传统的接茬方式，它不仅能把各茬作物安排在相对比较有利的季节里生产，而且利用换茬，又可避开当地最寒冷的季节，使日光温室生产更加安全可靠。

（3）三茬生产或多茬生产　三茬生产多用于高寒地区秋冬茬芹菜，早春茬果菜，秋冬茬和早春茬之间插一茬青蒜生产。

有些日光温室种植速生叶菜，为了排开播种、均衡上市、分期采收，可能形成多茬次种植。

（4）日光温室空间的利用　日光温室是一项投资比较大的保护设施，充分利用温室空间，是进一步提高温室生产的社会效益和经济效益的有效途径。目前所见到利用方法有以下几种。

① 边角地利用。利用温室内未能种植主栽作物的边角地，特别是长后坡温室后坡下的空闲地带，种植耐阴耐寒叶菜、速生菜、囤韭菜生产等，都易获得成功。

② 空间利用。在不影响主栽作物采光的前提下，利用吊盆栽培草莓、吊育苗盘培育蔬菜子苗等，都可以充分利用温室空间。

③ 墙体利用。在土筑墙温室生产比较耐湿的蔬菜时，用充分发酵好的细碎农家肥掺土加工水和泥，并把菠菜籽等拌入，甩到室内墙壁上，不时用喷雾器以清水或化肥水喷洒，也能长成可

供食用的叶菜。

④ 行间利用。种植高棵蔬菜时，如黄瓜前期可在行间寄育子苗，爬半架以后，把菌丝体发育良好的平菇袋横摆到垄台上，利用其茎叶遮光和近地层的空气湿度，可比较正常地生产出平菇。一些农户在早春把小雏鸡放到温室里，利用温室里的高温条件满足育雏的需要，实现早育雏。但鸡粪易释放氨气，故养雏量不宜太多，雏鸡也不要养得太大。

⑤ 长短期间套作栽培。目前采用的是茄果类蔬菜秋冬茬与冬春一大茬间套作。方法是：对秋冬茬作物进行隔行矮化密植、整枝，令其于11月中旬结束，空出地后定植冬春一大茬。剩下一行秋冬茬于翌年1月中旬结束，而后将全部土地和空间转归冬春一大茬使用。

（二）塑料大棚主要茬口安排

1. 茬口安排的原则

① 要考虑不同蔬菜的生物学特性，如不要将喜冷凉的蔬菜放在夏季栽培，同种同科蔬菜不要在同一块地上长期连作等。

② 要考虑错开与露地蔬菜上市的时间，如果设施蔬菜的上市时间和露地蔬菜没有区别，则设施蔬菜种植的经济效益无法体现。

③ 要考虑蔬菜的经济价值，对于露地能够生产的产量高、价值低的蔬菜，如大白菜、包菜等，一般不用设施栽培。

④ 要根据市场价格的变化，判断哪些种类和蔬菜具有较高的经济价值，其最佳上市期如何，市场需求量有多大等因素，以此确定栽培蔬菜的种类和播种生产期。

⑤ 要考虑当地的气候条件和设施本身的特点，做到因地制宜，本地冬季阴雨天多，光照少，大棚不易进行越冬生产。

2. 茬口类型

（1）春提前　栽培的蔬菜以茄果类、瓜类和部分叶菜类蔬菜为主。茄果类蔬菜一般10月中下旬至11月上旬播种育苗，瓜类蔬菜12月中下旬至翌年1月上旬播种育苗，两类蔬菜都在2月中下旬定植，4月中下旬开始陆续收获。苋菜、茼蒿等叶菜1月上旬播种，2月上旬至3月上旬开始收获上市。

(2) 夏季防雨遮阳　主要是利用大棚的顶膜避雨，加盖遮阳网遮光降温，种植青菜等叶菜。

(3) 秋延迟　主要栽培番茄、大椒、茄子、黄瓜、西瓜、刀豆等喜温型蔬菜和茼蒿、芹菜喜冷凉的蔬菜。秋延迟的蔬菜播种期大多在7月上中旬，黄瓜、西瓜的播种期为8月上旬。

(4) 越冬栽培　越冬栽培是冬季寒冷季节在大棚内种植喜冷凉而且产值高的蔬菜，一般都是围绕春节上市，如苋菜、茼蒿、芹菜等，播种期在12月之前。

3. 茬次安排

① 春提前接秋延后一年两茬类型。

② 春提前接夏季叶菜（豆类）再接秋延后一年三茬类型。

③ 春提前接夏季小菜接耐寒越冬菜一年三茬类型。

二、设施蔬菜立体栽培模式及休闲期的利用

(一) 日光温室蔬菜立体栽培

在日光温室的同一地面上，根据不同蔬菜的形态特征，通过强化整枝，将不同种类或不同形态特征的蔬菜进行合理搭配，间作套种，立体种植，形成多层次的复合群体结构，可以达到增产增收的目的，其方法主要有以下几种。

1. 同种蔬菜高矮秧加行立体种植

这种种植方式主要适用于日光温室的越冬茬和冬春茬（早春茬），前后期蔬菜产品价格差别较大，前期产品价格高，但产量低，提高前期产量是提高该茬经济效益的重要环节。

(1) 黄瓜加行高矮秧密植立体种植　即在日光温室冬春茬

黄瓜常规栽培的基础上，以原栽培行为主栽行，在主栽行之间加行密植，矮化整枝，增加前期密度，提高前期产量。待附加行得到一定产量，并且群体叶面积已经达到一定数量时，可将附加行植株拔除，保证主行在适宜条件下生长。这种方法可使前期产量提高 50% ~ 80%，总产量增加 25% ~ 30%，产值增加 30% ~40%。

（2）番茄早、晚熟品种高矮秧加行立体种植　在日光温室冬春茬番茄栽培时，采用早、晚熟品种交错栽培，加行密植，以中、晚熟抗病高产品种为主栽行，选用早熟自封顶类型品种为加行。主栽行行距 1m，株距 30cm，每亩2 200株左右，加行在主栽行之间，位于主栽行一侧 40cm 处，株距 25cm，使每亩株数增加到5 000株左右。早熟品种留 2 穗果摘心，平均每株留 8 ~10 个果，于5 月上旬拔秧，晚熟品种留 6 ~7 穗果打顶，以保证后期产量。

（3）甜辣椒（辣椒或茄子）高矮秧加行立体种植　以晚熟品种做主栽行，以早熟品种做强化整枝加行。甜椒主栽行采用单行双株栽培，行距 60 ~ 70cm，穴距 25cm，每穴 2 株。加行在相邻两主栽行的中间，单株栽培，株距同主栽行。加行早熟品种留 3 ~5 个果，在结果处以上保留 2 片叶摘心，4 月上中旬拔秧。主栽行晚熟品种任其生长，一般可维持到 7 月中下旬。

2. 不同种类蔬菜高矮秧苗立体种植

根据不同蔬菜作物植株高矮和对温度、光照等的要求不同，把高秧与矮秧、喜光性与耐阴性的蔬菜作物通过间套作，交错种植，合理搭配，以达到立体高效栽培的目的。

（1）冬春黄瓜间作早熟春甘蓝、春生菜　将整的小畦做成垄，垄宽 60cm，上面定植两行黄瓜，品种用长春密刺等，株距 20cm，亩植4 000株左右，垄下做成 120cm 宽的平畦，植 3 行甘蓝或 4 行生菜，甘蓝选用中甘 11 号，生菜选用结球生菜。垄上黄瓜于元月中下旬定植，垄下叶菜于元月下旬到2月上旬定植，黄瓜于3月上旬始收，甘蓝或生菜于4月上中旬收获。

（2）冬春茬甜椒与春莴苣、夏豇豆间套作　春甜椒内间隔种春莴苣，莴苣收后种植豇豆，豇豆夏季为甜椒遮阳，形成豇豆、甜椒高矮秧间作。将温室内土地整成高垄宽80cm，平畦宽90cm的形式，在垄上定植2行甜椒，采用牟农一号或农大40等晚熟品种，双株定植，穴距20cm，每亩3 500穴，7 000株。在平畦内种植3行莴苣，株距30cm，每亩3 000株左右，于11月下旬育苗，元月中旬定植，可于3～4月收获。莴苣收后于4月中下旬在平畦内种2行豇豆，品种采用之豇28－2或上海47。豇豆甩蔓后搭“人”字架，豆角爬架后，在6～7月可为甜椒遮阳降温，有利于甜椒的越夏生长。

（3）冬春番茄间作矮生菜豆　两种蔬菜均采用1m宽的平畦，番茄每畦栽2行，株距20cm，每亩3 300株左右，矮生菜豆每畦3行，开穴点播，每穴2～3株，穴距30cm，每亩3 600穴左右。番茄采用中晚熟品种，菜豆选用法国地芸豆、沙克莎等。菜豆于元月上中旬播种，3月上旬收获，4月下旬拉秧。番茄于元月中下旬定植，4月上旬始收，6月中旬拉秧苗。

（4）佛手瓜和冬春茬蔬菜间作　近几年来，随着佛手瓜在北方种植面积的逐年扩大，各地都总结了佛手瓜间作蔬菜的经验，普遍收到良好的效果。利用佛手瓜上半年生长较慢，进入8月以后生长迅速，并且前期植株小，栽培密度稀（每亩15株左右）等特点，在日光温室冬春茬栽培时，将佛手瓜种植在温室前沿和立柱处，不影响春茬蔬菜的生长。到8月以后，佛手瓜秧苗迅速生长时，冬春茬蔬菜已收获完毕。这时让佛手瓜的秧蔓爬上温室骨架，不仅可以节约专门栽培佛手瓜的支架材料，而且由于佛手瓜秧蔓的遮阳，有利于棚内夏秋蔬菜的生长。

3. 菌、菜立体种植

根据食用菌和冬季蔬菜正常生长发育所需要的生态条件不同，通过间套作，将食用菌与各种蔬菜进行科学的搭配种植，达到改善生态环境，蔬菜不减产，增收一茬菇类，获得菇菜双丰收。

（1）利用冬春茬或越冬套种平菇　方法是在瓜秧蔓爬半架后，在“人”字架下放置已发好菌丝的平菇培养袋。每袋装培养料干重1.5~2.5kg，出菇率1∶(1.0~1.2)，每袋出菇2~3kg。也装入沟内，经接种后压实，一般每平米需配好的培养料20kg左右，菌种2kg左右。装好压实后，紧贴畦面覆盖地膜保温保湿，膜上盖草苫遮阳，防日晒，待菌丝布满畦面时（20~25天），加拱架改作小拱棚，上面盖苫遮阳，保持18℃左右的畦温，10天左右可见菌蕾，10天以后可开始采菇。第一批采收后，用消毒的铁钩去掉残留的菌柄和表面培养料，覆膜保湿。再经10天左右可长出第二批菇，一般可采收2~3批。也可在秋季高秧蔬菜田内种植平菇。

（2）利用温室后坡弱光区种植食用菌　日光温室后坡下形成的弱光区，特别是长后坡日光温室，弱光区域面积还较大，可在中柱处挂一反光幕，将光线反射到前排，幕后架床栽培平菇、草菇、银耳、灵芝等。

另外，还可利用后坡下靠近山墙等处的弱光区进行蒜黄生产，即挖一深60~70cm的沟，宽度、长度根据地势而定，沟内密排蒜头后，灌一水，并覆细沙，沟顶覆盖草苫。利用温室的温度，20天左右即可收获头刀，隔10余天又可收获二刀。一般500g蒜头可收获600g蒜黄。利用温室生产蒜黄是一项周期短、效益高的栽培方式。

（二）日光温室休闲期的利用

日光温室夏季，多在早春茬作物结束后大都是休闲的。因此，日光温室休闲期的开发利用意义很大。

1. 种植一茬露地菜

安排插入一茬露地菜生产需要注意两个问题，一是不能耽误秋冬或冬春茬生产；二是不对接茬作物产生不良影响，如在根结线虫病发生地区种植豆类作物会加重发病，茄果类蔬菜不宜连茬种植等。

2. 种养结合利用

目前提倡的是利用日光温室夏季休闲期养鱼，八须鲶鱼和白鲳要求高温，可忍受水中低氧条件，生长速度快，饲养粗放。冬春或早春作物收获后，在温室前堆砌一个1m高的临时墙，整平温室地面，铺衬一整块塑料薄膜（此膜用后还可用于温室生产），造成一个水深80～85cm的浅水池，即可放养八须鲶鱼和白鲳，饲养3～4个月，亩产鲶鱼可达2 500～5 000kg，白鲳1 000kg。

3. 利用休闲期消除土壤连作障碍

在连续进行生产的温室里，难免产生诸如土壤次生盐渍化、土传病虫源积累等土壤障碍，可以利用夏季休闲期消除土壤连作障碍。

（1）土壤积盐消除法　休闲期种植玉米，加大密度，长成后掩青，不仅生长期间可大量吸收固定土壤速效氮、磷，掩青腐烂分解中微生物活动又可进一步固定速效氮等矿物质养分，还能增强土壤的缓冲性能。另外，温室地块灌大水，使水渗入下层开沟排出，也是淋洗带走土壤积盐的一种有效方法。

（2）土传病虫源的处理　利用夏季休闲期的高温条件，在地面挖大沟，铺稻草，撒石灰，灌大水，覆严地膜，膜下可达50℃以上的高温，连续15～20天，可消除一部分或全部根结线虫、黄瓜枯萎病等顽固性土传病虫源。

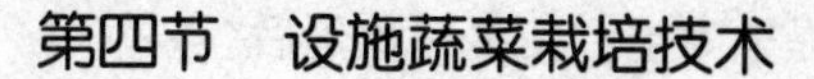

第四节　设施蔬菜栽培技术

一、黄瓜

（一）主要茬口

北方地区黄瓜设施栽培以日光温室栽培和塑料棚栽培为主，早春小拱棚栽培也比较普遍。因不同地区气候差异较大，不同地区、不同茬口的播种期又有差异，同一茬口的播种期也有一定的差异，播种期的确定应根据当地的气候条件、设施的保温性能以及市场供求情况而定。现以河南郑州为例介绍茬口安排，其他地方可灵活掌握。

1. 日光温室的茬口类型

（1）秋冬茬　栽培的目的在于延长供应期，解决冬季黄瓜供应问题，日光温室秋冬茬比大棚秋延后黄瓜供应期长 30～45 天。一般 8 月下旬至 9 月上旬播种，9 月下旬定植，10 月中旬始收，新年前后拉秧。

（2）冬春茬　栽培的目的进行反季节栽培，在于解决深秋季节供应问题，多于 9 月下旬至 10 月上旬播种，嫁接育苗，11 月初定植，12 月上中旬开始采收，6 月末至 7 月初采收结束。生育期由秋末开始，采收期跨越冬、春、夏三个季节，收获期长达 150～200 天，整个生育期长达 8 个月以上，是“三北”地区栽培面积较大、技术难度最大、效益最高的茬口。

（3）早春茬　栽培的目的在于春季提早上市，解决 3～4 月淡季问题。日光温室早春茬比大棚春早茬黄瓜提前 30 天左右。12 月中旬至翌年 1 月下旬在温室内地热线加营养钵育苗，一般不嫁接，2 月上中旬定植，3 月上中旬开始采收，7 月上旬拔秧。

2. 塑料棚栽培的茬口类型

主要以春提早为主，其次是秋延后。

（1）春提早栽培　一般在1月下旬至2月上旬，于温室地热线播种，营养钵育苗，3月中旬定植，4月中旬至7月中下旬供应市场。供应期可比露地提早30天左右。

（2）秋延后栽培　一般是7月上中旬至8月上旬直播或育苗，7月下旬至8月下旬定植，9月上旬至10月下旬供应市场。一般供应期可比露地延后30天左右。

3. 小拱棚早熟栽培

属于短期覆盖，一般在春季进行，可比露地黄瓜提早15天左右定植，缓苗后开始通风，覆盖约一个月以后，通过加大放风锻炼，逐步适应外部环境，然后撤棚插架。有时在未撤棚前即可开始采收，早熟效果超过地膜覆盖栽培。近年来采用地膜加小拱棚的双膜覆盖，或者地膜加小拱棚，再加草苫，早熟效果更好。

4. 北方保护地黄瓜生产周年茬口安排（表2－1）

表2－1　保护地生产周年茬口安排

茬次	播种期（旬/月）	采收期（天）	苗龄（旬/月）	定植期（旬/月）
大棚秋茬	中下/7	9—10	25	中/8
日光温室秋冬茬	8—9	30	9/10	10—2
日光温室冬茬	下/9—初/10（嫁接）	30	上旬/11	12—4
日光温室早春茬	中/1	35	中旬/2	3—7
大棚春茬	下/2	30	下旬/3	4—7

（二）塑料大棚春早熟栽培技术要点

塑料大棚春黄瓜可比露地春黄瓜提早定植1个月左右，比日光温室黄瓜早春栽培晚定植1～2个月。

1. 品种选择

选用耐寒性强、早熟性好、抗病、高产、优质的品种。据各地生产实践，可选用津春2号、津优30号等品种。

2. 培育适龄壮苗

因播种期早，为防治育苗期间发生冷害，一般应在日光温室内或采用电热温床进行育苗。其育苗方法与日光温室早春茬黄瓜育苗相同，苗龄宜大些，一般4～5片真叶时定植。由于大棚没有保温设备，温度变化幅度大，应加强幼苗锻炼，提高幼苗适应逆境能力。

3. 整地定植

为提高地温，可在黄瓜定植前一个月扣棚暖地。棚内土壤化冻后，进行深翻、整地、施基肥。结合整地每亩（1亩≈667m^2）施优质农家肥5 000kg，2/3翻地前撒施，使土壤和肥料充分混匀，1/3做畦后沟施，并增施三元复合肥25kg/亩，整地方式有两种。

（1）畦作　大棚水道在中间，水道两侧做成1m宽的畦，畦上覆膜。每畦栽单行者，在畦中央按株距17cm栽苗，每亩保苗3900株。或者隔畦栽双行，行距45cm，株距30cm，每亩保苗3 500株左右。空畦套种耐寒速生菜或为茄果类蔬菜早熟栽培育苗，以提高设施和土地利用率，增加前期产量和花色品种。

（2）垄作　按60cm行距开沟施基肥后，南北向起大垄。垄上按25cm株距定植，每亩栽苗4 000株。按照不同的栽培方式整地后覆地膜。选择晴天上午定植，定植时按株距在地膜上开穴，定植深度以苗坨面与畦面相平为宜，浇水定植，水量不宜过多，以免降低土壤温度。

4. 定植

塑料大棚定植前20～30天，应及早覆盖薄膜，密闭烤棚，以提高气温和地温。塑料大棚春黄瓜定植密度大，产量高，应重施底肥。为提高地温，加深耕层，一般采用垄栽，并覆盖地膜。定植期由于各地区的气候条件、扣棚早晚、品种、覆盖物的层次数等条件的差异而不同。当棚内10cm处的土壤温度稳定在10℃以上、夜间最低气温稳定在8～10℃即可定植。采用单层覆盖，一般东北北部及内蒙古地区，在4月中上旬定植；东北南部、华北及西北地区在3月中下旬定植；华北、华中地区在3月上中旬定植。采用双层覆盖，定植期可提早6～7天；多层覆盖可提早15～20天；有临时加温设施，定植期还可提前。

5. 定植后的管理

大棚春黄瓜定植后的管理可参照日光温室早春茬黄瓜栽培技术措施，根据黄瓜的具体要求来调整。

通过放风大小来调控大棚温湿度，遇到寒潮可在棚内挂二层幕或在棚外围底脚草苫保温。白天温度超过30℃放风，午后气温降到25℃以下闭风，夜间保持10～13℃。中后期外温较高，外温不低于15℃时昼夜通风。

通过合理肥水、植株调整、果实采收等手段调控营养生长与生殖生长关系，为了促进根系和瓜秧生长，12节以下的侧枝尽早打掉。12节以上的侧枝，叶腋有主蔓瓜的侧枝应打掉，叶腋无主蔓瓜的侧枝保留，结1～2条瓜，瓜前留2片叶摘心。植株长到25～30片叶时摘心，促进回头瓜、侧枝瓜的生长。采收初期，植株较矮，瓜数也少，通风量小，5～7天浇1次水，水量应稍小些。此期因外界温度低，浇水应在上午9时以前完成，随即闭棚升温，温度超过35℃防风排湿。进入结瓜盛期，植株蒸腾量较大，结瓜数多，一般3～5天浇1次水，浇水量也应增加，并要隔1水追1次肥，复合肥与发酵饼肥交替使用。浇水应在傍晚进行，以降低夜温，加大昼夜温差。盛果期每7～10天喷1次浓度为0.2%的磷酸二氢钾。

通过增施二氧化碳提高光合能力，提高植株自身抗性。采用

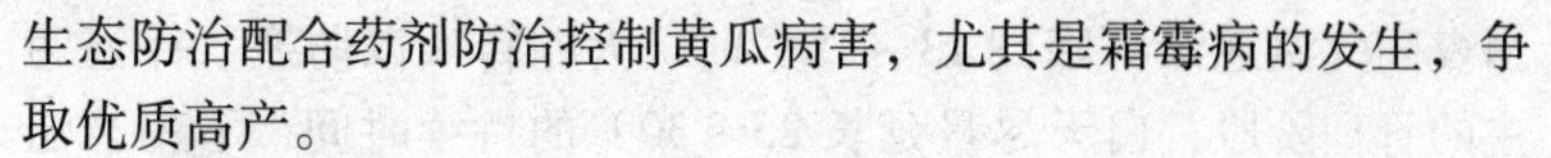

生态防治配合药剂防治控制黄瓜病害，尤其是霜霉病的发生，争取优质高产。

（三）塑料大棚秋延后栽培要点

1. 品种选择

选择适应性强、抗病的品种，既耐高温又耐低温。如近年来选育的适宜品种有津春5号、中农2号、4号等品种。

2. 适期播种

由于秋末气温下降快，为争取较长的适宜生长期，大棚秋黄瓜应尽早播种。但播种过早又会因前期温度高、光照强而造成病虫害发生严重。在考虑播种期时一般应保证黄瓜田间适宜生长期达90～100天。华北大部分地区播种期在7月末至8月初，9月下旬开始采收，采收期可持续到11月上旬。

北方塑料大棚秋延后栽培黄瓜多进行直播，播种出苗后要及时中耕、间苗、补苗，2片真叶展开时按株行距选留生长健壮、无病虫危害壮苗定苗，淘汰病、弱苗。定苗密度6 000株/亩，株行距（20～25）cm×（55～60）cm。也可采取育苗移植的方法，但苗龄要求不宜过大，当幼苗2～3片真叶展开时应及时定植。由于苗龄要求较小，一般以穴盘育苗为好。育苗床上面应搭遮阳防雨棚。

秋延后栽培苗期环境条件不利于雌花形成，使得植株第一雌花节位高、雌花节比例低，可在定植或定苗前后用100～150μL/L乙烯利溶液连续处理2次，既可促进雌花形成，又可防止徒长。

3. 播种或定植后的管理

（1）温度管理　大棚秋延后黄瓜生长前期正值高温、多雨、强光季节，故播种或定植后，大棚应及时覆盖薄膜，防止雨水冲刷，同时棚膜还可起到一定的遮阳降温作用。生长初期大棚应注意加强通风。除降雨天气外，大棚底风口和腰风口可昼夜通风。

当夜间气温逐渐下降到13～15℃时，大棚转入以防寒、保温为主的管理阶段，白天尽量延长25～30℃的持续时间，下午当温度降至20℃，要及时关闭风口，尽量使棚内夜间温度保持在15℃左右。

（2）肥水管理　播种后至出苗前，土壤和空气温度均较高，光照强，土壤水分蒸发量大，土壤易干燥板结，为保证出苗率应小水勤浇。出苗后适当控水、蹲苗，防止高温、高湿条件下幼苗徒长。根瓜坐住前后及时浇催瓜水，并随水冲施氮磷钾复合肥15kg/亩左右，至生长中期再追施复合肥1～2次。生长后期温度下降，水分消耗少，要减少浇水，可有效降低空气湿度，防止病害的发生。

4. 植株调整

根瓜坐住前摘掉植株下侧枝，进入结瓜期随着温度下降和光强减弱，一般不再形成侧枝。当主蔓生长到接近棚顶时要及时摘心，促进回头瓜的产生。

5. 采收

结果前期温度高，瓜条生长快，应勤采收；结瓜后期，市场黄瓜供应量较少，销售价格逐渐升高，在不影响商品质量的前提下，可适当延迟采收，提高经济效益。

（四）日光温室越冬茬栽培

日光温室黄瓜冬春一大茬生产是近些年发展起来的一种种植制度，这种种植制度首先要求温室有良好的风光和保温能力，同时也要有配套的技术。目前，我国北方高效节能型日光温室以冬春一大茬生产为主。

1. 品种选择

日光温室冬春茬黄瓜栽培，是设施黄瓜生产中栽培难度较大，经济效益较高的栽培型式。幼苗期在初冬度过，抽蔓期处于严寒冬季，1月开始采收，采收期跨越冬、春、夏三季，整个生育期达8个月以上。冬春茬期内将经历较长时间的低温弱光环境，生育期需要经历较长时期的低温弱光阶段，因此，必须选用耐低温、耐弱光、雌花节位低、节成性好、抗病性强、品质好、产量高的品种。目前，生产中北方地区仍以华北型密刺类品种为主，如津优2号、津优3号、津绿3号、津春3号、中农12号等。近年来，北欧型黄瓜如以色列的萨瑞格（HA－454）、荷兰的戴多星、美佳，我国研制的农大春光1号、中农19号等在温室黄瓜冬春茬生产中的面积也不断扩大。

2. 育苗

黄瓜设施栽培中，由于土壤常年连作，致使枯萎病、疫病等土传病害逐年加重，严重影响产量和效益。嫁接育苗是冬春茬高产栽培的主要技术措施之一，是防止土传病害、克服设施土壤连作障碍的最有效措施。此外，嫁接苗与自根苗相比，耐寒性和抗逆性增强，生长旺盛，产量增加，尤其是在日光温室冬春茬黄瓜栽培地温较低的情况下，增产效果突出。因此，黄瓜的设施栽培中广泛采用嫁接育苗，嫁接砧木应选择嫁接亲和力、共生亲和力、耐低温能力都较强，嫁接后生长出的黄瓜品质无异味的南瓜品种，当前生产中多采用黑籽南瓜作砧木，多采用靠接法和插接法。具体嫁接方法见有关章节。冬春茬黄瓜嫁接苗苗龄不宜太大，一般以3～4片叶、13～14m高、苗龄30～40天即可定植。

3. 整地定植

黄瓜不应与瓜类作物重茬，以防止枯萎病等土传病害发生。冬春茬黄瓜生育期较长，施足基肥是黄瓜高产的基础。定植前10～15天进行田间清理，重施有机肥。在一般土壤肥力水平下，每亩撒施优质腐熟农家肥5 000kg，2/3用于普施，而后深翻40cm，耙平后按行距开沟，沟内再集中施用剩余1/3基肥。增施有机肥可提高地温，促进根系生长，加强土壤养分供应，保证黄瓜在低温季节生长发育正常。日光温室冬春茬黄瓜宜采用南北行向、大小行地膜覆盖栽培。整地前按大行距 80cm，小行距 50cm 开施肥沟，逐沟灌水造底墒，水渗下后在大行间开沟，做成 80cm 宽，10～13cm 高的小高畦，畦间沟宽 50cm，可作为定植后生产管理的作业道。

选择具有充足阳光的晴天上午定植，以利于缓苗。定植时在小高畦上按行距 50cm 开两条定植沟，选整齐一致的秧苗，按平均株距 35cm 将苗托摆入沟中（南侧株距适当缩小，北侧株距适当加大），每亩栽苗 3 000～3 500 株。秧苗在沟中摆成一条线，高矮一致，株间点施磷酸二铵，每亩用量 25 kg，与土混拌均匀。苗摆好后，向沟内浇足定植水，水渗下后合垄。黄瓜栽苗深度以合垄后苗坨表面与地表面平齐为宜。栽苗过深，根系透气性差，地温低，黄瓜发根慢，不利于缓苗。尤其是嫁接苗定植时切不可埋过接口处，否则土壤内病菌易通过接触侵染接穗，并引起发病使嫁接失去应有效果。定植完毕后，在两行苗中间开个浅沟，用小木板把垄台、垄帮刮平，中间浅沟、深沟宽窄一致，以利于膜下灌水。定植后均采取地膜覆盖增温保墒，以降低温室内空气湿度，减轻霜霉病、灰霉病的为害。定植后可在行距 50cm 的两小行上覆地膜，在每株秧苗处开纵口，把秧苗引出膜外。

4. 定植后管理

（1）温度管理　定植后应密闭保温，尽量提高室内温湿度，以利于缓苗。一般以日温 25～28℃、夜温 13～15℃为宜，地温要尽量保持在 15℃以上。进入抽蔓期以后，应根据黄瓜一天中光合作用和生长重心的变化进行温度管理。

黄瓜上午光合作用比较旺盛，光合量占全天的 60%～70%，下午光合作用减弱，占全天 30%～40%。光合产物从午后 3～4 时开始向其他器官运输，养分运输的适温是 16～20℃，15℃以下停滞，所以前半夜温度不能过低。后半夜到揭草苫前应降低温度，抑制呼吸消耗，在 10～20℃范围内，温度越低，呼吸消耗

越小。因此，为了促进光合产物的运输，抑制养分消耗，增加产量，在温度管理上应适当加大昼夜温差，实行四段变温管理，即上午为26～28℃，下午逐渐降到20～22℃，前半夜再降低至15～17℃，后半夜降至10～12℃。白天超过30℃从顶部放风，下午逐渐降到20℃闭风，天气不好时可提早闭风，一般室温降到15℃时放草苫，遇到寒流可在17～18℃时放草苫。这样的管理有利于黄瓜雌花的形成，提高节成性。

从12月下旬到翌年1月上旬进入结瓜期，温室内应保持较高温度，白天温度超过32℃才开始放风，使室内较长时间保持在30℃左右。白天温度高，室内贮存热量多，有利于夜间保持较高温度，夜间温度应保持在10℃以上，最低不低于8℃。

2月下旬至3月初以后，外界气温逐渐回升，根据室内气温的变化，放风量应逐渐加大，晴天白天保持在27～30℃，夜间12～14℃，高温时放腰风，后期放底脚风。

进入盛果期后仍实行变温管理，由于这一时期（3月以后）日照时数增加，光照由弱转强，室温可适当提高，上午保持28～30℃，下午22～24℃，前半夜17～19℃，后半夜12～14℃。在生育后期应加强通风，避免室温过高。

5月中旬以后，夜间最低气温达到15℃以上时，应把温室前底脚薄膜打开，要昼夜通风。

冬季遇到长期阴天低温天气，昼夜温差很小，对黄瓜生长不利。遇到长时间阴天低温时，如白天气温低，昼夜温差小，应在白天临时升温至最低15～16℃，夜间最低温度保持在8～9℃，这样可以保持黄瓜缓慢生长。白天温度高时，更应该加大昼夜温差，以减少养分消耗，增加养分积累。阴雨低温天时，除临时加温外，应把大部分瓜摘掉，疏去部分雌花，抑制生殖生长，节约养分，维持最低营养生长能力。阴天转晴后，突然见光升温，会使叶片蒸发过大，而根部因受冻损伤，吸水能力下降，会使植株萎蔫死棵。应适当间隔揭苫，2～3 天后进入正常管理。

（2）光照调节　日光温室冬春茬黄瓜定植前期和结果初期正处于外界温度较低、光照较弱的时期，低温和弱光是黄瓜正常生长的限制因子。因此，冬春茬黄瓜光照调节的核心是增光补光，尽量延长光照时间，增加光照强度，以提高室内温度，促进植株的光合作用，使植株旺盛生长、结果，达到增产增收的目的。室内冬季光照调节的主要措施：选用长寿无滴、防雾功能膜，并经常清扫表面灰尘；在保证室内温度前提下尽量早揭、晚盖草苫；在北墙和两个山墙张挂镀铝反光膜，增强室内光强、改善光分布；栽培上采用地膜覆盖和膜下灌水技术，降低温室内湿度；采用宽窄行定植，及时去掉侧枝、病叶和老叶，改善行间和下部通风透光。

（3）水肥管理　定植后 3～5 天，发现水分不足应在膜下沟内灌一次缓苗水，水量要充足，并且要在晴天上午进行，避免严寒季节频繁浇水，降低地温。抽蔓期以保水保温、控秧促根为主要目标。如果定值水和缓苗水浇透，土壤不严重缺水，在根瓜形成前不追肥灌水，采用蹲苗的方式以促进根系发育。

冬春茬黄瓜的追肥灌水主要在结果期进行。当黄瓜大部分植株根瓜长到 15cm 左右时，进行第一次浇水追肥。应采用膜下沟灌或滴灌，以提高地温，降低空气湿度。结合浇水每亩施三元复合肥 15kg，施肥是将肥料溶于水中，然后随水灌入小行垄沟中，灌水后把地膜盖严。从采收初期至结果盛期一般 10～20 天灌 1 次水，隔 1 水追 1 次肥，磷酸二铵、硫酸钾和三元复合肥、饼肥、鸡粪等交替使用。进入结果盛期后，外温高，放风量大，土壤水分蒸发快，需 5～10 天灌 1 次水，10～15 天追 1 次肥。盛果期开始在明沟追肥，可先松土，然后灌水追肥，并与暗沟交替进行。叶面喷肥从定植至生产结束可每 15 天喷施 1 次，肥料可选用磷酸二氢钾及多种商品叶面肥。

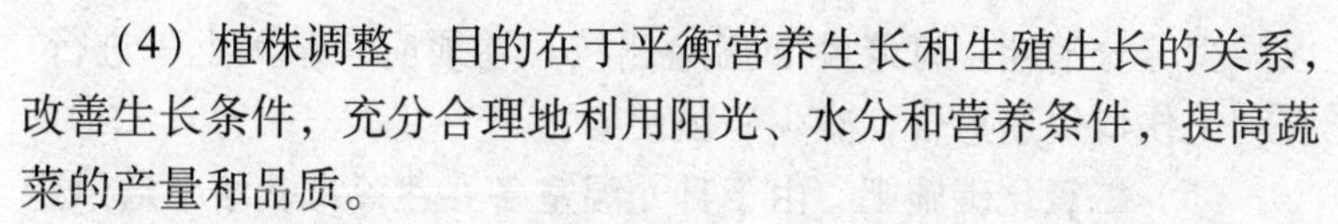

(4) 植株调整　目的在于平衡营养生长和生殖生长的关系，改善生长条件，充分合理地利用阳光、水分和营养条件，提高蔬菜的产量和品质。

黄瓜定植后生长迅速，需用尼龙绳吊蔓缠蔓，还要及时摘除侧枝、雄花、卷须和砧木发出的萌蘖。生长中后期，摘除植株底部的病叶、老叶，既能减少养分消耗，又有利于通风透光，还能减少病害发生和传播。日光温室冬春茬黄瓜以主蔓结瓜为主，整个生育期一般不摘心，主蔓可高达 5m 以上。因此在生长过程中，为改善室内的光照条件，可随下部果实的采收，随时落蔓，使植株高度始终保持 1.6m 左右。主要包括以下措施。

① 吊蔓。黄瓜日光温室栽培大多采用吊蔓的方式，通常在黄瓜顶部的拱架上南北向拉一道铁丝，将塑料绳的一端系在铁丝上，另一端系在黄瓜的下胚轴上，黄瓜 6 片叶左右不能直立生长时缠绕在吊绳上，缠绕工作应经常进行，不使茎蔓下垂。为了受光均匀，缠蔓时应使龙头处在南低北高的一条斜线上，个别生长势强的植株应弯曲缠在吊绳上。

② 落蔓和盘蔓。冬春茬黄瓜生长期长达 8 ~ 10 个月，茎蔓不断生长可长达 6 ~ 7m，一般生长过程中需要进行多次落蔓。落蔓前应摘除植株下部的老叶和病叶，以减少营养消耗和病害传播。落蔓时将功能叶保持在日光温室的最佳空间位置，以利光合作用。落蔓过程中要小心，不要折断茎蔓，落下的蔓盘卧在地膜上，注意避免与土壤接触。具体的方法是把拴在铁丝上尼龙吊蔓解开，使黄瓜龙头下落至一定的高度，再重新拴住，把落下的蔓一圈圈盘卧在地膜上。引蔓、落蔓、盘蔓宜在晴天午后比较合适，一是瓜蔓比较柔软，防止折断茎蔓；二是下午光合作用比上午弱些。

③ 打老叶、摘卷须和雄花。在缠蔓时，应摘除卷须、雄花以及砧木的萌蘖，同时，黄瓜植株上萌发的侧枝也应及时摘除，

以减少养分消耗。打老叶和摘除侧枝、卷须应在晴天上午进行，有利于伤口快速愈合，减少病菌侵染。

（5）二氧化碳施肥　由于日光温室冬春茬黄瓜栽培中通风量较小，室内光照强时（冬春季节上午11点至下午3点）二氧化碳严重亏缺，结果期施用二氧化碳气肥，使温室内二氧化碳浓度达1 000mL/m³，即可达到增产效果。结果期增施二氧化碳不仅可增产20%～25%，还可提高黄瓜品质，增强植株的抗病性。通常在日出后30分钟至换气前2～3小时内施二氧化碳气肥，晴天浓度为1 000～1 500μL/L，阴天浓度为500～1 000μL/L。施气体条件下，昼温、夜温、湿度等都要求正常管理，要防止低温、长期不通风、湿度过大、施肥过多等情况造成生长过旺。

（6）采收　根瓜应及早采收，特别是长势较弱的植株更应早采，以防坠秧。以后应根据植株生育和结瓜数量决定采收时期，如果植株生长旺盛，结果量较少，应适当延迟采收。采收最好在早晨进行，严格掌握采收标准。采下的黄瓜要整齐地摆放在纸箱内，遮光保湿。

5. 黄瓜常见生理障害

（1）黄瓜化瓜　即刚坐住的瓜纽和正在发育中的瓜条，生长停滞，由瓜尖至全瓜逐渐变黄、干枯。黄瓜化瓜的根本原因是小瓜在生长过程中没有得到足够的营养物质而停止发育。例如，植株营养生长过旺，养分就会大量向茎叶分配，造成瓜秧徒长而导致化瓜；黄瓜生长期地温过低，根系发育不良，吸收能力降低，瓜条营养供应不足也易化瓜；连续阴天，低温寡照，光合产物少易化瓜；下面不及时采收，造成果实间的养分争夺，会使上部的小瓜化掉；此外，花期喷药不当或有毒气体危害等原因，都会引起化瓜。防止化瓜的根本措施就是创造适宜黄瓜植株生长的环境，加强水肥管理，适时采收和疏花疏果，以减少小瓜同茎或其他果实间的养分竞争。

（2）花打顶　即黄瓜植株生长点不再向上生长，顶端出现雌雄花相间的花簇，不再有新枝和新梢长出，形成“自封顶”。黄瓜“花打顶”主要是昼夜温差过大造成的。低夜温、短日照、雌花过多，消耗大量营养物质，对营养生长产生抑制，出现“花打顶”现象。其次，地温偏低、土壤过干或过湿以及施肥过多引起烧根等原因造成黄瓜根系发育差，吸收能力弱，也易形成花打顶。防止“花打顶”首先应避免夜温过低，保证花芽分化阶段夜温不低于13℃，同时加强水肥管理，及时中耕松土，促进根系发育。对已出现花打顶的植株要及时采收商品瓜，并疏除一部分雌花。一般健壮植株每株留1～2个瓜，弱株上的瓜全部摘掉以抑制生殖生长，迫使养分向茎叶运输。

（3）畸形瓜　黄瓜的畸形瓜包括弯瓜、尖头瓜、大肚瓜、蜂腰瓜等非正常形状的瓜。形成畸形瓜的原因包括两方面：一是授粉不良，导致果实发育不均衡；二是植株中营养物质供应不足，干物质积累少，养分分配不均匀。生产中可通过花期人工授粉、放蜂授粉、结果期加大水肥供应等措施来减少畸形瓜的发生。

（4）苦味瓜　黄瓜设施栽培中，经常出现苦味瓜，苦味轻者食用略感发苦，重者失去食用价值。尤其食根瓜更易出现苦味瓜，瓜条苦味的直接原因是苦瓜素在瓜条中积累过多。生产中如偏施氮肥，土壤干旱、地温低造成根系发育不良，设施内温度过高导致植株营养失调以及品种的遗传特性等因素都易形成苦味瓜。生产中可通过选用不易产生苦瓜素的品种、配方施肥、及时灌水、勤中耕、合理通风降温等措施来减少苦味瓜的发生。

（五）日光温室水果黄瓜周年栽培

水果黄瓜又称迷你黄瓜、无刺黄瓜，与普通黄瓜相比，具有瓜条短小、瓜码密、结瓜多、无刺易清洗、口感清香脆嫩、风味独特，适于整条生食，具有清热利尿解毒之功效。所含有的丙二酸在人体中可抑制糖类物质变为脂肪，对身体过重或有肥胖倾向的人，有减肥和预防冠心病的功效。一般亩产5 000kg以上，高产者达10 000kg。

1. 品种选择

（1）以色列萨瑞格（HA－454）　适宜春、夏及早秋在大棚和温室里种植。植株生长中易于采摘和修剪。早熟、高产，采果期集中。果实表面轻度波纹，暗绿色，中等坚实。果长约15cm，圆柱形，轻微颈内缩整齐。抗白粉病。

（2）荷兰戴多星　适于冬春季在温室里种植。生长期长，开展度大，果实墨绿色，有棱，长16～18cm，果实味道好。抗黄瓜花叶病毒病和白粉病。

2. 茬口安排

以秋冬、冬春二茬种植为主。其中以春大棚产量最高，以日光温室秋冬茬供应元旦、春节装礼品箱的效益最好。

3. 栽培技术要点

（1）播种育苗　用55℃温水浸种25分钟（有包衣剂的种子，采用干籽直播的方法），用10cm×10cm的营养钵育苗，每钵播1粒种子，每亩用种量80g。育苗床要全封闭张挂防虫网、遮阳网，顶部覆盖防雨膜，以利防虫、防病、遮阳、降温、防暴雨。苗龄25～30天后定植。

（2）整地施基肥　定植前深翻30～40cm深，耙平，使土壤细碎、疏松。基肥以有机肥为主，亩施腐畜禽肥5 000～8 000kg，磷酸二铵30～40kg，硝酸钾30kg或草木灰50～100kg。

（3）做畦覆膜　畦面宽70～80cm，畦高15～20cm，畦沟宽50cm。有滴灌条件的，畦面铺二条滴灌管；没有滴灌的，畦中间开一条小沟，形成马鞍形，以便膜下暗灌。畦面上覆盖1m宽

的地膜。

（4）定植 幼苗2～3片真叶时定植。双行定植，株距35～40cm，每亩密度2 500～3 000株。

（5）温湿度管理 一般采用4段变温管理。缓苗期：白天25～28℃，夜间13～15℃；结瓜期：白天上午25～30℃，最高不超过33℃，湿度应保持在75%，下午20℃，湿度保持在70%左右；夜间温度前半夜15～18℃，后半夜10℃左右，夜间湿度为80%～90%。

冬季遇到长期阴天低温天气，昼夜温差很小，对黄瓜生长不利。一般昼夜温差以7～10℃为宜。遇到长时间阴天低温时，如白天气温低，昼夜温差小，应在白天临时升温至最低15～16℃，夜间最低温度保持在8～9℃，这样可以保持黄瓜缓慢生长。白天温度高时，更应该加大昼夜温差，以减少养分消耗，增加养分积累。阴雨低温天时，除临时加温外，应把大部分瓜摘掉，疏去部分雌花，抑制生殖生长，节约养分，维持最低营养生长能力。阴天转晴后，突然见光升温，会使叶片蒸发过大，而根部因受冻损伤，吸水能力下降，会使植株萎蔫死棵。应适当间隔揭苫，2～3天后进入正常管理。

（6）水肥管理 肥水用量按1亩计算，从定植到开花结果，为防止徒长，一般要控制浇水量，约每7天浇水一次，浇水量3～5方。在果实收获期间，每5～7天浇一次，浇水量5～8方。在温度较低的季节浇水次数和浇水量要相应减少，7～10天浇水一次，浇水量5方左右。采用灌沟浇水施肥时，坐果初期浇水一次，浇水量3～5方，随水冲施硝酸钾5kg，磷酸二铵5～8kg。采收期间每7～10天浇水冲肥一次，每次浇水量5～8方。随水冲施硝酸铵6kg，磷酸二铵3kg，硝酸钾8kg。

保护地生产周年茬口安排见表2-2，黄瓜滴灌推荐施肥方案见表2-3。

表 2-2　保护地生产周年茬口安排

茬次	播种期（旬/月）	苗龄（天）	定植期（旬/月）	采收期（月）
大棚秋茬	中下/7	25	中/8	9—10
日光温室秋冬茬	8—9	30	9/10	10—2
日光温室冬茬	下/9—初/10（嫁接）	30	上旬/11	12—4
日光温室早春茬	中/1	35	中旬/2	3—7
大棚春茬	下/2	30	下旬/3	4—7

表 2-3　黄瓜滴灌推荐施肥方案（每亩产量按 10 000kg 计算）

生长期	各生长期养分需要比例	养分需求量（g/天）	推荐用肥（g/天）		
	$N:P_2O_5:K_2O$	$N:P_2O_5:K_2O$	钾宝	磷酸一铵	硝酸铵
定植后	1:1:1	67:67:67	147	107	100
营养生长—开花	2:1:2	133:67:133	300	107	240
开花—坐果	5:2:7	167:67:233	500	107	260
坐果—收获	7:2:9	23:67:300	667	107	440

（7）植株调整

① 吊蔓。黄瓜开始伸蔓时，应及时吊蔓绕秧苗。吊线每株一根，上端固定在铁丝上，下端固定在滴灌管上或固定在地上横拉的线上。尽量避免拴在黄瓜的茎上，防止伤根茎。

② 整枝打杈。无刺黄瓜的结果习性非常好，主蔓每节都可以结两个左右的瓜，每节还可以伸出 2 个左右的侧蔓，其上也可结 1 ~2 个瓜。为减少郁闭和保证瓜果周正，每节不能留瓜很多，多余的瓜要及早摘除，只留 1 ~2 个商品性好的瓜。

③ 留瓜。为使根充分生长发育，开始 2 ~ 3 节一般不留瓜，提前摘除幼瓜。尤其冬季种植无刺黄瓜，如果栽培条件好，长势强的植株可隔 1 ~2 个节位留 2 个瓜，长势弱的植株应少留瓜。

4. 采收

无刺黄瓜长到 15 ~ 18cm 时，应及早采摘，以防坠秧。果实经擦洗后，装在透明的小盒包装，供应宾馆、超市或装礼品箱。

二、西葫芦

（一）主要茬口

西葫芦设施栽培茬口与黄瓜相似，但生产上主要以早熟栽培和越冬栽培面积最大。西葫芦适于各种形式的设施栽培，以春夏早熟栽培为主。日光温室栽培西葫芦主要有两种茬口，一种是冬春茬栽培，另一种是早春茬栽培。其中日光温室冬春茬生产生长期长、产量高、效益好，已在北方大面积推广；塑料大棚西葫芦以提早茬为主；小拱棚栽培面积也在扩大。北方设施西葫芦栽培茬口主要如下。

1. 大棚春季早熟栽培

以豫北为例，一般 1 月中下旬于温室或阳畦播种育苗，3 月上旬定植，4 月上旬至 6 月中旬采收，采收期 80 ~ 100 天。

2. 日光温室早春茬栽培

一般 12 月中下旬至翌年 1 月下旬于日光温室内电热温床育苗，2 月初定植，3 月上中旬至 5 月下旬采收，采收期 90 天左右。

3. 日光温室早春茬栽培

一般 9 月下旬至 10 月初于日光温室播种，嫁接育苗，10 月末至 11 月初定植，11 月下旬至 5 月中下旬采收，采收期 210 天左右。河南、山东农民在实践生产中为了延长日光温室的生产时间，提高效益，弥补西葫芦怕热罢园早的不足。西葫芦越冬栽培时多与苦瓜间作，即西葫芦与苦瓜同时播种，同时定植，分期上市。定植时每7行西葫芦栽1行苦瓜。冬季、春季以西葫芦生产为主，夏季以苦瓜为主，是一个高产高效立体种植的技术。

4. 小拱棚早春栽培

一般多于2月中下旬日光温室内电热温床加营养钵育苗，3月下旬定植，4月中旬至6月初采收。

（二）塑料大棚春早熟栽培

1. 品种选择

西葫芦早熟栽培的苗期和生育前期在寒冷季节，故应选择耐寒性强、早熟、丰产、品种好的品种。目前生产上常用的品种有：早青、潍早1号、纤手等，作为特菜栽培的香蕉西葫芦也有一定栽培面积。

2. 培育壮苗

西葫芦多于温室或阳畦内、电热温床营养钵育苗，白天温度20～25℃，夜间10～15℃，地温15～20℃。一般苗龄30～40天左右，苗高8～10cm，具3～4片真叶即可定植。每亩用种量250～300g。

3. 定植

定植前15～20天将大棚覆盖好，扣严薄膜，尽量提高棚内地温。定植前结合深翻，每亩施入腐熟的有机肥料3 000～5 000 kg，同时混入40～50kg过磷酸钙或20kg复合肥料。翻后整平耙细，做成平畦。当设施内的地温稳定在8～10℃以上、夜间最低气温不低于8℃时，即可定植。可用单行定植，亦可用宽窄行定植，一般株行距为（45～50）cm×（80～100）cm，每亩1 500～2 000株为宜。

4. 定植后的管理

（1）温度　西葫芦是喜温蔬菜，不耐霜冻，早熟栽培初期外界气温较低，故管理的重点是防寒保温，避免0℃的低温出

现，保持适温以利生长发育。缓苗期不通风，白天保持 25～30℃，夜间 15～20℃。缓苗后逐渐通风降低温度，白天保持20～25℃，夜间 15℃以上。进入结果期适当提高温度，白天 25～28℃，夜间 15～18℃。当外界白天气温达 20℃以上时，白天全天通风，只进行夜间覆盖。当夜间最低气温稳定在 13℃以上时，可撤掉所有保护设施。

（2）水肥管理　定植时浇透定植水、缓苗水，中耕松土进行蹲苗。此期温度较低，应多次进行中耕，中耕可由浅而深，每 5～7 天一次，到根瓜采收时，一般中耕 4～5 次。蹲苗后结合浇第一水，可随水冲施稀粪尿，每亩 300～500kg，以促进植株生长和根瓜膨大。根瓜膨大期和开花结瓜期应加大浇水量和增加浇水次数，保持土壤见干见湿，一般 2～5 天浇一次水。待撤去覆盖物处于露地条件后，应增加浇水次数。早熟栽培西葫芦每 10～15 天追一次肥，共追 3～4 次，每次每亩施用复合肥 15～20kg，结果盛期每 7～10 天可根外追施 0.1%～0.2% 的磷酸二氢钾液。

（3）植株调整　早熟栽培西葫芦有些品种基部易产生侧枝，应及时摘除，生长过程中多余的雄花、畸形瓜及枯老病叶也应及早摘除。

（4）保花保果　西葫芦不具单性结实特性，开花期必须经授粉受精或激素处理后才能坐瓜。早熟栽培早期外界气温尚低，昆虫很少，加上设施密闭，不易接受昆虫传粉。因此，雌花开花后必须每天进行人工授粉，授粉应在早晨揭苫后进行。方法是摘下雄花，去掉花瓣，用雄蕊花药涂抹雌蕊柱头，这样 1 朵雄花可为 3 朵雌花授粉。

利用激素处理也是保花保果的有效措施，目前生产上多采用 2，4-D 处理技术。处理时间一般在早晨 8～9 时，2,4-D 使用浓度应根据栽培季节的不同有所区别。据试验，冬季低温季节浓度为 80～100mL/L，春季为 25～40 mL/L。处理方法是每天早晨揭苫后，用毛笔蘸上配好的2,4-D溶液，涂抹在刚开放的雌花花柱和花瓣基部。为了防止重复处理，在2,4-D溶液中加入红色。生产实践证明，单纯用激素处理，不如授粉又用激素处理效果好。

5. 采收

西葫芦主要以嫩瓜供食，应适时早采，以促进后续坐瓜和果实生长。一般根瓜0.25～0.5kg即应采摘，结果中后期单瓜重0.5～1.0kg时采摘，后期食用老瓜重1.0～2.0kg时采摘。

（三）日光温室越冬茬栽培

1. 品种选择

目前西葫芦设施栽培普遍采用早青一代，此外，佳米兰、太阳9795、玉葫等国外引进的新品种应用较多。金皮西葫芦、飞碟瓜、蔓生型的金丝瓜等变种作为特种蔬菜在设施内种植也较多。

2. 育苗

日光温室冬春茬西葫芦可于10月上中旬在温室或小拱棚内育苗，种子催芽后直接播于营养钵内，每钵一粒。苗期注意控制浇水，防止夜温过高，避免幼苗徒长。当苗龄达30～35天，幼苗三叶一心时即可定植。为提高植株的抗逆性，增加产量，西葫芦设施栽培也可采用嫁接育苗，以黑籽南瓜为砧木，嫁接方法可参照黄瓜嫁接育苗。

3. 整地定植

① 选择3年内未种过瓜类的温室，定植前对温室土壤和空间进行熏蒸消毒。结合整地，每亩土地施入优质农家肥5 000kg，过磷酸钙30kg，耙细搂平，按大行距80cm、小行距50cm起垄，垄高10～15cm。

② 日光温室冬春茬西葫芦定植时已进入初冬，气温变化异常，因此定植要选择晴天的上午，在垄上开沟，按株距45cm摆苗，培少量土。株间点施磷酸二铵，每亩用量为25kg，肥土混拌

后浇定植水。水要浇足，等水渗透后合垄，并用小木板把垄台刮平，再覆地膜。每亩栽苗2 000株左右。

4. 定植后管理

（1）促进缓苗、早成雌花为主　缓苗前，气温白天25～30℃，夜间17～18℃，缓苗后白天20～25℃，夜间10～12℃。

（2）多通风，降低温湿度　缓苗后日温应控制在20℃左右，最高不超过25℃；夜间温度前半夜为13～15℃，后半夜为10～11℃，最低为8℃，以促进根系发育，控制地上部徒长。温度高，特别是高夜温，浇水过早过多是西葫芦前期徒长、结果晚的主要原因。定植后合理调控温度是早期丰产的基础，也是壮秧丰产的前提，必须严格温度管理规程，根据长势调节温度。温度表现的形态指标：温度适宜时，展开叶的叶柄与地面之间的夹角为45～60°；温度过高时，叶片上冲，基部叶柄与地面夹角大于60°；温度低时夹角小于30°，夜温过低。

（3）及时去掉雄花和侧枝　进入结瓜期后，为促进果实生长，日温应提高到25～28℃，夜温15～18℃。冬季低温弱光期间，采用低温管理，日温保持23～25℃，夜温保持10～12℃，以提高弱光下的净光合率。严冬过后，光照强度增加，可把温室恢复到正常管理状态。外界最低温度稳定在12℃以上时，应昼夜通风，以加大昼夜温差，减少呼吸消耗，增加养分的积累。

（4）光照管理　冬春茬西葫芦定植后，正处在光照最弱的季节，光合作用强度较低，影响物质积累，因此，光照调节原则是增光补光。具体措施可参照黄瓜冬春茬栽培。此外，还可以通过适当稀植、吊蔓等方法减少植株间相互遮阳，改善光照条件。

（5）及时吊蔓　西葫芦节间极短，随着叶片数的增多，植株不能直立而匍匐于地面生长，影响通风透光。因此，在植株长到8～9片叶时可开始吊蔓。方法是：将尼龙绳上端固定在拱架上，下端拴小木棍插入土中，将西葫芦的茎缠绕在线绳上，使其直立生长。吊蔓可以改善通风条件，防病效果好。要及时上蔓，上蔓要坚持头正、蔓直叶舒展的原则。缠蔓时要注意不能将线绳缠绕在小瓜上，同时随着缠蔓，调整植株叶柄的方向，使每个植株的每张叶片都能充分接受阳光。

（6）保花保果　西葫芦无单性结实能力，日光温室冬春茬栽培温度低，雄花少，花粉少，又缺乏昆虫传粉，如不采取人工授粉或生长调节剂处理，会造成大量化瓜，影响产量。人工授粉宜在上午8～10时进行，此时温湿度适宜，花粉成熟，授粉受精效果好。摘取开放的雄花，集中在一起，去掉花瓣，用雄蕊花药涂抹雌蕊柱头，这样一朵雄花可为3朵雌花授粉。如人工授粉不能满足需要，可使用20～30mg/L的防落素蘸花或涂抹花柱基部。为防止重复处理，应在生长调节剂中加些染料作为标记，如再加入0.1%的50%速克灵可湿性粉剂，保果的同时还能预防灰霉病。

（7）水肥管理　西葫芦定植初期，需水量不多，在浇足定植水的基础上，缓苗期间一般不浇水。但如果定植期较早，外界环境条件较好时，可浇1次缓苗水。以后直到根瓜坐住前不再浇水。此时主要是促根控秧，使根系向土壤深层扎，以抵抗不良环境条件。

当根瓜长至10cm，开始膨大时，浇1次水，并随水追施硫酸铵15kg。浇水时间要选择在晴天的上午。此时，植株的营养体较小，外温较低，温室的通风量小，所以在始瓜期浇水不宜过勤，一般每10～15天浇一次，且每次浇水都要进行膜下暗灌。以后进入盛果期后，叶片的蒸腾量加大，植株和瓜条生长速度较快，此时随着外温的升高，透风量加大，要加强水肥管理，每5～7天浇1次水，隔1水追1次肥。有机肥和化肥交替使用，每次每亩施入硫酸铵10kg、硫酸钾10kg或腐熟饼肥50kg。每次采收前2～3天浇水，采收后3～4天内不浇水，有利于控秧促瓜。

西葫芦施肥灌水形态指标：施肥和灌水可以依据叶柄长度与叶片最大长度之比来确定。当叶柄长：叶片长约等于1：1.2时，肥水管理正常；如果叶柄长：叶片长大于1：1.2时，肥水过小，需要加大肥水数量；反之，叶柄长：叶片长小于1：1.2，叶柄长度大于叶片长度时，肥水过大，应当控肥控水。西葫芦后期易早衰，中后期以防脱肥、防早衰、防病为主，打掉病叶，适当加大肥水，可以视具体情况多施叶面肥和营养剂。

5. 采收

西葫芦以嫩瓜为产品，宜早采，雌花开放后10～15天，单果质量达250～300g时即可采收，尤其是金皮西葫芦，延迟采收会影响果实的商品性。采收最好在早晨进行，此时温度低，空气湿度大，果实中含水量高，容易保持鲜嫩。采收后逐个用软纸包好装箱，短期存放1～2天也不影响质量。

三、番茄

番茄起源于南美洲的秘鲁、厄瓜多尔和玻利亚等地，属茄科番茄属。它是以成熟的浆果为产品的草本植物。番茄营养丰富，在我国设施栽培面积很大。

（一）主要茬口（表2－4）

表2－4　北方地区设施番茄栽培茬次

茬次	播种期（旬/月）	定植期（旬/月）	采收期（旬/月）	备注
小拱棚春早熟	下/12至上/1	下/2至中/3	下/4	温室内双膜覆盖育苗
塑料大棚春早熟	中下/1	上中/3	上/5	早春温室育苗
塑料大棚秋延后	中/7	上/8	上/10	遮阳育苗
日光温室秋冬茬	上/8	中/9	上中/12	
日光温室冬春茬	上/9至上/10	上/11至上/12	上/1至6	温室育苗
日光温室早春茬	上/12	上/2至上/3	上/4至上/7	双膜覆盖育苗

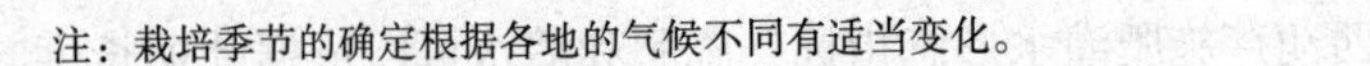

注：栽培季节的确定根据各地的气候不同有适当变化。

（二）早春小拱棚栽培

1. 选择适宜品种

小拱棚空间小，保温性能有限，温度变化幅度大。北方早春气温不稳定，天气多变，地温较低。针对这些特点，小拱棚早春番茄栽培品种多选用早熟、耐寒、丰产、品质较好的有限生长类型品种，目前使用比较多的有早丰 3 号、早粉 2 号、鲁粉 2 号、西粉 3 号、苏粉 1 号等。

（1）鲁粉 2 号　是山东省农科院蔬菜研究所新近培育的番茄一代杂种，属有限生长类型。株型紧凑，株高 50 ~ 60cm。生长势中等偏弱，保护地栽培时生长势稍强。果实圆形，粉红色，果面光滑，果肉较厚，酸甜适中，品质好。平均单果重 125g 左右。鲁粉 2 号较抗叶霉病、早疫病、病毒病等病害，比较耐低温弱光照。

（2）鲁番茄 4 号　是山东省农科院蔬菜研究所新近育成的早熟番茄一代杂种，属有限生长类型。株型较紧凑，株高 60 ~ 70cm，生长势中等。果实高圆形，粉红色，平均单果重 130g 左右，果肉厚，果味酸甜适中，品质优良。该品种较抗叶霉病、早疫病、病毒病等病害，较早熟。

（3）早丰　是西安市蔬菜研究所育成的番茄一代杂种，属有限生长类型。植株生长势较强，株高 60 ~ 70cm。果实圆形、红色，单果重 125g 左右。早丰较耐寒，抗病毒病，不易裂果，早熟丰产。

（4）苏粉 1 号　是江苏省农科院蔬菜研究所育成的番茄一代杂种，属有限生长类型。植株生长势较强，株高 70 ~ 80cm，主茎 2 ~ 3 穗果封顶。果实圆形，粉红色，果面光滑，果肉较厚，单果重 125g 以上，品质比较好。苏粉 1 号耐寒，抗病毒病，早

期产量高，商品性好。

（5）西粉3号　是西安市蔬菜研究所育成的一代杂种，属有限生长类型。植株生长势中等，株高50～60cm。果实较大，圆整，粉红色，品质好。西粉3号抗病、早熟、丰产。

2. 培育适龄壮苗

培育适龄壮苗是番茄早熟、丰产的重要基础。一般在12月下旬至翌年1月上旬进行播种，以60～70天的育苗天数为宜。番茄的壮苗标准：苗高15～20cm，具6～8片真叶，叶片大而厚，叶色浓绿，茎粗壮，节间短，无病虫和机械损伤，第一花序普遍现蕾，根系发达，须根多，呈白色。

（1）种子处理　播种前把晾晒过的种子用温汤浸种的方法进行处理。浸泡8～10小时后，把种子捞出，用清水淘洗一至两次，用纱布或毛巾包好，放在25～30℃下催芽。每天用清水冲洗一次，经过3～5天即可出齐播种。

（2）播种　育苗采用日光温室或大棚内套小拱棚进行。每平方米播种床用种15～20g。播种前在床面洒水，水渗下后在床土上撒一薄层细土，将种子均匀地撒在床面上，然后盖过筛细土1～1.2cm。播后覆盖薄膜保湿，小棚盖严薄膜，夜间覆盖草帘保温防寒。

（3）播后管理　种子出苗期间应保持适宜的温度，白天26～28℃，夜间20℃以上。幼苗出土后就要给以充足的光照，并适当降低温度，特别是夜间温度，以免形成“高脚苗”。此时白天保持22～26℃，夜间13～14℃。

（4）齐苗至分苗前的管理　从齐苗到幼苗长有2片真叶这一阶段的白天超过25℃时应当通风。当幼苗具有2片真叶就应分苗，分苗前要进行炼苗，白天温度可降至20～22℃，夜间10℃左右。3～4天后，就可选晴天分苗了。

（5）分苗至定植前的管理　分苗可以采用营养钵或营养土

方的方法。分苗后应提高床温，白天25～28℃，夜间13～15℃，少放风，促进发根缓苗。缓苗后到幼苗长有5～6片叶这一期间，白天20～25℃，夜间10～12℃，要适量通风，使幼苗健壮生长。土壤发干时要适量喷水，此期应保持土壤水分供应，防止缺水。定植前7天左右开始炼苗。

3. 定植

当棚内10cm地温稳定在8℃以上时定植。定植时应选择无风晴朗天气进行。一般行距50～60cm，株距20～23cm，每亩栽4 500～5 000株。定植深度以地面与子叶相平为宜，定植后立即插好拱架，盖上棚膜。

4. 田间管理

（1）温度管理　定植后为促进缓苗，应密闭小棚，提高棚温和地温，使白天温度达32℃，夜间温度达到15℃。缓苗后，适当降低棚温，白天保持25～28℃，不宜超过30℃，午后要早闭棚保温。当白天气温达到20℃以上时，可以揭开棚膜使秧苗充分见光，接触外界的环境，夜温高于10～12℃时，可以不再盖膜，直至晚霜结束后。当日平均温度稳定到18℃以上则可以撤除棚膜，转入露地生长。

（2）水肥管理　番茄植株大，结果多，根系吸收能力强，需水较多。缓苗后7～10天结合浇水追施一次催苗肥，每亩追施稀粪500kg，并进行蹲苗。当第一穗果开始膨大时，结合浇水每亩追施尿素15～20kg。第一穗果发白转红，第二穗果膨大时，施第二次肥，每亩追施尿素10kg，以后每隔5～7天浇一次水。采收2～3次，可追一次肥，追肥灌水要均匀，否则，易出现空洞果或脐腐病。在盛果期，还可进行叶面喷施0.2%～0.3%磷酸二氢钾或1.0%的尿素，防止早衰。

（3）植株调整　蹲苗结束后，应及时插架，采取“人”字架，插后及时绑蔓，松紧要适度。番茄分枝力强，几乎叶叶有

杈，应及时整枝打小杈。当第三穗花开时，应在上面留 2～3 片叶，早摘心减少养分消耗，促果实膨大早熟。第一、第二穗果采收后，把下部老化黄叶打掉。为了防止落花，除加强管理外，可在每天上午 8～9 时，对将开的花和刚开的花，用 15～20mg/kg 的 2,4-D 蘸花，或用 30～40mg/kg 的番茄灵喷花，使用时要严格掌握浓度和方法。为了提早上市增加收入，可在果实由绿变白时，用 1 000mg/kg 乙烯利涂果，促果早红。

5. 防治病虫害

番茄苗期，如湿度较大，地温较低，易发生猝倒病，所以在苗期要加强光照，提高地温并适当放风，一旦发病可用 75% 百菌清 1 000倍液防治。

（三）塑料大棚春早熟栽培

1. 品种选择

宜选择耐低温、抗病、高产优质的品种，如合作 903、佳粉 10 号、毛粉 802、中杂 4 号、中杂 9 号、粉王、嘉美、粉秀 1516、邢冠一号等品种。

（1）合作 903　是由上海市农业科技人员育成的中早熟杂交一代新品种。属有限生长类型，植株长势旺盛。成熟果大红，高圆球形，果肉厚，果皮坚韧、光滑，不易裂果，耐贮藏、耐运输，口感好，商品性极强。该品种适应性强，耐高温、干旱，抗病毒病，春秋两季均可栽培。

（2）毛粉 802　西安市蔬菜研究所育成的一代杂种。属无限生长类型，生长势强，50% 的植株有长而密的白色茸毛，50% 为普通植株。第一花序着生于 9～10 节。结果集中，果实大而圆，粉红色，有绿色果肩，脐小，皮厚，不易裂果，晚熟，维生素 C 含量高，品质佳，风味好，丰产潜力大。抗烟草花叶病毒病，耐黄瓜花叶病毒病和早疫病。

（3）中杂 9 号　由中国农业科学院蔬菜花卉研究所育成，属无限生长类型。生长势强，叶量较小，每序坐果4~6个。果实有绿果肩，果形圆正，畸形果、裂果少，果色粉红，单果重160~200g。中早熟，抗病毒病和叶霉病。我国大部分地区均可种植，适于露地种植，也可在春大棚种植。

(4) 邢冠一号　一代杂交种，早熟、丰产、抗病、适应性广、耐贮运。果实高圆形，果色粉红，果形大，果皮厚，肉质密，无绿肩，高抗番茄花叶病毒，中抗黄瓜花叶病毒，高抗叶霉病、灰霉病，早晚疫病发病率低，耐热、耐湿、耐低温性强。适合日光温室、大中棚春提早、秋延后栽培和春露地栽培。

2. 培育壮苗

播前用温汤浸种的方法对种子进行处理，在病毒病发病严重的地区还可以用10%磷酸三钠浸种15~20分钟，捞出洗净后继续用温水浸种4~6小时，将种子捞出，用清水反复搓洗几次，直到种皮上绒毛全部搓掉为止。然后将种子用纱布包裹放在28~30℃下催芽，经3~5天，胚根露出即可播种。采用多层覆盖的，1月中下旬播种，播种方法和播后管理参考早春小拱棚栽培。

3. 定植

定植前1个月扣棚或秋季扣棚。翻地晒土后每亩施用优质腐熟的有机肥5 000kg，豆饼100kg，过磷酸钙25kg，氯化钾15kg。土肥混匀后，翻耕作高畦，采用双行栽培，及时铺上地膜。当大棚内10cm地温稳定在10℃左右，夜间棚内最低气温不低于5℃时才可定植。华北地区定植在3月上中旬，东北地区定植在4月上中旬。定植过早，地温较低，幼苗生长缓慢，影响早熟。定植时选冷尾暖头晴天定植，最好用稀粪水定植，每亩栽3 500株左右，定植深度以子叶平地为宜。

4. 定植后的管理

缓苗期白天28~30℃，夜间12℃以上，生长期白天25~28℃，夜间10℃左右。缓苗期要保湿，以后要通风，降低棚内

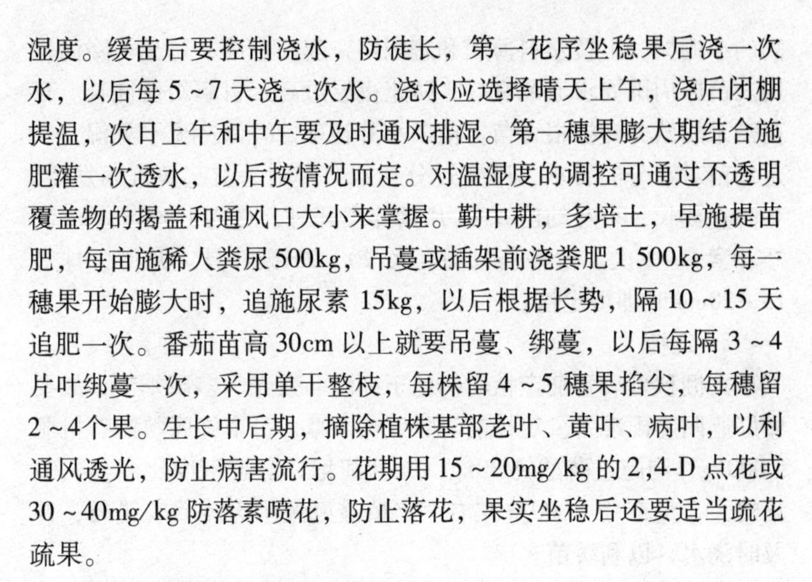

湿度。缓苗后要控制浇水，防徒长，第一花序坐稳果后浇一次水，以后每5~7天浇一次水。浇水应选择晴天上午，浇后闭棚提温，次日上午和中午要及时通风排湿。第一穗果膨大期结合施肥灌一次透水，以后按情况而定。对温湿度的调控可通过不透明覆盖物的揭盖和通风口大小来掌握。勤中耕，多培土，早施提苗肥，每亩施稀人粪尿500kg，吊蔓或插架前浇粪肥1 500kg，每一穗果开始膨大时，追施尿素15kg，以后根据长势，隔10~15天追肥一次。番茄苗高30cm以上就要吊蔓、绑蔓，以后每隔3~4片叶绑蔓一次，采用单干整枝，每株留4~5穗果掐尖，每穗留2~4个果。生长中后期，摘除植株基部老叶、黄叶、病叶，以利通风透光，防止病害流行。花期用15~20mg/kg的2,4-D点花或30~40mg/kg防落素喷花，防止落花，果实坐稳后还要适当疏花疏果。

（四）塑料大棚秋延后栽培

塑料大棚秋延后番茄栽培，生育前期高温多雨，病毒病等病害较重，生育后期温度逐渐下降，光照减弱，果实发育缓慢，部分绿熟果实不能充分成熟，必须经过贮藏，容易受到低温霜冻的危害，因此需要防寒保温，防止冻害。

1. 选择适宜品种

大棚秋番茄是夏播秋收栽培，应选择适应性较强、抗病、丰产、耐贮藏的品种。目前生产上常用品种有：合作906、特罗皮克、佛罗雷德、佳粉1号、佳红、强丰、毛粉802、郑州853、河南5号、双抗2号、中蔬5号等。

2. 播种育苗

种子处理同春早熟栽培。大棚秋番茄的适宜播期应根据当地早霜来临时间确定，一般以霜前110天为播种适期。东北以6月中下旬为宜，北京地区以7月上旬为宜，河南、山东等地以7月中下旬为宜。苗床应设在地势较高且干燥的地方，四周搭起1m

高的小棚架，上覆塑料薄膜和遮阳网，起到避雨、遮光、降温作用。苗床周围要求通风良好，防止夜温过高，引起幼苗徒长。育苗需采用营养钵护根育苗。苗期水分管理始终保持见干见湿，满足幼苗对水分的要求，不要过分控水，否则易引起病毒病发生。为防止徒长，可在幼苗2～3片真叶展开时，喷施1 000mg/kg的矮壮素1～2次。秋番茄日历苗龄20～25天，具4片叶，株高15～20cm时即可定植。

3. 定植

大棚秋延后番茄定植时仍处于高温、强光、多雨季节，故要做好遮阳防雨准备。定植前清除残株杂草，每亩施腐熟的有机肥5 000kg，沟施过磷酸钙30kg，深翻细耙。定植密度比春早熟栽培略大，每亩栽4 000株左右。定植最好选阴天或傍晚进行，并及时浇水，以利缓苗。

4. 定植后的管理

（1）温度调节　定植后要加强通风、降温。雨天盖严棚膜，防雨淋。随着外界温度降低，应逐渐减少通风量和通风时间，当外界最低气温降到15℃以下时，白天放风，晚上闭棚。当外界气温降至10℃以下时，关闭风口，注意保温。

（2）水肥管理　定植水浇足后，及时中耕松土，不旱不浇水，进行蹲苗。第一穗果达核桃大小时，每亩随水冲施磷酸二铵15kg，硫酸钾10kg，同时叶面喷施0.3%磷酸二氢钾；以后每隔7～10天浇一次水，15天左右追1次肥。前期浇水可在傍晚时进行，有利于加大昼夜温差，防止植株徒长。

（3）植株调整　秋延后番茄前期生长速度快，需及时吊蔓、绑蔓。发现植株有徒长现象时，可喷施1 000mg/kg的矮壮素，7天左右喷1次，可有效控制茎叶徒长。秋延后番茄采用单干整枝方式，留3穗果后摘心，同春番茄一样需要保花保果。生长过程中发现病毒病、晚疫病植株及时拔除，并用肥皂水洗手后再进行

整枝打杈等田间作业。

5. 果实的采收和贮藏

大棚秋延后番茄果实转色以后要陆续采收上市，当棚内温度下降到2℃时，要全部采收，进行贮藏。未熟果用纸箱装起来，置于10～13℃，空气相对湿度70～80%条件下贮藏，每周翻动一次，并挑选红果上市。

6. 病虫害防治

前期病毒病较重，后期叶霉病、早疫病、晚疫病等病害较重。以预防为主，于发病前或发病初期，施用20%病毒A 500倍液、20%抗枯宁800倍液、50%多菌灵500～700倍液、70%甲基托布津800～1 000倍液、70%代森锰锌500～600倍液、75%百菌清500～600倍液防治，每隔7～10天用药1次，可选择2～3种药对症交替施用。虫害主要是蚜虫，用10%散装吡虫林可湿性粉剂，防治有特效。

（五）日光温室越冬茬栽培

一般8月上中旬播种，9月上中旬定植，12月中下旬开始采收至翌年7月上旬。

1. 品种选择

选用无限生长类型，耐寒性强、生长势强、耐贮运，高抗晚疫病、灰霉病、病毒病，并具有丰产潜力的中、晚熟品种，如佳粉15号，毛粉802、中杂7号、苏抗3号、L－402、中杂9号、中杂101号、以色列R－144、保冠1号等。

2. 培育壮苗

（1）种子处理　每亩用种30g左右。先进行温汤浸种，然后用10%磷酸钠溶液浸种10～20分钟或1%的高锰酸钾溶液浸种10～15分钟或200倍稀盐酸溶液中浸泡3小时，可以防病毒病；也可用1%甲醛溶液浸种15～20分钟捞出后用湿布包好，放在密闭容器中闷2～3小时，防早疫病。用清水淘洗干净后置于25～

28℃条件下催芽。催芽期间每天用清水淘洗1~2次，防种皮发黏，露白时即可播种。

（2）播种　播种前选用保水、保肥能力强，通气性好，肥沃无病虫的土作苗床土。园土和腐熟有机肥按7：3或6：4混合，过筛后使用。然后每立方米营养土加过磷酸钙1~2kg、硫酸钾1.5Kg或草木灰10kg，N、P、K复合肥2kg，多菌灵300g或者五代合剂，土与肥充分混合，做成播种床。播种前浇透水，待水渗下后，洒薄薄一层干土（2mm左右），将种子均匀地撒播于苗床中，每平方米苗床播种量5g左右，然后盖土1.2~1.5cm。播后盖地膜，保湿。

（3）苗期管理　播种后3~4天可出苗，出苗时高温天气要遮阳，白天保持28~30℃，夜间20~25℃；出苗后白天20~25℃，夜间12~17℃；出苗后及时揭掉地膜。为防止幼苗徒长，2片真叶期喷一次1 000mg/kg矮壮素或15%多效唑2 000倍液；苗期可喷1~2次200~250倍波尔多液预防病害。当幼苗具2~3片真叶时分苗，可采用营养钵移植或苗床移植，苗距7~8cm。分苗后提高温度促进缓苗，白天25~28℃，夜间18~20℃。缓苗后通风降温，防止徒长，白天22~25℃，夜间13~15℃。水分管理按照见干见湿的原则，不宜过分控制。整个苗期都应注意增强光照，当幼苗长至4~5片叶时，应及时将营养钵分散摆放，扩大光合面积，防止相互遮阳。定植前1周加大通风，白天降至18~20℃，夜间降至10℃左右，进行秧苗锻炼。通常当番茄幼苗日历苗龄达50~60天，株高20cm左右，具6~8片真叶，第一花序现大蕾时，即可定植。

3. 定植

定植前半个月翻地施基肥，每亩撒施优质有机肥6 000~8 000kg，发酵后的黄豆100kg，磷酸二铵40kg，硫酸钾30kg，深翻40cm，使粪土混合均匀，耙平。南北向起垄铺膜，垄宽60~

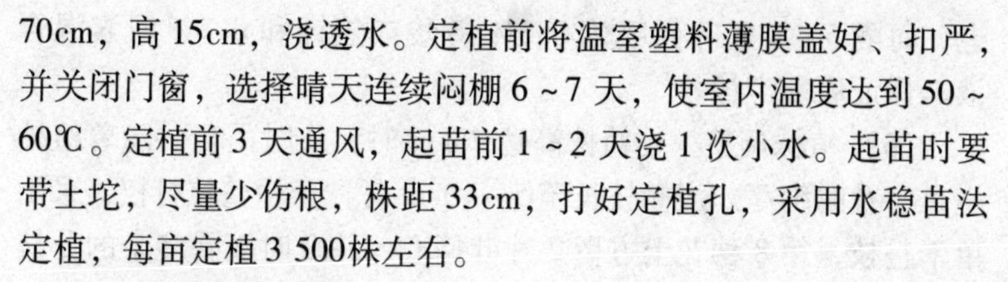

70cm，高 15cm，浇透水。定植前将温室塑料薄膜盖好、扣严，并关闭门窗，选择晴天连续闷棚 6～7 天，使室内温度达到 50～60℃。定植前 3 天通风，起苗前 1～2 天浇 1 次小水。起苗时要带土坨，尽量少伤根，株距 33cm，打好定植孔，采用水稳苗法定植，每亩定植 3 500株左右。

4. 定植后的管理

（1）温光管理　定植后闭棚升温，高温高湿条件下促进缓苗，白天温度控制在 28～30℃，夜间 15℃左右。10 月下旬以后凡有早霜的天气应关闭风口，保持白天 26～28℃，夜间 14～10℃。结果以后，白天 20～25℃，前半夜 15～13℃，后半夜 10～7℃。在 12 月下旬到翌年 1 月底，要设法增温、保湿，防御灾害性天气，将日光温室四周封严，达到不放风时不漏气，前坡加盖双层草苫或纸被。2 月中旬以后，气温逐渐回升，要注意通风，严防高温引起植株衰老和病毒病。

冬春茬番茄生育期要经过较长时间的严寒冬季，日照时间短，光照弱，是植株生长和果实发育的主要限制因子，管理上可通过早揭晚盖草苫、经常清洁薄膜、在温室后墙张挂反光幕、选择透光率高的棚膜等措施来增加光照度和延长光照时间。进入结果期后，随着果实的采收，及时整枝打杈，摘叶落蔓，改善植株下部的通风透光条件，减轻病害的发生。

（2）肥水管理　灌水会造成地温下降，空气湿度增大，易诱发病害。越冬期间控制浇水，采用滴灌或膜下暗灌，2 月中旬至 3 月中旬，选择晴天上午 15 天左右浇一次水，3 月中旬之后，7～10 天浇一次水，浇两次水需追肥 1 次。第一穗果开始膨大也即第三穗花开花时结合浇水，每亩追施复合肥 30kg、尿素 5kg、硫酸钾 5kg，先将化肥在盆内溶解，随水流入沟内。以后随着气温升高，光照加强，放风量增大，逐渐加大灌水量，一般 1 周左右灌 1 次水，并且要明暗沟交替进行。生长后期，植株开始衰老，每隔 5 ~ 7 天叶面喷施 0.3% 磷酸二氢钾和 0.3% 尿素混合液，保证后期产量。

（3）植株调整　当植株高达 25cm 时，及时吊蔓。随着植株生长，及时绑蔓。当侧枝长至 5 ~ 10cm 时，开始整枝打杈，采用单干整枝，第 8 穗花上方留 2 片叶摘心，并及时摘除多余的分枝和老、黄、病叶。开花期用 15 ~ 20mg/kg 的 2,4-D 或 30 ~ 50mg/kg的番茄灵等激素蘸花或喷花，并加入红色标志，以防重蘸、漏蘸。温度较低时浓度高些，温度较高时浓度低些。蘸花工作要从第 1 穗花序坚持到最后 1 穗花。在果实迅速膨大期进行 1 次疏果，每穗最多留 4 个果，疏除其余花蕾及畸形果，当第二穗果采完后，进行落蔓。落蔓应在下午进行，动作要缓、轻、逐渐下盘，打平滑圈。落蔓后植株高度宜为 1.5 ~ 1.8m，勿让叶或果实着地，及时清理落蔓上的侧枝。

（4）补充二氧化碳　冬季由于温室的通风量小，通风时间短，造成二氧化碳长时间亏缺。应在晴天日出后 30 分钟开始施用二氧化碳，使浓度升至 900 ~ 1 500mg/kg，到放风前 30 分钟停用。

（5）特殊天气的管理　连续阴天，室内温度若低于 20℃时，要采取生火炉、加空气电热线、装电灯等措施来加温、增光，但夜间温度一定要低，最低 5 ~ 7℃。一定要控制浇水。果实要适当重采，以减少养分向果实的输送量，从而保证植株消耗的需求，增加植株的抵抗力。下雪天要及时清扫苫上的积雪，连续降雪也要揭苫，膜上的积雪要及时清除，以利进光。当遇到久阴骤晴天气时，早晨揭苫时间要适当早些，当发现植株叶片有萎蔫时，马上把草苫再盖上，或隔 1 块盖 1 块，叶片不蔫时再揭掉，反复几次，直到叶片不蔫时全部去掉草苫。

（6）病虫害防治　病毒病可喷洒植病灵 1 000倍液，或喷洒高锰酸钾 1 000倍液，或喷洒铜铵剂 400 倍液 3 ~ 4 次。防治叶霉

病，每亩可用10%百菌清烟雾剂200～300g烟熏，或喷洒50%扑海因1 500倍液，60%防雾宝超微粉600倍液，75%甲基托布津1 000倍液等，几种药交替使用，每7～10天喷1次。防灰霉病应减少浇水，加强通风透光，如发现病株，可用50%速克灵1 000倍液、70%甲基托布津1 000倍液、75%百菌清500倍液喷洒，三种药混合在一起同时使用效果更佳。防治蚜虫、白粉虱可在棚内设置黄板诱杀，或用2.5%功夫乳油2 500倍液。

5. 采收

番茄是以成熟果实为产品的蔬菜，果实成熟分为绿熟期、转色期、成熟期和完熟期四个时期。采收后需长途运输1～2天的，可在转色期采收，此期果实大部分呈白绿色，顶部变红，果实坚硬，耐运输，品质较好；采收后就近销售的，可在成熟期采收，此期果实1/3变红，果实未软化，营养价值较高，生食最佳，但不耐贮运。采收时注意轻拿轻放。

四、茄子

茄子原产印度，为茄科茄属植物。茄子适应性强，产量高，供应期长，在我国各地普遍栽培。

（一）主要茬口（表2－5）

表2－5　北方地区设施茄子栽培茬次

茬次	播种期（旬/月）	定植期（旬/月）	采收期（旬/月）	备注
小拱棚春早熟	中/12至中/1	中/3至中/4		温室育苗
塑料大棚春早熟	下/10至上中/12	下/1至上/3	中/4	温室育苗
塑料大棚秋延后	中下/5至下/6	下/6至上/8	下/8	
日光温室嫁接越冬栽培	下/7播种砧木，中/8播种接穗，下/9至上/10嫁接	下/10	中下/1始收	遮阳育苗
日光温室秋冬茬	中下/7	上/9	中下/11	

（续表）

茬次	播种期（旬/月）	定植期（旬/月）	采收期（旬/月）	备注
日光温室冬春茬	中/9	中/12	上中/2	温室育苗

注：栽培季节的确定根据各地的气候不同有适当变化。

（二）早春小拱棚栽培

1. 品种选择

茄子早春栽培应选择开花节位低、耐低温、耐弱光、易坐果、果实生长速度快、果皮和果肉颜色以及果形等符合当地消费习惯的品种。如北京五叶茄、七叶茄、济南早小长茄、鲁茄1号、天津五星茄等。

2. 培育壮苗

茄子早春小拱棚栽培一般于12月中下旬至翌年1月中旬进行温室育苗，苗龄90天。茄子壮苗的标准：株高15cm左右，具有7~8片真叶，叶片肥厚且舒展，叶色深绿带紫色，茎粗壮，直径0.6~1cm，节间短，第一花蕾显现，根系发达，无病虫症状。

（1）种子处理　茄子种皮较厚，通透性较差，浸种时先进行温汤浸种。然后采取30℃条件下16小时和20℃条件下8小时的变温处理，进行催芽，可使种子发芽整齐，提高发芽率；也可以采取热水烫种的方法，再用常温催芽。每次淘洗种子之后一定要将种子晾干，有利于种子出芽。待大部分种子破嘴露白时即可播种。

（2）适期播种　一般于12月中下旬在已备好的酿热温床或电热温床上播种。选择冷尾暖头、晴朗无风的天气上午播种，播种方法同番茄。

（3）苗期管理　早熟茄子苗期正逢外界低温，育苗期间主要是提温保温。幼苗出土前，要求温度达28~30℃，一般5~7

天可出齐苗。齐苗后白天温度可降至25～28℃，夜间15～18℃。一般情况下不喷水。茄子易出现“戴帽出土”现象，可于傍晚用喷雾器将种壳喷湿，让其夜间脱帽。待幼苗长至3～4片真叶时，可加大通风，使幼苗经受锻炼，达到茎粗壮、叶片肥厚、色深坚实、覆盖物撤掉叶片也不凋萎，此时进行分苗。茄子分苗要在晴天中午、外界气温10℃以上时进行。分苗前2天苗床浇1次透水，利于起苗。分苗后的管理与分苗前基本相同。整个育苗期间气温白天以25℃为宜，昼夜温差10℃左右。育苗后期温度升高，要逐渐加大通风。定植前10～15天浇透水，然后切块蹲苗，并通风锻炼，准备定植。

3. 定植、支小拱棚

土壤化冻后即可整地。茄子忌连作，要选5年内未种过茄子的地块，在前茬作物收获后要进行深翻晒垡。定植前15天左右再浅耕细耙，精细整地，每亩施优质有机肥5 000kg，过磷酸钙80kg，饼肥50kg，复合肥40kg。然后开定植沟，要求沟距1m，沟宽30cm，沟深20cm。在3月中下旬选择晴天定植，先随沟灌水，按株距30cm贴沟边交错定植2行。随即扣小拱棚防寒，支架可采用竹皮、柳条或钢丝等。

4. 田间管理

（1）温度　定植后1周内不放风，以提高温度，促进缓苗。随着外界气温升高，及时通风换气，风量由小到大，棚温保持在25℃左右。到5月上中旬，结合培土起垄，将棚膜落下，破膜掏苗。这样原来的定植沟变成小高垄，地膜由“盖天”变为“盖地”，以后成为地面覆盖栽培。

（2）肥水管理　从定植缓苗后至门茄坐住前一般不进行浇水施肥。当门茄长到核桃大时，开始浇水追肥，每亩施复合肥30kg、尿素5kg。待大部分门茄进入瞪眼期后，浇1次膨果水。进入采收期后，每5～7天浇1水，并随水每亩冲施尿素5kg。

(3) 蘸花　由于小拱棚茄子门茄开花时气温较低，影响授粉受精和果实发育，可用20～30mg/kg的2,4-D蘸花，不仅可使门茄早熟，而且果实个大。以后温度升高，茄子可自然授粉结实。

(4) 摘叶、整枝　打掉门茄以下的侧枝，以免通风不良。当门茄采收后，可摘去门茄以下的老叶以增加植株的通风透光性，减少病害发生。“四门斗”茄坐住后要及时打顶，集中养分，促进早熟。同时对畸形茄要尽早摘除。

(5) 病虫害防治　茄子主要的病害有黄萎病、褐纹病和绵疫病。选用抗病品种，实行3～5年轮作可有效控制黄萎病；在高温多雨季节，用70%代森锰锌可湿性粉剂500倍液或64%杀毒矾500倍液或75%百菌清600倍液喷雾，可防治褐纹病和绵疫病。茄子的主要虫害有红蜘蛛和茶黄螨，可用73%克螨特3 000倍液喷雾防治。

5. 采收

门茄易坠秧，应及时采收。一般当茄子萼片与果实相连处浅色环带变窄或不明显时，表示果实已生长缓慢，此时即可采收上市。

(三) 塑料大棚春早熟栽培

1. 品种选择

宜选用较耐弱光、耐低温、门茄节位低、易坐果、优质、抗病的早熟品种，如茄杂6号、辽茄七号、济南早小长茄、京茄2号、豫茄1号、豫茄2号、并杂圆茄1号、94～1等。

2. 培育壮苗

育苗方法参考早春小拱棚栽培。播种期可根据当地气候、定植时间和日历苗龄确定，一般于10下旬至12月上中旬播种，1月下旬至3月上旬定植。要求定植时达到壮苗标准。

3. 定植

茄子喜肥耐肥，生长期长，需深耕重施基肥，促进产量提高，防止早衰。每亩施有机肥 5 000 ~ 7 000kg，过磷酸钙 100kg，饼肥 50kg。然后起垄作畦，定植宜在晴天上午完成，及时浇定根水，如下午定植较晚，为防止地温降低，可在第二天上午浇水。春早熟栽培的定植密度以每亩栽 3 500 株为宜。

4. 田间管理

茄子定植后至开花前，主要是促进植株健壮生长，为开花结果打好基础。茄子定植后 4 ~ 5 天秧苗恢复生长，即可追施粪肥或化肥提苗，一般结合浅中耕进行。开花后至坐果前，应加强通风换气，适当控制肥水供应，以利于开花坐果。根茄坐稳后开始浇水施肥，每亩施复合肥 10 ~ 15kg、尿素 5 ~ 8kg 或腐熟人粪尿 800 ~ 1 000kg。及时除去“门茄”以下的侧枝，并对上部进行植株调整，将弱枝和基部老叶全部打掉，以协调秧果关系。开花前期采用 2,4-D 点花，中后期采用防落素喷花。

5. 采收

门茄适当早收，以免影响植株生长。对茄以后达到商品成熟时，即茄子萼片与果实相连接的环状带趋于不明显或正在消失，果实光泽度最好的时期进行采收，采收时注意保护枝条，提高品质。在 6 ~ 7 月温度较高时，宜在早晨或傍晚采收。

6. 病虫害防治

主要防治早疫病、灰霉病、黄萎病和褐纹病，以及蚜虫、红蜘蛛等。黄萎病和褐纹病可用 50% 多菌灵 600 倍液浸种 60 分钟或用种子重量的 0.3% 的药剂拌种预防；发病初期防治黄萎病可用 50% 多菌灵 1 000倍液、50% DT500 倍液灌根防治；防治褐纹病则可用 70% 甲基托布津 600 倍液或 50% 多菌灵 500 倍液喷雾防治，每隔 7 天喷 1 次，连喷 2 次。

(四) 塑料大棚秋延后栽培

1. 品种选择

选择耐热、优质、高产、抗病的中晚熟品种，如北京九叶茄、晚茄一号、京茄二号、豫茄2号、茄杂6号、天津大敏茄、安阳紫圆茄、秋茄9149等。

2. 培育壮苗

根据前茬收获期，可在5月中下旬至6月下旬播种。茄子苗龄达35~40天时定植。采用遮阳设施培育壮苗，方法同大棚番茄秋延后栽培。当出苗达60%~80%时，早晨或傍晚揭去地膜，对幼苗喷施百菌清或病毒A等药剂，每3~5天喷1次，并根据苗床墒情适当补水补肥。

3. 定植

秋茄子一般于6月下旬至8月上旬定植，采用双行定植，选晴天下午或阴天定植。栽苗应尽量带土团护根。栽苗后及时浇定植水，并遮阳保湿，以利幼苗成活。

4. 定植后管理

为促进缓苗，定植后3~4天要浇一次缓苗水。此后根据茄苗生长需要，及时灌水，开花前要浇1~2次开花水，结果期需要大量的水分，此时气温较高，蒸发量也大，每隔3~5天浇一次水，并适时追肥。前期每亩施15~20kg复合肥，盛花期以后，每亩追尿素10~15kg，每5~7天施1次，连施2~3次。在追肥同时进行培土，这样能增强抵抗力，防止植株倒伏。随着植株生长，要及时整枝摘叶，避免由于茄子枝叶繁茂造成荫蔽而落花落果。茄子的整枝方式采用二杈式整枝。9月中旬以后外界气温逐渐下降，要加强保温。当外界夜间最低气温达到13℃以下时，要关闭棚膜。适时采收茄子，避免影响植株的生长，影响茄子的整体产量。

5. 病虫害防治

结合整枝抹杈去除下部老叶或病残叶，带出棚外，集中销毁，以减少病虫害再侵染。喷药防治病虫，可参考大棚早熟栽培。

（五）日光温室越冬茬栽培

越冬茬茄子栽培对温室条件要求较高，生产难度大，因为茄子在整个生育期间夜温不能低于15℃，否则果实生长缓慢，易形成畸形果。

1. 品种选择

选择耐低温、耐弱光、抗病性强的品种，如西安绿茄、苏崎茄、鲁茄1号、辽茄七号、豫茄2号、尼罗、布利塔等。越冬栽培常采用嫁接育苗的方法，可防治黄萎病等土传病害，使连作成为现实，而且植株生长旺盛，具有提高产量、品质，延长采收期的作用。接穗品种选用天津圆茄或丰研2号，砧木选用托鲁巴姆或刺茄。

2. 播种育苗

砧木7月下旬播种。接穗8月中旬播种，9月下旬至10月上旬嫁接，10月下旬定植，翌年1月中下旬始收，直到6月。

（1）播种　由于托鲁巴姆不易发芽，将砧木种子先用温汤浸种，再用150～200mg/kg的赤霉素溶液浸种48小时后置于日温35℃、夜温15℃的条件下催芽，经8～10天即可发芽。接穗用1%的高锰酸钾溶液浸种30分钟，捞出淘干净，再进行温汤浸种，然后变温催芽。快圆茄每亩用种40g，托鲁巴姆每亩用种10g。播种时由于砧木种子拱土能力差，覆盖2～3mm厚的药土即可，二叶一心时移入营养钵中。当砧木苗子叶展平，真叶显露时播接穗。

（2）嫁接　砧木具5～6片真叶，接穗具3～4片真叶，茎秆半木质化，茎粗达0.3cm时开始嫁接。前一天下午给茄苗消毒。

生产中多采用劈接法，即用刀片在砧木2片真叶以上平切，去掉上部，然后在砧木茎中间垂直切入1.0～1.2cm深。然后迅速将接穗苗拔起，在接穗半木质化处（幼苗上2cm左右的变色带），两侧以30°角向下斜切，形成长1cm的楔形，将削好的接穗插入切口中，用嫁接夹固定好。

（3）嫁接后管理　利用小拱棚保温保湿并遮光，前3天白天保持28～30℃，夜间18～20℃；3天后逐渐见光并降低温度，白天掌握25～27℃，夜间17～20℃；6天后可把小拱棚的薄膜掀开一部分，逐渐扩大；8天后去掉小拱棚。嫁接10～12天后愈合，伤口愈合后逐渐通风炼苗。茄苗现大蕾时定植。

3. 定植

日光温室越冬茬茄子采收期长，需施入大量有机肥作底肥以保证高产，每亩可施入有机肥15 000kg，磷酸二铵100g，硫酸钾100g，精细整地，按大行距70cm，小行距60cm起垄。定植时垄上开沟，按30～40cm株距摆苗，覆少量土，浇透水后合垄。栽时掌握好深度，以土坨上表面低于垄面2cm为宜。定植后覆地膜并引苗出膜外。定植7天后浇缓苗水，15天后盖地膜，开口引苗出膜。每亩2 500株。

4. 定植后管理

定植后正值外界严寒天气，管理上要以保温、增光为主，配合肥水管理、植株调整争取提早采收，增加前期产量。

（1）温光管理　定植1～2天内中午要放苫遮阳，促进缓苗，缓苗期白天30℃，夜间18～20℃。缓苗后白天28～30℃，夜间15～18℃。开花结果期采用四段变温管理，即上午25～28℃，下午20～24℃，前半夜温度不低于16℃，后半夜温度控制在10～15℃。10月下旬盖草苫，11月下旬盖纸被，翌年3月以后要加大放风量排湿。茄子喜光，定植时正是光照最弱的季节，应采取各种措施增光补光。如在温室后墙张挂反光幕、清扫薄膜等增加

光照强度，提高地温和气温。张挂反光幕后，使温室后部温度升高，光照加强，靠近反光幕的秧苗易出现萎蔫现象，要及时补充水分。

（2）水肥管理　定植7天后浇1次缓苗水，直到门茄谢花前控制浇水追肥。当门茄长到3～4cm大时，采用膜下暗灌浇水，1月尽可能不浇水，2月至3月中旬要浇小水，地温到18℃时浇1次大水，3月下旬以后每5～6天浇1次水。门茄膨大时开始追肥，每亩施三元复合肥25kg，溶解后随水冲施。对茄采收后每亩再追施磷酸二铵15kg，硫酸钾10kg。整个生育期间可每周喷施1次磷酸二氢钾叶面肥。越冬茬茄子生产中施用CO_2气肥，有明显的增产效果。

（3）保花保果　日光温室茄子冬春季生产，室内温度低，光照弱，果实不易坐住。提高坐果率的根本措施是加强管理，创造适宜植株生长的环境条件。此外，可采用生长调节剂处理，开花期选用30～40mg/kg的番茄灵喷花或涂抹花萼和花瓣。生长调节剂处理后的花不易脱落，对果实着色有影响，且容易从花瓣处感染灰霉病，应在果实膨大后摘除。

（4）植株调整　越冬茬茄子生产的障碍是湿度大，地温低，植株高大，互相遮光。及时整枝不但可以降低湿度，提高地温，同时也是调整秧果关系的重要措施。整枝方式常见的有两种，一种是单干整枝即门茄坐果后，将萌发的第一侧枝和下部老叶去掉，以利通风透光。当对茄长至半大时，保留主干，副侧枝在果实上部留三片叶摘心。以后仍保留主干，对侧枝摘心。一直保持单干，适于大果形品种密植栽培。另一种是双干整枝，即门茄坐果后，摘掉近地面的老叶，保留第一侧枝形成双干，以后每条干上的整枝方式同上，一直保留两个主干。日光温室越冬茬茄子多采用双干整枝。

（5）采收　采收的标准是看茄子萼片与果实相连接处白色

或淡绿色环状带，当环状带已趋不明显或正在消失，则表示果实已停止生长，即可采收。采收时要用剪刀剪下果实，防止撕裂枝条。日光温室越冬茬茄子上市期，由于气候寒冷，为保持产品鲜嫩，最好每个茄子都用纸包起来，装在筐中或箱中，四周衬上薄膜，运输时注意保温。

五、辣、甜椒

辣椒原产于南美洲热带地区，在我国各地普遍栽培。辣椒营养丰富，除鲜食外，还可加工成各种调味品。

（一）主要茬口（表2-6）

表2-6　北方地区设施辣、甜椒栽培茬次

茬次	播种期（旬/月）	定植期（旬/月）	采收期（旬/月）	备注
小拱棚早春	中/1	下/3	上/5	温室育苗
大棚春早熟	下/11	上中/2	下/3	温室育苗
大棚秋延后	上中/7	上中/8	上/10	遮阳育苗
日光温室秋冬茬	下/7	上/9	下/10	遮阳育苗
日光温室冬春茬	下/8至上/9	上中/11	中/1	温室育苗
日光温室早春茬	下/10至上/11	中下/1	中下/3	温室育苗

注：栽培季节的确定根据各地的气候不同有适当变化。

（二）早春小拱棚栽培

辣、甜椒生活习性、需温特性与番茄、茄子有所不同，它的需温特性介于番茄与茄子之间，发芽适温低于茄子却显著高于番茄。幼苗期要求较高的温度，温度低时生长缓慢；随着植株生长，对温度适应能力增强，开花结果初期白天适温20～25℃，夜间适温15～20℃；但进入盛果期以后，适当降低夜温有利于结果，即使降到8～10℃，也能很好生长发育。小拱棚辣、甜椒早熟栽培，克服了早期低温，结果盛期还没有到高温季节，不仅

有利于结果而且延长了结果期。结果期撤掉全部保护设施后，田间已封垄，有利于创造夜间较低温度，符合辣、甜椒的需温特性，有利于果实生长。

早春小拱棚栽培技术参考番茄和茄子。

（三）塑料大棚春早熟栽培

1. 品种选择

要选用较耐低温、耐弱光、株型紧凑的早熟、优质、抗病品种。如甜椒类：洛椒1号、朝研七号、双丰、甜杂2号、甜杂3号、丰椒六号、豫椒2号等；长角椒类：豫艺农研13号、301、农研12、中椒10号等。

2. 播种育苗

12月上旬育苗，苗期注意保温增温，提高温度，降低成本。

（1）播种　辣椒种壳厚，播前要用冷水浸泡5~7小时，取出后用硫酸铜100倍液浸种5分钟或用高锰酸钾500倍液浸种10分钟后取出，用清水冲洗干净，再用50~55℃温水浸泡8~10小时，捞出水滤干。用布包好，放在25~30℃恒温处催芽，经3~5天种子出芽即可播种，选晴暖天气的上午播种，播后覆0.5~1cm的细土，盖好地膜，以利保墒。

（2）苗期管理　辣椒种子发芽生长温度为25~30℃，出苗后室温可降至20~25℃，二叶一心时进行通风炼苗，幼苗长出3~4片真叶时分苗。分苗前按土、肥比6∶4的比例准备好苗床土，消毒后装钵或做成苗床，分苗密度为10cm×10cm。分苗前1天要向苗床喷水，以利起苗。可选晴天上午分苗。分苗后提高温度促进缓苗，1周后注意通风降温，以防幼苗徒长。苗期一般不追肥。

3. 定植

辣甜椒忌连作，栽培时选地势高、土壤干燥且土层深厚肥沃的沙壤土。整地施肥参考露地甜辣椒栽培技术。定植前7~10天

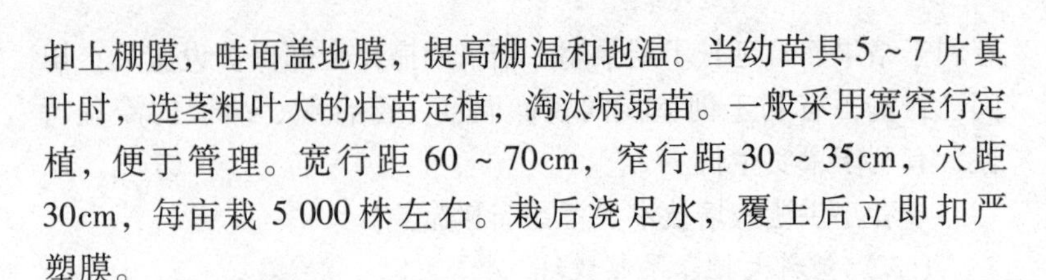

扣上棚膜，畦面盖地膜，提高棚温和地温。当幼苗具 5～7 片真叶时，选茎粗叶大的壮苗定植，淘汰病弱苗。一般采用宽窄行定植，便于管理。宽行距 60～70cm，窄行距 30～35cm，穴距 30cm，每亩栽 5 000 株左右。栽后浇足水，覆土后立即扣严塑膜。

4. 大棚管理

（1）温度管理　定植后 5～6 天密闭大棚，提高温度加速缓苗，使棚内日温达 30～35℃，夜温 13℃以上。缓苗后适当通风降温，棚内白天 28～30℃，夜间棚外温度 15℃以下时，加盖草帘保温。气温回升后，当夜晚棚外高于 16℃时，昼夜通风。以后随着气温的回升，要逐步撤除地膜、裙膜，仅保留顶膜，大棚四周日夜大通风。保留顶棚膜可防雨，降低温度，大大减轻发病。

（2）肥水管理　为提高地温，前期应少浇水，避免棚内低温高湿。结果期要充分供水。辣甜椒在坐果之前，轻施一次提苗肥，以后从门椒收获起，增加追肥浇水，每亩施硫酸铵 14～16kg，过磷酸钙 8～22kg，草木灰 80kg。还可叶面喷施 1% 磷酸二氢钾或钾宝 2～3 次，促进果实膨大。有条件的施用固体颗粒 CO_2 生物肥，可增产 20%。

（3）植株调整　门椒以下侧枝应及时抹掉，并摘除植株下部的老叶、病叶。生长中后期摘除植株内侧过密的细弱枝。为了提高坐果率，可于上午 10 时前用 2,4-D 点花或防落素喷花。

5. 病虫害防治

大棚的主要病害有灰霉病、病毒病、菌核病、疫病、软腐病。虫害主要有蚜虫、茶黄螨等。防治措施如下。

① 进行种子及土壤消毒，每平方米用 20g 25% 多菌灵可湿性粉剂加干细土 1kg 拌匀撒于大棚畦面，也可以用 0.5kg 硫酸铜兑水 100～150kg 浇灌土壤。

② 实行配方施肥，增施磷钾。

③ 注意大棚通风排湿。

④ 加盖地膜，盖地膜能减轻菌核病等多种病菌的为害。

⑤ 尽早并彻底灭蚜，可显著减少病毒病为害。

⑥ 一旦发现病株及时拔除销毁，并喷洒药剂。

6. 采收

门椒和对椒要适时早收获，以利多结果，否则，会影响后期产量。采收时用剪刀，以免损伤茎叶。

(四) 塑料大棚秋延后栽培

塑料大棚秋延后栽培甜辣椒，对解决秋淡季蔬菜供应起到了一定的作用。栽培方法可以参考茄子秋延后栽培。由于辣椒采收期长，只要管理得当，早熟栽培可延迟采收到晚秋及初冬。所以炎夏过后，可对植株进行修剪更新复壮。

进行再生的辣椒要选用生长势强的品种，并且定植前重施有机肥，辣椒再生后因不经过苗期，发出的侧枝量大且带有花蕾，直接开花结果，比大椒苗结果要早。修剪的方法是把第三层果以上的枝条及弱、病枝叶，留两个节后全部剪除，剪口斜向外。修剪时间宜选择在晴天上午 8 ~ 9 时，以保证伤口能在当天愈合，减少病菌入侵。剪枝后的半个月内，是新枝、新叶和花蕾生长发育的关键时期，白天温度控制在 28℃以上，夜间控制在 12℃以上。并加强水肥管理，促进新枝的发育，使开花坐果，力争在扣棚前果实都坐住，一般每亩施人粪尿 3 000 ~ 4 000kg、过磷酸钙 50kg、尿素 15kg、硫酸钾 10kg。施后如遇干旱，应及时浇水，并培土护根。修剪后一周内喷施植物健生素一次，以促进新枝迅速生长。修剪后，由于肥料充足，新枝又生出很多，要适时再进行修剪。入秋后，随着气温下降，覆盖塑料薄膜，进行秋延后栽培。

初扣棚时，切忌把全棚扣严，应加强通风，逐步扣棚。先扣棚顶，随着气温的下降，四周的薄膜夜间也扣上，白天揭开。当外界最低气温下降到15℃以下时，夜间要将全棚扣严，白天中午气温高时，进行短暂的通风，以降低棚内的湿度，利于开花授粉。再生椒在9月中旬左右开始坐果，10月进入盛果期。当外界气温急剧下降，棚内最低气温在15℃以下时，要在大棚四周加盖草苫防寒保温，防止冻害，促进果实成熟。

扣棚后果实膨大期，可选晴天追1次肥，以复合速效性化肥为好。随着采收次数的增加也要增加浇水追肥的次数。以后由于气温低，放风量也少，避免棚内湿度大，只要土壤不过分干旱，原则上不再浇水。再生椒修剪后由于伤口较多，容易侵染病毒病，可用病毒A500倍液或植病灵加光合微肥喷施，每隔7天喷施一次。

当外界气温过低，大棚内辣椒不能继续生长时，要及时采收，以免果实受冻。采收的果实经贮藏可在元旦春节供应市场。

（五）日光温室越冬茬栽培

1. 品种选择

日光温室栽培品种要选择低温生长好、早熟性好、抗病性强、果肉厚、丰产优质的品种。如农大绿华系列、甜杂3号、保加利亚尖椒、津椒3号、陇椒2号、郑椒四号、郑椒七号、青岛巨星甜椒、考曼奇、萨维塔、红英达、红罗丹等。

2. 育苗

一般播种期为8月上旬至10月下旬。育苗也可采用嫁接育苗，育苗方法参考茄子嫁接。播种前用温水浸泡4～5小时，然后用1%硫酸铜液浸5分钟，再放在55℃的热水中，搅拌浸泡15分钟，或者用10%的磷酸三钠浸种20分钟，然后搓洗，清水冲净后，晾开待播。进口种子直接播种即可。由于是在多雨季节育苗，苗床要选择地势较高、排水良好、未种过茄科作物的肥沃地块（甜椒苗期的根系较发达，可在营养钵内直接播种）。施入腐

熟的有机肥和磷钾肥，经消毒后做成15～20cm的高畦。浇足底水，播种，覆土厚度1cm，也可分三次覆土，第一次先覆土0.5cm，待种子拱土后覆0.5cm，齐苗后再覆0.2～0.3cm。育苗期间要使用防虫网、诱蚜板等控制伏蚜、白粉虱和茶黄螨为害。

3. 定植

定植前精细整地，重施有机肥，方法参考茄子越冬栽培。11月上中旬定植，定植的密度不能太大，一般采用一垄双行定植，垄宽1m左右，株距35cm，定植后及时浇透定植水。

4. 田间管理

（1）温光管理　定植后为促进缓苗，密闭温室升温保温，温度不超过35℃不放风。为提高夜间温度，草苫可适当早盖。缓苗后，适当降低温度，白天25～28℃，上半夜22～18℃，下半夜18～15℃。进入冬季后，要尽量保温增温、增加光照，经常清扫棚膜上的尘土，适当早放苫保持夜间温度，尽量增加草苫数量提高夜温。入春后室内升温较快，外界最低气温达15℃以上时注意通风。

（2）水肥管理　定植成活后，浇一次缓苗水或者稀粪，此时以促为主，适当蹲苗。当门椒长到2～3cm后，植株进入营养生长和生殖生长并进的时期，就结束蹲苗，追肥浇水，每亩追尿素15kg、硫酸钾10kg。结果前期10～15天浇一次水，每摘二次果追一次肥，每亩追尿素15kg、磷酸二铵20kg、钾肥10kg。结果后期每7～10天进行一次叶面追肥，喷亚硫酸氢钠或光合微肥。

（3）植株调整　越冬栽培无限生长类型的品种，因栽培时间长，分枝数多，植株高大，要插架护秧，可使枝条生长分布均匀，植株通风透光条件好，并且能防止倒伏，调节各枝之间的生长势。第一次分枝后，分枝之下主茎各节的叶腋间易萌生腋芽，应及时抹去。采用3干整枝，首先及早摘除门椒，然后任其生长

（前期不可过分控制生长），待四门斗采收完毕后，去掉1个弱干留3个主干，每主干再分枝，主干椒保留，侧枝再保留1个椒后留2～3片叶掐尖，以此类推。需注意的是整枝要在晴天露水干后进行，以防病害蔓延。在生育中后期，要对植株下部的病残叶、黄叶、衰老叶及时摘除，同时随时去掉内膛无效枝。生长中后期分枝和花果较多时，应有计划地疏理。

（4）病虫害防治　以预防为主，采用抗病品种，对苗床和温室进行消毒，一旦发现病虫害及时防治。茶黄螨可用5%卡死克水悬剂2 500～3 000倍喷雾或1.8%虫螨光乳油2 000～3 000倍喷雾。喷雾时以叶背面为主，注意喷头朝下喷生长点的为害部位。一般5～7天喷1次，连喷3次。蚜虫可选用50%抗蚜威可湿性粉剂2 000倍液或20%速灭杀丁2 000～3 000倍液等喷雾防治。防治疫病在盛花期和盛果期分别根施1次4%疫病灵颗粒剂进行早期预防；发现病株后，不能立即浇水，否则会加速病害的发展，可用77%可杀得可湿性粉剂400～500倍或用72.2%普力克水剂600～800倍进行喷雾及灌根处理；阴雨天用45%百菌清烟雾剂或5%百菌清粉尘剂，可降低棚内湿度，减少病害的进一步传播侵染。病毒病用病毒A粉剂500倍液、20%病毒灵500倍液或20%病毒克星500倍液等喷雾防治，5～7天喷一次，连喷两次。炭疽病发病初期叶面喷洒70%甲基托布津800倍液或75%百菌清600倍液、50%多菌灵500倍液、80%炭疽福美可湿性粉剂800倍液防治，7～10天施1次，连喷2～3次。

5. 采收

门椒、对椒适当早采收，以免因其坠秧而影响植株生长和后期产量。食用鲜食的甜辣椒应在果实充分膨大、符合本品种的特征、质地脆嫩、果色变深有光泽、味纯正清香时采收。一般青椒开花后25～35天即可收获果实，采收时注意不能损伤茎叶，最

好用剪刀采收。

六、菜豆

菜豆又叫四季豆、芸豆等。原产墨西哥和中南美洲，是豆科菜豆属，一年生草本植物，以嫩荚和干豆粒为食。由于它适应性强，在全国各地均有栽培。

（一）主要茬口（表2－7）

表2－7　北方地区设施菜豆栽培茬次

茬次	播种期（旬/月）	定植期（旬/月）	采收期（旬/月）	备注
小拱棚早春	上中/2	上中/3	中/4	温室育苗
大棚春早熟	下/12 至下/1	下/1 至下/2	下/2	温室育苗
大棚秋延后	下/7 至上/8	中下/8	上/10	遮阳育苗
日光温室秋冬	下/8	下/9	上/11	
日光温室冬春	中/11	中/12	下/1	双膜覆盖育苗

注：栽培季节的确定根据各地的气候不同有适当变化。

（二）早春小拱棚栽培

1. 选用优良品种

选择具有抗病性、抗逆性强、早熟、高产、品质优良的品种。常用的有以下几种。

（1）供给者菜豆　是近年从美国引入的矮生菜豆品种，长势强，成株高40cm左右，有3～5个分枝。花浅紫色，嫩荚圆棍形，荚长14cm左右，横径1cm，纤维少，品质好。种子紫红色，百粒重30g左右，早熟丰产。

（2）法国地芸豆　又名嫩荚菜豆，是由国外引入多年的矮生菜豆品种。法国地芸豆长势中等，成株高33～40cm，分枝较多。花浅紫色，嫩荚浅绿色，先端稍弯，圆棍形，长16cm左右，肉厚，纤维少，品质好。种子粒大，米白色后转米黄色，并有不规则的淡褐色细纹。早熟、抗病、丰产，除适用于早熟栽培，还用于秋延迟栽培。

（3）优胜者菜豆　是新近从美国引入的矮生菜豆品种，长势中等，成株高38cm左右，主枝5～6节封顶。花浅紫色，嫩荚圆棍形，多数荚先端弯曲，荚长14cm左右，横径1cm，肉厚，纤维少，品质好。抗病、早熟、丰产。

（4）矮黄金　是早熟、优质、抗病、高产矮生菜豆新品种。株高45～50cm，茎秆粗壮，抗倒伏，不用搭架。嫩荚圆棍形，光滑笔直，荚金黄色，荚长15～18cm，结荚多而密集，单株结荚60～80个，密不见秆。嫩荚肉厚，无筋，无纤维，不易变老，食味佳，商品性好。抗寒、耐热，适合春秋露地和保护地栽培。

（5）沙克沙　从保加利亚引进矮生极早熟种。株高30～40cm，分枝6～8个。花白色，嫩荚黄绿色，棒状较直或中部微弯，荚长12～14cm，宽1cm，厚0.8cm。肉厚质嫩、纤维少，种子黄褐色。

2. 培育壮苗

（1）种子处理　播前将种子晾晒12～24小时，用温水浸泡3～4小时，再放在25～28℃处催芽，经1～2天即可播种。也可以进行种子消毒，用种子重量0.3%的1%甲醛液浸泡20～30分钟，可预防炭疽病；用根瘤菌拌种，可用0.5%的硫酸铜浸种10分钟，可促进根瘤菌生长发育。

（2）播种　2月上中旬采用营养钵在温室内育苗，育苗用的营养土选用大田土，经消毒后使用。将营养体在苗床摆好，每钵播种3～4粒，覆土1.5～2cm，浇水湿透营养钵后，再撒0.5cm细土，严密盖膜保温保湿。播种后提高温度，保持白天温度在25～30℃，夜间不低于15℃，必要时夜间加盖草帘。幼苗出土后，白天保持20～25℃，夜间13～15℃，中午适当通风。定植前5～7天适当降温炼苗，白天温度在15℃以上，夜间不低

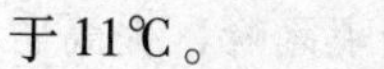

于11℃。

（3）整地　选择三年没种过菜豆的地块，播种前每亩施有机肥3 000kg、磷酸二铵10～15kg、尿素10kg、钾肥1kg，然后深翻整地，做成宽90cm、高10～15cm的高畦，也可做成50cm宽的小垄，浇透水，盖膜提温。

（4）定植　3月上中旬，幼苗第一对真叶展开后抽生出复叶时，选晴暖天气定植。定植时必须带完整土坨，否则幼苗难于成活。将营养钵运到定植畦，倒出带土坨幼苗打孔定植。单行栽植，株距25cm，双行栽植，株距30cm，定植后扎拱覆盖棚膜。缓苗前保持苗床温度白天25℃左右，夜间15℃以上，缓苗后注意通风。

（5）定植后的管理　随着外界气温的回升，要加强通风。白天仍需20～25℃，夜间13～15℃，并适时撤掉草帘。定植后小浇一次稀粪水。菜豆浇荚不浇花，第一花序开花期一般不浇水，嫩荚坐住后结合浇水，每亩追复合肥10kg，或15～20天叶面喷一次施丰乐高效强力肥，或随水冲施腐熟粪水，增产显著。此后增加浇水次数，每收一次浇一次水，保持土壤湿润，追一次肥浇2次水，促使幼荚生长。同时注意病虫害的防治，蚜虫可用40%氧化乐果1 000倍液喷雾防治；豆荦螟于现蕾初花期开始喷洒90%晶体敌百虫1 000倍液或杀灭菊酯乳油3 000～6 000倍液或50%辛硫磷1 000倍液或40%氰戊菊酯6 000倍液，每隔7～10天喷一次，共喷2～3次；锈病可用粉必清，每袋对水30kg喷雾防治。

（6）采收　矮生菜豆易老，一般在开花后10～15天，嫩荚充分长大而种子刚刚开始膨大时为采收时期，注意不要漏摘，不要伤茎叶。

（7）剪枝再生　头茬荚采收后，用剪刀从茎部分枝处留4～5cm，剪去以上部分。剪枝后加强水肥管理，结合浇水每亩追氮肥10～15kg，促其早发新生枝叶，形成第二次结荚高峰，提高后期产量。

(三) 塑料大棚春早熟栽培

1. 品种优良选择

选用生长健壮、抗性强、丰产、早熟、品质优育的品种。

(1) 银满架　株高250cm，荚长23～26cm，荚白色，扁圆型，豆荚肉质厚，结荚早，结荚部位低，成荚率高，极早熟。

(2) 碧丰　植株蔓生长势强，侧枝多。花白色，每花序结荚3～5个，单株结荚20个左右。荚绿色，宽扁条形，长21～23cm、宽1.6～1.8cm，含种粒部分荚面稍突出，纤维少，质脆、嫩、甜，较早熟。

另外还有新选八寸、世纪星架芸豆、白丰、蔓生菜豆、巨龙架豆等。

2. 播种育苗

菜豆早春大棚栽培可直播，也可以育苗移栽。直播一般于12月下旬至翌年1月下旬播种，育苗移栽可适当提前。播种时可直接播在营养钵内，减少移栽时的伤根，每钵播种3粒，覆土。这种方式便于管理，育苗方法同早春小拱棚。菜豆从播种后到小苗定植前，要严格控制浇水，做到不干不浇，使苗株矮壮，叶色深，茎节粗短。幼苗定植前2天可浇透营养钵，以利于起苗。

3. 定植

定植前精细整地、深施基肥。每亩施完全腐熟的有机肥3 000kg，三元复合肥或磷酸二铵25～35kg。蔓生菜豆每畦定植两行，以便于插架。行距50～60cm，穴距20～30cm，每穴定植2株。矮生的菜豆行穴距各为30cm，每穴2株。定植后，浇定根水。

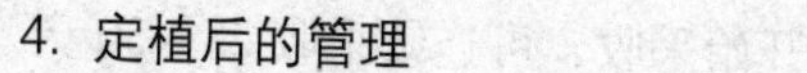

4. 定植后的管理

定植以后提高棚内温度，促进缓苗，保持白天 20～28℃。缓苗后，大棚应通风，白天 20～25℃，夜间 15～18℃为宜，温度过高或过低都对开花结荚不利。在定植后的 2～3 天内应中耕培土，使土壤疏松，有利于提高地温。菜豆有一定的耐旱能力，土壤湿度大时，植株易徒长，会减少开花结荚。所以，菜豆从定植成活后至开花前一般少浇水、不追肥。初期花结荚后结合浇水追一次稀粪水或冲施尿素 10kg，以促进豆类和植株的生长。浇水后大棚要加大放风量以排除棚内湿气。以后每结一次荚追一次肥，追肥要稀粪和化肥交替进行。蔓生菜豆蔓长 30cm 左右时应及时插架。双行栽植插人字架，单行密植时插立架，架高 2m，架材多用竹竿。由于大棚无风，也可以用吊绳，引蔓于绳上或架上，使蔓能均匀分布地缠绕向上生长，以合理利用架上的空间和改善通风透光。由于棚内气温较高表现生长速度快，容易出现株型徒长、结荚少的现象。为了提高大棚菜豆的产量，可从第三组叶片现形后开始掐尖，以控制主蔓的徒长，促进下部侧枝的萌发，侧枝出现后不必掐尖。

5. 病虫害防治

灰霉病为害菜豆的叶、花、果、蔓，病表面产生灰色毛层。防治方法：用速克灵、扑海因、农利灵 1 000～1 500倍喷雾，同时摘除病叶、病果，带出棚外销毁。锈病主要危害叶片，防治方法：初期用 200～300 倍硫黄悬浮液或多硫悬浮剂喷雾，粉必清每袋对水 30～40kg 喷雾。细菌性疫病用 50% 敌克松按种子量的 0.3% 药剂拌种；发病初喷 1 000～2 000倍 72% 农用硫酸链霉素或新植霉素，300 倍的络氨铜灌根，7～10 天灌 1 次，连续 2～3 次。茶黄螨及时喷洒扫螨净 2 000倍液 1～2 遍。

6. 采收

蔓生种播后 60～70 天开始采收，可连续采收 30～60 天或更长；矮生种播后50～60天开始采收，可连续采收25～30天。采收过早影响产量，过晚影响品质，一般落花后10～15天为采收适宜期，盛荚期2～3天采收一次。

（四）日光温室越冬茬菜豆栽培技术

1. 品种选择

可选用耐低温、弱光，抗病强、品质好、产量高的中晚熟蔓生品种，如芸丰、架豆王、双季豆、老来少、绿龙、晋菜豆1号、特嫩1号、超长四季豆、春丰2号和4号等。在温室前屋面低矮处可种植早熟耐寒的矮生种，如优胜者、供给者、推广者、新西兰3号、嫩荚菜豆、农友早生、日本极早生等。

2. 播种育苗

8月中旬至11月中下旬在温室中套小拱棚育苗。

（1）种子处理　播前精选种子，保留籽粒饱满、具有品种特性、有光泽的种子，剔除已发芽、有病斑、虫害、霉烂和有机械损伤、混杂的种子，播前晒1～2天用温汤浸种。也可用种子重量0.2%的50%多菌灵可湿性粉剂拌种，或用1%的福尔马林按0.3%的比例浸泡20分钟消毒，捞出后用清水冲洗干净，再用温水浸泡1～2小时。将种子沥干水分，放在25～28℃温度下催芽，2天左右即可发芽。

（2）播种育苗　育苗土最好选用疏松、肥沃的土，经过筛后消毒，不施任何肥料，装营养钵，每钵播种3粒，覆土厚度2cm，整齐地摆放在温室中。浇水后覆盖薄膜，保温保湿，使苗床温度达20～25℃，夜间13℃；幼苗出土后将薄膜去掉，适当降低温度，白天气温保持15～20℃，夜间不低于10℃；第1片真叶展平后，白天18～20℃，夜间13℃，并采取早揭苫、晚盖苫，倒营养钵的措施，使幼苗长势均衡。定植前5～7天降温炼苗，白天15～18℃，夜间气温8℃，当苗长到二叶一心时，日历苗龄达到25～30天时即可定植。整个苗期不供水不追肥，所以

必须浇足底墒水，若苗叶色发黄可用0.2%～0.3%磷酸二氢钾溶液或0.2尿素溶液进行叶面喷雾。

3. 定植

每亩施优质有机肥10 000kg，饼肥200kg，磷酸二铵40kg，三元复合肥50kg或尿素10～15kg，50%多菌灵2kg，撒匀后深翻整细，然后按大行距60～70cm，小行距40～50cm起垄，垄高20cm做畦。采用暗水定植，株距30cm，每穴定植两株。

4. 定植后的管理

（1）温度管理　定植到缓苗温度可适当高些，白天25℃，夜间15℃左右，促缓苗。缓苗后，白天20℃，夜间15～20℃左右。有利于花芽分化及开花结荚。果荚膨大及采收期，白天温度22～28℃，夜间温度15～18℃。冬季温度低时及时加盖草帘或纸被。

（2）水肥管理　追肥浇水掌握“苗期少、抽蔓期控、结荚期促”的原则。在浇足底墒水的基础上，前期基本不必浇水，以控水蹲苗为主。当幼苗长到3～4片真叶蔓生品种抽蔓时，浇一次抽蔓水，并每亩追施磷二铵10～15kg，促进抽蔓，扩大营养面积。以后一直到开花为蹲苗期，要控制浇水，促进菜豆由营养生长向生殖生长发展。这时如果水肥过多，容易导致茎蔓徒长，落花落荚。一般第一花序的嫩荚长到3cm时，结合浇水追施一次催荚肥，每亩追施尿素15～20kg。随后需水量逐渐加大，每采收一两次就浇水一次，但要尽量避过盛花期。每浇两次水追施一次磷酸二铵或复合肥15～20kg。浇水后应加强通风排湿，防止病害发生。浇水时要选择冷尾暖头天气。有条件时结荚期晴天上午增施CO_2气肥，增产效果显著。

（3）中耕松土　幼苗出土或定植缓苗后的管理主要是中耕。幼苗出土后进行浅中耕，以提高土壤的透气性，增加地温；蔓生菜豆抽蔓期浇水后结合培土、除草，进行第二次中耕。

（4）植株调整　菜豆主蔓长至30cm时，需及时吊绳引蔓。现蕾开花之前，第一花序以下的侧枝打掉，中部侧枝长到30～50cm时摘心。主蔓接近棚顶时落蔓。结荚后期，及时剪除老蔓和病叶，以改善通风透光条件，促进侧枝再生和潜伏芽开花结荚。

（5）保花保荚　菜豆的花芽量很大，但正常开放的花仅占20%～30%，能结荚的花又仅占开放花的20%～30%，结荚率极低。主要原因是开花结荚期外界环境条件不适造成的，如温度过高或过低、初花期浇水过早、湿度过大或过小、早期偏施氮肥、栽植密度过大、光照不足、水肥供应不足、采收不及时等原因，都能造成授粉不良而落花。生产中可通过加强管理，合理密植，适时采收等措施防止落花落荚。如落荚较重，可用5～25mg/kg的萘乙酸、800倍美荚露或3 000倍天丰素喷花序，保花保荚。

（6）采收　适时采摘嫩荚，既可保证良好的商品价值，又可调整植株的生长势，延长结荚期，提高产量。菜豆开花后10～15天，可达到食用成熟度。采收标准为豆荚由细变粗，荚大而嫩，豆粒略显。结荚盛期，每2～3天可采收1次，采收时要注意保护花序和幼荚。

（7）病虫害防治　蚜虫可选用30%避蚜雾2 000～3 000倍液，或5%来福灵乳油2 000～4 000倍液，或25%功夫乳油4 000倍液或吡虫啉喷雾。根腐病用70%甲基托布津可湿性粉剂800倍液灌根，每株灌250mL，7～10天后灌第二次；也可用甲基托布津500倍液或50%多菌灵600倍液喷洒。细菌性疫病用72%农用链霉素或新植霉素4 000倍液防治。灰霉病用50%速克灵或50%扑海因1 000倍液防治。锈病用25%粉锈宁可湿性粉剂2000倍液、70%代森锰锌可湿性粉剂1 000倍液喷雾防治。以上药剂每隔7～10天喷洒一次，连喷2～3次。病毒病从初花期开

始，每15天喷一次病毒A加硫酸锌300倍液加高锰酸钾1 000倍液，连喷2~3次。

七、豇豆

豇豆也叫长豆角，原产亚洲东南部热带地区。豇豆较耐旱、耐热，我国南北各地普遍栽培，以嫩荚和豆粒为食，营养丰富。

（一）茬口安排（表2-8）

表2-8 北方地区设施豇豆栽培茬次

茬次	播种期（旬/月）	定植期（旬/月）	采收期（旬/月）	备注
小拱棚早春	中/2至上/3	上/3至下/3	中/4	温室育苗
大棚春早熟	下/1至中/2	中/2至上/3	下/3	温室育苗
大棚秋延后	下/7至初/8	中下/8	上/10	遮阳育苗
日光温室秋冬	中/8至上/9	中下/9	下/10	
日光温室冬春	中/12至中/1	上/1至上/2	上/3	双膜覆盖育苗

注：栽培季节的确定根据各地的气候不同有适当变化。

（二）早春小拱棚栽培

豇豆早春小拱棚栽培一般在2月中旬育苗，3月初定植，4月中旬采收。

1. 品种选择

小拱棚栽培面积小，高度有限，应选用矮生豇豆，品种主要有挑杆豇豆、黄花青、五月鲜豇豆、浙翠无架、四季红无架豇豆、之豇矮蔓1号、美国无架豇品种。

（1）挑杆豇豆　是济南市农家品种，为矮生类型，株形较直立，适于密植。花紫红色，豆荚绿色，长30~40cm。

（2）黄花青　是北京市农家品种，矮生型，生长势强，茎蔓较短，匍匐于地面。叶深绿色，有光泽，嫩荚长25~30cm。比较早熟，播种后60天收获。

(3) 五月鲜豇豆　是河南地方品种，生长势弱，分枝少。叶片狭长，花紫红色，嫩荚绿色，有的荚两边有两条紫红色条纹，荚长20~26cm。极早熟，从播种到收获45天。

(4) 浙翠无架　抗病性强、极早熟、产量高，荚长可达40cm，肉质厚，口感糯，外观匀称美观，商品性更佳。采收期可长达50天以上，适合长季节栽培。

(5) 四季红无架豇豆　该品种是早熟无架红豆角。生长势强，抗病、耐老化、着色好，株高45cm左右，节间短，分枝力强，结荚粗，耐寒、抗旱、耐热、抗倒伏，对土壤要求不严格，适应性广。荚长40cm左右，豆荚浅红色，豆荚肥厚饱满、纤维少、品质优，小拱棚栽培抢早上市的高效益品种。

(6) 之豇矮蔓1号　早熟、抗病，株型紧凑，叶片较小，叶色深绿。植株矮生，有效主蔓高约40cm，主蔓抽生细弱且无效。植株直立性好，无需搭架。分枝力强，主、侧蔓均能结荚，荚长约35cm，嫩绿色，品质佳。

2. 播种育苗

2月上中旬在温室内用营养钵育苗。种子经处理后每钵播种3粒，并及时覆盖薄膜，提温保湿，促进出苗，白天苗床温度保持在28~30℃，夜间不低于16℃。出苗以后，苗床温度白天23~28℃，夜间15~18℃。定植前可适当降温锻炼幼苗，白天苗床20~23℃，夜间13~15℃。

3. 定植及定植后的管理

定植前7~10天施肥整地，每亩施优质腐熟肥3 000kg、过磷酸钙50kg左右。施肥后深翻整平，做成小高畦覆盖地膜，选择冷尾暖头晴朗无风天上午定植。定植时必须带完整土坨，保护好根系。每个高畦播种两行，行株距60cm×25cm，每穴两株。先栽苗后浇水，然后盖膜保温。白天温度高时，可从棚的两侧掀开棚膜，开小口放风。随着天气变暖，晴天棚内温度高时，可从

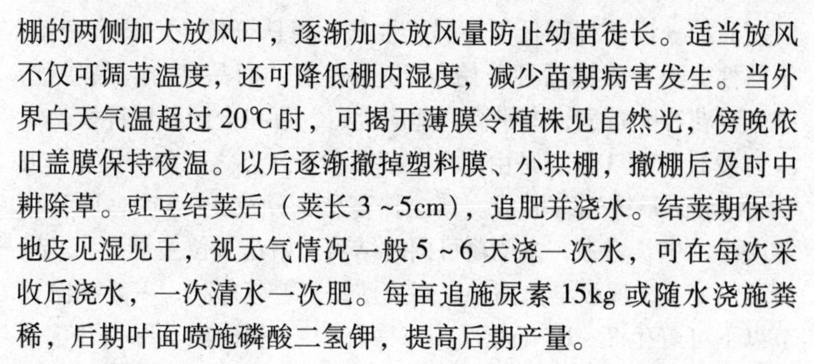

棚的两侧加大放风口，逐渐加大放风量防止幼苗徒长。适当放风不仅可调节温度，还可降低棚内湿度，减少苗期病害发生。当外界白天气温超过20℃时，可揭开薄膜令植株见自然光，傍晚依旧盖膜保持夜温。以后逐渐撤掉塑料膜、小拱棚，撤棚后及时中耕除草。豇豆结荚后（荚长3~5cm），追肥并浇水。结荚期保持地皮见湿见干，视天气情况一般5~6天浇一次水，可在每次采收后浇水，一次清水一次肥。每亩追施尿素15kg或随水浇施粪稀，后期叶面喷施磷酸二氢钾，提高后期产量。

4. 采收

当嫩荚达到品种特性所具的长度，豆粒刚开始膨大时为采收适期，应及时采收。注意采收时不要碰伤结荚枝，以保护小花蕾继续开花结荚。

5. 病虫害防治

豇豆主要有锈病、烟煤病、枯萎病。豇豆锈病是毁灭性病害，可用粉锈宁、百菌清、托布津、多菌灵可湿性粉剂500~800倍液喷洒，交替用药防治。豇豆烟煤病自豇豆出现真叶后就开始发生，收获前发病最重，防治上要避免播种过密，使田间通风透光；及时清除田间染病落叶，减少再传染菌源；发病初期采用药剂喷雾，药剂可选用75%百菌清可湿性粉剂600倍液或40%多菌灵胶悬剂800倍液等。枯萎病可用枯萎立克喷雾防治。如发生根腐病，应及早用800倍敌克松灌根。虫害主要有豆荚螟、蚜虫等，可用避蚜雾、吡虫啉等防治。

（三）塑料大棚春早熟栽培

1. 品种选择

大棚栽培应选早熟、高产、抗病、豆荚长、商品性好的蔓生品种。如之豇28~2、宁豇1号、宁豇3号、丰产3号、之豇特早30、之头特长80、特早王豇豆等。

（1）之豇特早30　系浙江省农科院蔬菜研究所育成的长豇

豆新品种。该品种耐低温、弱光性强，植株分枝少，适合密植，早熟性突出，春植播种至始收50天左右，商品性好、品质优，抗豇豆花叶病毒病，产量高，适应性广，可在全国各地种植。

（2）宁豇3号　是由南京市蔬菜种子站以之豇28~2和白豇2号经杂交系统选育而成。其植株蔓生，分枝4~5个，叶片中等大小，生长势强，主侧蔓可同时结荚。始花节位主蔓2~3节，侧蔓第1节，属极早熟品种。序成性好，着荚率高，一般单株16节以下可着生8~10个花序，每序有2~3荚。嫩荚绿白色，顶端红色，荚面平整，荚长70~80cm，条荚均匀，单荚重30g左右，肉质脆嫩耐老化，商品性极佳。该品种比之豇28~2早熟4~7天，增产25%左右。适应性强，抗病，既耐低温又耐高温，对光照不敏感。该品种适宜春秋保护地及春、夏、秋露地栽培，也可冬季日光温室栽培。

（3）之头特长80　丰产、抗病、品质优良。分枝较少，叶片较大，始花节位低，豆荚商品性佳。荚色嫩绿，平均荚长70cm，比之豇282长5~10cm，较粗壮，品质优。可作露地春季早熟栽培、夏秋栽培、延秋栽培，早春保护地极早熟栽培、冬季大棚、日光温室栽培。

（4）特早王豇豆　该品种是目前豆类中高产、抗病和商品性都佳的豇豆品种。其分枝少，叶片小，主蔓结荚为主，抗病毒病，最适春播。初花节位低，平均3节左右即可普遍结荚。初花和初收期比之豇28－2提前2~5天，早期产量增加152.6%，经济效益相当可观，荚色嫩绿，匀称，长65~70cm，商品性好。适应全国各地大棚或露地栽培。

2. 播种育苗

棚内10cm地温稳定在12℃以上可在大棚内直播，亦可在温室内利用营养钵进行护根育苗。一般采用育苗移栽的方法，这样不仅可适当抑制营养生长，促进生殖生长，还可提早播种、提早

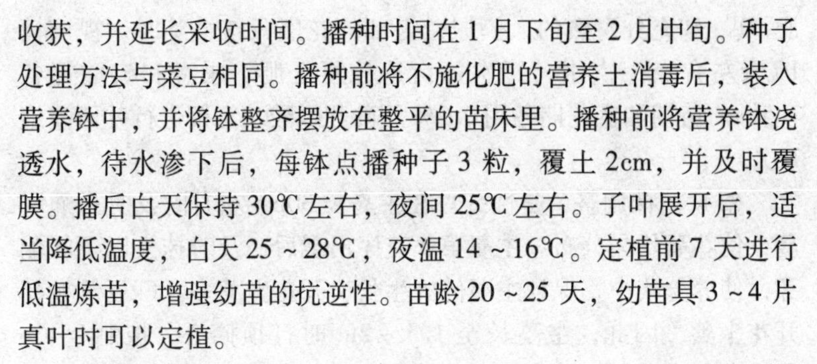

收获，并延长采收时间。播种时间在1月下旬至2月中旬。种子处理方法与菜豆相同。播种前将不施化肥的营养土消毒后，装入营养钵中，并将钵整齐摆放在整平的苗床里。播种前将营养钵浇透水，待水渗下后，每钵点播种子3粒，覆土2cm，并及时覆膜。播后白天保持30℃左右，夜间25℃左右。子叶展开后，适当降低温度，白天25～28℃，夜温14～16℃。定植前7天进行低温炼苗，增强幼苗的抗逆性。苗龄20～25天，幼苗具3～4片真叶时可以定植。

3. 整地定植

定植前1个月或在头一年秋季扣越冬棚，提高地温。春早熟豇豆产量高，结荚期长，需肥量较大，应施足基肥。整地时结合深翻，每亩施入充分腐熟有机肥8 000kg，过磷酸钙25kg，草木灰150kg或硫酸钾20kg作基肥。做成宽1.2m的畦或宽0.6m的垄，覆盖地膜。待棚内10cm地温稳定在15℃以上时即可定植。定植时按株距30cm打好定植孔，每穴2株。温度低时可加小拱棚提温。定植后浇定植水，填好定植孔。

4. 定植后的管理

（1）温度管理　定植后闭棚升温，促进缓苗。缓苗后，棚内白天保持25～30℃，夜温不低于15℃。随着外界气温的回升，适当通风排湿，当外界气温稳定在20℃时，撤除棚膜，转入露地生产。

（2）水肥管理　豇豆肥水管理总原则是前期防止茎叶徒长，后期防止早衰。苗期一般不浇水追肥，防止徒长和落荚。抽蔓后开始浇水，浇水掌握“浇荚不浇花，干花湿荚”的原则。整个开花结荚期保持土壤湿润，初花期不浇水，以控制营养生长。当第1花序结荚后，开始追肥浇水。植株下部花序开花结荚期间，10～15天浇1次水，并每亩随水追施稀粪或磷酸二铵7.5kg；中部花序开花结荚期，每10天左右浇1次水，每亩追施三元复合肥10kg和充分腐熟的人粪尿；上部的花序开花结荚时，视墒情10天左右浇1次水，每次每亩追施复合肥、尿素和硫酸钾各7.5kg。苗期和盛花期各用0.2%硼砂和磷酸二氢钾进行叶面喷施1次。

（3）植株调整　蔓性豇豆在主蔓长30cm左右时及时吊绳引蔓，使茎蔓均匀分布。主蔓第1花序出现后，及时抹去以下的侧芽，使养分集中，保证主蔓健壮生长，开花坐荚多。豇豆侧枝易开花坐荚，因此，主蔓长至1.5~2m时打顶摘心，控制生长，促进主蔓中上部侧枝上的花芽开花结荚。主蔓上发生的侧枝都要摘心，促进侧枝第1个花序的形成，利用侧枝上发出的结果枝结荚，提高产量。但不同部位发生的侧枝，保留节位不同。下部发生较早的侧枝，保留10节左右；中部发生的侧枝，留5~7节；上部发生的侧枝，留2~3节。为加强通风，及时疏去植株下部的老叶、病叶等。

5. 采收

豇豆一般在开花后10~15天豆荚充分长成，豆粒略显时，达到商品成熟期，应及时采收。初期4~5天采收1次，盛收期1~2天采收1次。采收时要特别注意，不要损伤其他花芽及嫩荚，最好在嫩荚基部1cm处掐断收获。适时收获，对防止植株衰老有很大作用。

6. 病虫害防治

与小棚早春栽培相同。

（四）日光温室越冬茬栽培

1. 品种选择

选择生长前期耐高温，生长后期耐低温、耐弱光、抗病性强、优质、丰产的品种。如之豇28~2、中华豇豆王、早翠、张塘、三尺绿、之头特长80、宁豇豆3号、早豇系列等。

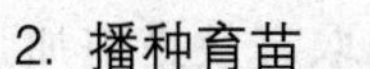

2. 播种育苗

(1) 种子处理　为提高种子的发芽势和发芽率，保证发芽整齐、快速，播种前进行选种和晒种，选择有光泽、无虫伤、无霉烂、饱满的种子，晴天晒种 1～2 天。将选好的种子用温水浸泡 12 小时，后用 500 倍多菌灵药液浸泡 10 分钟；也可用适乐时拌种，用清水冲洗干净后放在 25～30℃下进行催芽，当芽长 1cm 左右时播种。

(2) 播种育苗　播种前按技术要求配制营养土并进行床土消毒。将营养土装入营养钵，浇透水造足底墒。每钵播种子 3 粒，播后覆细土 2cm，整齐摆放在苗床中。盖薄膜保温保湿。播后白天保持 30℃左右，夜间 20℃左右，以促进幼苗出土。10 天左右出齐苗，要适当降温，保持白天 20～25℃，夜间 14～16℃。定植前 7 天左右开始低温炼苗，25 天左右即可定植。豇豆壮苗的标准是：日历苗龄 20～25 天，生理苗龄是苗高 20cm 左右，开展度 25cm 左右，茎粗 0.3cm 以下，真叶 3～4 片，根系发达，无病虫害。

3. 定植

定植前施足基肥，每亩施有机肥 8 000～10 000 kg，饼肥 200kg，过磷酸钙 100kg，碳酸氢铵 50kg。将肥料撒匀，深翻 30cm，整平后做成 1.2m 宽的平畦或垄，垄高 15cm 左右，浇透水，覆膜。当 10cm 地温稳定通过 15℃，气温稳定在 12℃以上时定植。前 10 天左右扣棚烤地，选晴天进行定植。一般在每垄栽两行，按株距 30cm 打定植孔，每穴栽 2 株，然后浇水，水渗下后覆土封严定植孔。

4. 定植后的管理

(1) 温度管理　定植后的 3～5 天通风，闭棚升温，促进缓苗，白天温度25～30℃，夜间 16～20℃，缓苗后，室内的气温白天保持 25～28℃，夜间 14～18℃。冬季天气寒冷，尽量少通风，以利保温。秋冬茬生产的，进入冬季后要采取有效措施加强保温，尽量延长采收期。冬春茬栽培的，当春季外界温度稳定通过20℃时，再撤除棚膜，转入露地生产。

（2）肥水管理　浇缓苗水后，进行中耕蹲苗。此后控制浇水，直至结荚以后方可浇水，并随水冲追人粪尿1 000kg、过磷酸钙30～50kg。待植株下部的果荚伸长，中上部的花序出现时，再浇一水，以后掌握浇荚不浇花，见湿见干的原则，大量开花后开始每隔10～12天浇1次水。每采收两次，随水追施一次速效肥或人粪尿。冬季由于通风少，温室内CO_2浓度较低，可追施CO_2颗粒肥或气肥，一般于开花后晴天每天上午8～10时追施，施后2小时适当通风。豇豆生长后期植株衰老，根系老化，为延长结荚，可用0.2%的磷酸二氢钾进行叶面喷施。

（3）植株调整　植株长有30～35cm、5～6片叶时，就要及时引蔓。引蔓时切不要折断茎部，否则下部侧蔓丛生，上部枝蔓少，通风不良，造成落花落荚。主蔓第1花序下部侧芽及早摘除，当主蔓长至1.5～1.8m时，要及时摘心，促进侧蔓发育，侧枝发出后留花序摘心，促进二次结荚。在盛收期注意摘除植株下部的老叶，利于通风透光，减少营养消耗，促进养分向上部秧蔓、豆荚供应。

（4）适期采收　豇豆是以嫩荚食用、陆续采收的蔬菜，应注意及时采收。当荚条长成粗细均匀、荚面豆粒处不鼓起，但种子已经开始生长时，为商品嫩荚收获的最佳时期。采收时严格掌握标准，使采收下来的豆角尽量整齐一致，并注意不要伤及花序枝。采收宜在傍晚进行，采收中要仔细查找，避免遗漏。

（5）病虫害防治　豇豆的病害主要有锈病、灰霉病、煤霉病、丛枝病、根腐病；虫害有蚜虫、豆荚螟。豇豆锈病在发育初期用15%粉锈宁可湿性粉剂2 000倍液，或用20%粉锈宁乳油2 000倍液，每15天喷1次；也可用50%萎锈灵乳油800～1 000

倍液喷雾防治，7～10 天 1 次，连喷 2～3 次。煤霉病发病初期用 50% 多菌灵可湿性粉剂 500 倍液，或用 40% 多菌灵胶悬剂 800 倍液，或用 50% 甲基托布津可湿性粉剂 600 倍液，喷雾防治，每 10 天左右 1 次，连喷 2～3 次。豆荚螟可用 25% 的灭扫利 800 倍液，或其他胃毒剂、触杀剂喷雾防治，从发现起每 10 天左右喷 1 次。

第三章　主要农作物栽培技术

第一节　小麦高产栽培技术

一、选用优良种子

选用近几年来在当地表现突出、高产抗倒、抗逆性强、亩产在千斤以上且具有增产潜力的小麦品种。必须注意种子质量，要使用经过提纯复壮的良种，确保纯度。

二、提高播种质量

抓好播种环节技术的配套应用，确保壮苗安全越冬，是实行规范化管理的基础。

1. 高标准精细整地

精细整地的标准是“深、净、细、实、平”。要大力推行机耕深耕，耕深7～8寸（1寸=1/30m），打破犁底层，特别是玉米秸秆还田的麦田，一定要深耕掩埋。机耕后配合机耙，耙细耙实耙透，消除明暗坷垃，拾净根茬，上虚下实，平整作畦，为小麦生长创造良好的土壤环境。

2. 科学平衡施肥

原则是：重施有机肥，稳施氮肥和磷肥，补施钾肥，配施微肥，玉米秸秆实行全部还田。要求底肥每亩施有机肥 $4m^3$ 以上，亩施纯氮12～14kg（折合尿素25～30kg），五氧化二磷6～9kg（折合12%磷肥50～75kg），氧化钾4～6kg（折合60%氯化钾

7.5～10kg)，硫酸锌 2kg，以上磷肥、钾肥一次性底施，氮肥 50%～60%底施，40%～50%于起身期至拔节期结合浇水追施；施用磷肥时，要尽量条施、沟施，一般用 2/3 底施，1/3 用于耙地时撒垡头，以提高肥料利用率。

3. 确保足墒下种

播种时 0～20cm 土壤耕层含水量：淤土 20%～22%，两合土 18%～22%，沙壤土 16%～20%，即“手握成团、落地即散”的标准。若达不到上述指标，要根据生产条件，浇好底墒水或塌墒水，以利于实现一播全苗。

4. 适期播种

根据当地近几年麦播期间的气候条件和小麦生育特点，一般半冬性品种宜在 10 月 5～15 日播种，弱春性品种易在 10 月 15～20 日播种。

5. 适量播种

在适播期范围内，半冬性品种每亩播量为 6～8kg，弱春性品种每亩播量为 8～9kg，成穗率低的品种或播期推迟地块，应适当加大播量，播期每晚播 3 天，播量加大 0.5kg。

6. 播种深度

播种深度以 3～4cm 为宜，要严格掌握播种深度，做到行距一致，下种均匀，深浅一致。

7. 播前处理

播前晒种 1～2 天，可提高发芽率和发芽势；用 2.5%适乐时 10g 加水 250g，拌麦种 10kg，可预防小麦黑胚病、纹枯病。每亩用 3%甲基异柳磷颗粒剂 2kg 或 3%辛硫磷颗粒剂 2.5kg，加细土 20kg，于犁地前均匀撒施地面，随犁翻入土中，防治地下害虫。

三、科学管理

1. 加强中耕

冬前要普遍中耕 1 ~ 2 遍，对长势较旺，群体偏大的麦田，要深中耕 2 ~ 3 寸；返青后再中耕 1 ~ 2 遍。弱苗麦田划锄要浅，防止伤根和坷垃压苗。

2. 浇水

11 月下旬至 12 月上旬，根据土壤墒情，浇好越冬水，要小水细浇，做到春旱冬抗，保证壮苗安全越冬。返青后要看墒情、苗情等进行浇灌，浇灌时不要大水漫灌，以当天浇水当天渗完为好，防止大量存水，延缓地温升高。浇水后要及时中耕，破除板结，保墒增温。

3. 施肥

返青后，根据苗情施用肥料，二三类苗可结合中耕每亩追施尿素 7 ~ 10kg，拔节期再追施 10kg，一类苗，返青后只中耕不追肥，到拔节期结合浇水一次性施入尿素 15kg；未施底肥的稻茬麦田，每亩追施配方肥 20 ~ 25kg，以满足小麦生长发育的需要。目前，在小麦上重点推广了小麦氮肥后移技术，增产效果明显。主要技术要点是：将氮素化肥的底肥比例减少到 50%，追肥比例增加到 50%，土壤肥力高的麦田底肥比例为 30% ~ 50%，追肥比例增加到 50% ~ 70%；同时将春季追肥时间后移，一般后移至拔节期。

4. 除草

可在 11 月上中旬和翌年 3 月上中旬进行。一般以双子叶杂草为主的麦田可使用使它隆、二甲四氯、溴苯腈、噻吩磺隆、苯磺隆等；对以野燕麦、看麦娘等单子叶杂草为主的麦田，可选用 6.9% 骠马乳油进行茎叶喷雾；对单子叶杂草和阔叶杂草混生麦田，以及稻茬麦田的硬草、碱茅等恶性杂草，可采用 50% 异丙

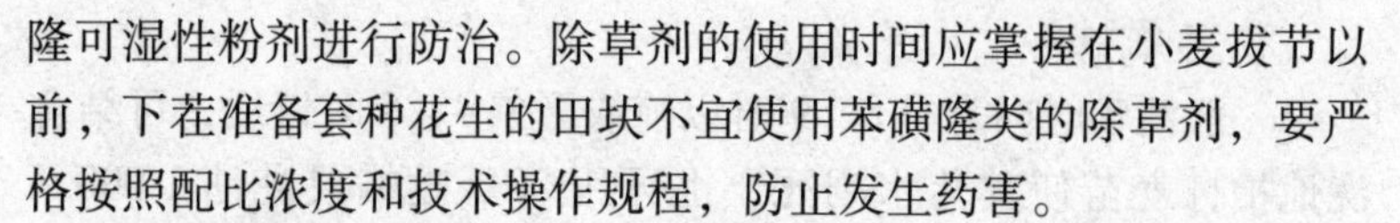

隆可湿性粉剂进行防治。除草剂的使用时间应掌握在小麦拔节以前，下茬准备套种花生的田块不宜使用苯磺隆类的除草剂，要严格按照配比浓度和技术操作规程，防止发生药害。

5. 预防冻害

近几年，冬春季温度变化较大，为防止小麦冻害的发生，要提前制定防灾预案，认真抓好控旺、促弱、防冻技术措施的落实。要密切注意天气变化，在强降温来临之前，采取灌水、覆盖、叶面喷洒植物抗寒剂等措施预防冻害发生。待寒流过后及时检查苗情，一旦发现冻害发生，如叶片严重干枯、心叶、幼穗呈水浸状等，要及时进行施肥浇水、叶面喷洒营养型液肥等，促进分蘖多成穗。

6. 搞好叶面喷肥，防衰增重

扬花后 15 ~ 20 天，进行 1 ~ 2 次叶面喷肥，每亩用 1kg 尿素加 200g 磷酸二氢钾，加水 50kg 喷洒，可增加穗粒数，提高千粒重。

四、适时收获

高产小麦要在蜡熟末期适时收获。收获晚了容易造成掉头落粒或遭受雨淋，粒重、粒色、产量和品质下降。推广机收，联合收割机收获要防止机械混杂，做到颗粒归仓。

五、病虫害防治

1. 小麦纹枯病

一般发生于 2 月下旬至 3 月上旬，主要为害下部茎秆和叶梢，亩用 15% 三唑酮可湿性粉剂 70 ~ 100g 或 12.5% 烯唑醇或戊唑醇 20 ~ 30g，兑水 50kg 喷雾防治；或 25% 丙环唑乳油 30 ~ 35mL 兑水 50kg 喷雾，隔 7 ~ 10 天施一次药，连喷 2 ~ 3 次。注意加大水量，将药液喷洒在麦株茎基部，以提高防效。

2. 麦蜘蛛

一般活动时间为早8、9时以前或下午4、5时以后，可结合浇地拍打麦苗使其落水溺死，也可用20%哒螨灵乳油1 000~1 500倍液进行防治或1.8%阿维菌素乳油3 000~5 000倍液进行防治。

3. 吸浆虫

3月下旬至4月上旬为蛹活动时期，可结合浇水每亩用低毒高效农药，顺麦垄均匀撒施，然后浅锄，使药剂翻入土中，再浇水。成虫出土时间一般在4月中下旬，每亩用45%高效氯氰菊酯20~25mL或40%毒死蜱50~75mL对穗部喷雾；也可用80%敌敌畏80~100mL拌适量麦麸或细土在傍晚均匀撒于田间，熏蒸防治。

4. 赤霉病

赤霉病一般在灌浆后期有明显表现症状，主要为半截枯穗、白穗，但防治时间应在小麦齐穗期—始花期，每亩用50%多菌灵可湿性粉剂100g或70%甲基硫菌灵50~100g兑水50kg喷雾，隔7天再防治一次。

5. 白粉病、锈病

白粉病症状为白色霉点，锈病俗称黄疸，症状为黄色、橙黄色、红褐色霉层，为流行性病害，一旦发生，危害极大。建议4月20~25日防治一遍，每亩用20%三唑酮乳油50mL或12.5%烯唑醇20~30g兑水50kg喷雾防治。

6. 蚜虫

俗称“腻虫”，主要为害上部叶片、茎秆和穗，可用50%抗蚜威10~15g或10%吡虫啉可湿性粉剂20~30g，或40%氧乐果乳油70mL兑水50kg喷雾。

六、适时收获

高产小麦要在蜡熟末期收获，晚了容易造成掉头落粒或遭受雨淋，粒重、粒色、产量和品质下降。推广机收，联合收割机收获要防止机械混杂，做到颗粒归仓。

第二节　玉米高产栽培技术

一、品种选择

根据当地生态条件，按照市场需求、生产目标选择高产优质、抗逆性强的玉米杂交种，适合本区域大范围种植的优质高产国审、省审品种。

二、地块的选择

玉米对土壤的要求不严，一般耕层深厚，土壤肥沃，灌排方便的沙壤土更利于玉米生长，容易获得高产优质。

三、种子处理

1. 种子精选

选用粒大、饱满的种子，机械或人工选粒，除去病斑粒、虫食粒、破损粒、混杂粒及杂质。种子的纯度不低于98%，净度不低于99%，发芽率不低于85%，含水量不高于13%。

2. 晒种

选择晴天上午9时到下午4时进行晒种（不要在铁器和水泥地上晒种，以免烫坏种子），连续晒2～3天，可提早出苗1～2天，出苗率提高13%～28%。

3. 浸种

玉米用冷水浸种10小时，比干籽播种发芽快，出苗整齐；微肥浸种可补偿土壤养分，比大田使用方便，如播种前用0.01%~0.1%硫酸锌、磷酸二氢钾等浸泡24小时，可促进萌发，提高发芽率。

4. 选用包衣种子

可防止地下害虫和苗期病虫害。

四、播种时期

玉米抢时早播有利于充分利用光热资源，是保证玉米正常生长发育、实现高产的关键措施。

麦垄套玉米：套种玉米播种期早晚根据小麦群体的大小、长势而定，小麦群体大、长势好要晚播，群体小、长势差、苗弱的田块可适当早播。一般在麦收前7~10天进行播种，以收小麦时不损伤玉米苗及麦收后管理方便为准。

铁茬直播玉米：麦收后及时播种，6月10日之前播种结束。

五、播种方式

高产田宜采用宽窄行播种，宽行70~80cm，窄行40~50cm；中产田采用等行距播种，行距60~65cm。

机械条播：用免耕播种机进行播种，播前要认真调整播种机的下籽量和落粒均匀度，控制好开沟器的播种深度，做到播深一致，落粒均匀，防止因排种装置堵塞而出现的缺苗断垄现象。

机械精量点播：使用精量点播机进行点播，每穴1~2粒。

人工点播：每穴播种2~3粒，注意保持株距、行距一致，同时保持播种深度的一致性。

1. 播种深度

墒情较好的两合土和淤土，播种深度4cm左右，疏松的沙壤

土，播种深度5~6cm，播种后及时镇压保墒，以利出苗。

2. 种植密度

合理密植是实现玉米高产的重要措施之一，过高过低都会导致玉米减产，玉米留苗密度因品种不同而异，一般耐密品种4 500株/亩左右，大穗型品种3 500株/亩左右，高肥区可适当增加密度。

3. 播种量

一般每亩2.5~3kg。

4. 足墒播种

充足的土壤墒情是保证玉米苗全、苗齐的基本条件。在适播期内，要趁墒抢种，若土壤墒情不足，播种后要及时浇蒙头水。

六、田间管理

1. 及时补苗、间苗、定苗

提高播种质量，保证苗全、苗齐、苗匀是夏玉米高产的基础。生产中如遇特殊情况缺苗断垄严重，要及时补苗。玉米顶土出苗后，需及时查苗，发现缺苗严重，应立即进行补苗，采取移栽补苗或催芽补种的方法。移栽时从田间选取稍大一些幼苗，移栽后立即浇水，保证成活率。

间苗在3叶期进行，定苗在4~5叶展开时完成，拔除小株、弱株、病株、混杂株，留下健壮植株。定苗时不要求等株距留苗，个别缺苗地方可在定苗时就近留双株进行补偿，必须保证留下的玉米植株均匀一致。为了减少劳动用工，间苗、定苗可一次完成。

2. 灌溉

播种期灌溉，套播玉米在播种前要浇一次水，既有利于小麦灌浆，又有利于玉米出苗。麦茬平播玉米播种时遇干旱，要进行造墒灌溉，每亩30~40m^3水即可，利于保证播种质量。

夏玉米拔节后进入生长旺盛阶段，对水分的需求量增加，尤其是大喇叭口期发生干旱（俗称“卡脖旱”），将影响抽雄和小花分化；抽雄开花期玉米需水量最多，是玉米需水的临界期，此期干旱将影响玉米散粉，甚至造成雌雄花期不遇，降低结实率。因此在大喇叭口到抽雄后25天这一段时间，发生旱情要及时灌溉。

玉米生育后期，保持土壤较好的墒情，可提高灌浆强度，增加粒重，并可防止植株早衰。此期干旱应及时灌水。

3. 中耕

玉米是中耕作物，其根系对土壤空气反应敏感，通过中耕保持土壤疏松利于夏玉米生长发育。夏玉米田一般中耕2次，定苗时锄一次，10叶展时锄一次，人工或机械锄地。用除草剂在玉米播种后进行封闭处理的田块或秸秆覆盖的玉米田，可在拔节后到10叶展时进行一次中耕松土。

4. 施肥

夏播玉米一般不施有机肥，可利用冬小麦有机肥的后效。夏玉米要普遍施用苗肥，促苗早发。苗肥在玉米5叶期施入，将氮肥总量的30%及磷钾肥沿幼苗一侧（距幼苗15～20cm）开沟（深10～15cm）条施或穴施。化肥用量每亩施纯氮14～16kg，五氧化二磷6～9kg，氧化钾8～10kg。在缺锌土壤每亩施硫酸锌1～1.5kg。磷肥、钾肥全部基施，氮肥分期施。使用玉米专用长效控释肥时在播种时一次底施。基肥和种肥：全部磷肥、钾肥及40%的氮肥作为基肥、种肥在播种时施入，或播种后在播种沟一侧施入。施肥深度一般在5cm以下，不能离种子太近，防止种子与肥料接触发生烧苗现象。

追施穗肥：穗肥有利于雌穗小花分化，增加穗粒数。在玉米大喇叭口期（株高1米左右，11～12片展开叶）将总氮量的60%在根际施入。

补施粒肥：玉米后期如脱肥，用1%尿素+0.2%磷酸二氢

钾进行叶面喷洒。喷洒时间最好在下午 4 时后。高产田块也可在抽雄期再补施 5 ~ 7kg 尿素。

5. 化学除草

播后处理：玉米播种后出苗前及时进行化学除草，采用土壤封闭或茎叶处理。土壤墒情不足时，要适当加大喷药用量。每亩用 40% 阿特拉津 + 50% 乙草胺（75mL + 75mL），兑水 50kg 进行封闭式喷雾，可在地面形成一层药膜，有效防止杂草生长，药效在 1 个月以上。

苗期发现点片杂草结合中耕进行除草，也可用 4% 烟嘧磺隆、磺草酮防除单双子叶杂草，2，4 – D、百草敌等防除阔叶草，严禁喷到玉米植株上，以免造成药害。

6. 防止倒伏

苗期玉米耐旱怕涝，可适当控水蹲苗。蹲苗是促进玉米根系下扎，提高玉米后期抗旱性和防止倒伏的重要措施。也可结合中耕利用人工或机械培土，防止倒伏。种植密度过大有倒伏倾向的地块，应适时喷施生长调节剂（如玉米健壮素）壮秆防倒，小喇叭口期前遭遇大风，出现倒伏，可不采取措施，玉米会自行直立，基本不影响产量。小喇叭口期后遭遇大风而出现倒伏，应及时扶正，并进行培土，以促进气生根下扎，增强抗倒伏能力，降低产量损失。

七、主要病虫害防治

1. 大小斑病

50% 退菌特可湿性粉剂 800 倍液、50% 多菌灵 1 000 倍液、50% 甲基硫菌灵 500 ~ 800 倍液。施药应在发病初期开始，这样才能有效地控制病害的发展，必要时隔 7 天左右再次喷药防治。

2. 粗缩病

进行药剂防治，尽早除虫防病。苗期根据预测预报对灰飞虱和蚜虫要尽早进行药剂防治，具体可采用10%吡虫啉可湿性粉剂3 000～5 000倍液或25%扑虱灵可湿性粉剂1 000～1 500倍液均匀喷雾，对沟边、道旁和杂草多的地块要重点防治，注意防治套作、间作玉米田，减少传毒昆虫的为害；对已经感病的玉米，可在早期使用抗病毒病制剂，如病毒A、宁南霉素等进行喷雾，对病情的控制和治疗有一定的效果。

3. 黑粉病

可用15%粉锈宁拌种，用药量为种子量的0.4%；在玉米快抽穗时，用1%的波尔多液喷雾，有一定保护作用；在玉米抽穗前10天左右用50%福美双可湿性粉剂500～800倍液喷雾，可以减轻黑粉病的再侵染。

4. 玉米螟

在玉米大喇叭口期用1.5%辛硫磷颗粒剂按每亩1.5～2kg用量灌心，或每亩用菊酯类杀虫剂1 000～1 500倍液30～50kg玉米心叶内喷雾，防治效果明显。

5. 蚜虫

玉米心叶期，每亩用3%辛硫磷颗粒剂1.5～2kg撒于心叶，防治玉米螟，兼治玉米蚜虫。也可用10%氯氰菊酯或2.5%辉丰菊酯，每亩30mL兑水20kg进行喷雾，既防治玉米螟也防治玉米蚜虫。在玉米抽雄初期是防治玉米蚜虫的关键时期，用3%啶虫脒或10%吡虫啉，每亩15～20g，兑水50kg喷雾。

6. 红蜘蛛

当叶螨在田边杂草上或边行玉米点片发生时，进行喷药防治，以防扩散蔓延。可用1.8阿维菌素乳油、73%克螨特乳油或5%尼索朗乳油1 500倍液喷雾防治。

八、适时收获

目前，玉米收获时间普遍偏早，严重影响玉米产量。合理的

收获时期应在苞叶发黄后 7～10 天，即苞叶变白，上口松开，籽粒基部黑层出现，乳线消失时，玉米达到生理成熟即可进行收获。早收获（未成熟）对玉米产量、品质都不利。早收玉米籽粒不饱满，含水量较高，容重低，商品品质差，同时，早收获玉米籽粒产量降幅达 10% 以上。如果为下一茬作物腾地必须早收获时，可连秆收获，1～2 周后再掰果穗，可促使玉米秸秆中的养分向籽粒运转，能够明显提高产量和品质。

九、减灾措施

根据玉米生长季节，自然灾害发生频繁，针对灾害要及时采取应变措施，确保丰产稳产。

1. 涝灾

若玉米前期遇到涝灾，要及时排水，淹水时间不应超过半天。生长后期，植株对渍涝敏感性降低，但淹水时间不得超过一天。玉米受涝后，吸收养分能力下降，因此对受涝灾的地块要注意补施一些速效氮肥。

2. 雹灾

苗期遭遇雹灾，应加强肥水管理，可根部或根外施速效氮肥，促进快速恢复，降低损失。拔节后遭遇严重雹灾，应及时组织科技人员进行田间诊断，视灾情程度酌情采取相应补救措施。

3. 风灾

小喇叭口期（株高 70cm 左右）前遭遇大风，出现倒伏，可不采取措施，玉米会自行直立，基本不影响产量。小喇叭口期后遭遇大风而出现倒伏，应及时扶正，并进行浅培土，以促进气生根下扎，增强抗倒伏能力，降低产量损失。后期倒伏应及时疏散、扶正植株，同时喷施叶面肥，以维持植株正常灌浆。

4. 花期阴雨

在抽雄至吐丝期间出现阴雨寡照，导致玉米抽雄和吐丝间隔期拉长，影响玉米正常授粉结实时，可采用人工辅助授粉提高果穗结实率。

第三节　水稻高产栽培技术

一、选用优质高产品种

选用适合当地栽培的并达到优质米标准的品种。在黄淮稻区适宜的品种有：新丰2号、豫粳6号、郑稻18 、郑稻19号、新稻18、新稻19、方欣一号、红光粳1号、津稻1007、水晶3号、方欣1号、黄金晴等。

二、培育壮秧

（一）壮秧标准

适龄移栽的秧苗，其壮秧标准在形态指标上有如下表现。

① 秧苗生长均匀，整齐一致。

② 苗挺有劲，叶片青绿正常，生长健壮。

③ 假茎（秧身）粗壮，分蘖发生早、节位低，移栽时带1~2个分蘖。

④ 根多而白，没有黑根，没有病虫害。

⑤ 秧龄适当，一般不超过8片叶。

（二）旱育稀植技术

1. 做床与苗床处理

一亩本田备30~35m^2秧床，播前1~2天完成做床。秧田畦宽1.2~1.5米，床土深翻20cm。苗床施肥每平方米施腐熟有机肥10kg、尿素20g、磷肥200g、钾肥40g，硫酸锌、硫酸亚铁各10g，将肥料与10cm深床土拌均匀，均匀施于翻耙平整的苗床上，用耙子挠匀，混拌于2cm深表土中，然后浇透水，以待播

种。出苗后2.5叶期使“断奶肥”，每亩用尿素5kg，移栽前4～5天使用“送嫁肥”，每亩用尿素5kg。

2. 种子处理与浸种催芽

种子纯度98%以上，发芽率80%以上，净度不低于98%，含水量不高于13%。播前晒种2～3天，用2%生石灰水或加入“402、咪鲜胺”浸种，杀菌消毒，预防恶苗病等病害，然后淘净催芽1～2天。当有80%种子破胸露白时即可播种。

3. 适时播种

要在5月上旬播种结束，最迟不超过5月12日。

4. 控制播量

坚持每平方米苗床播芽种120～130g左右，每亩本田用种量3～4kg。播后轻压，使种子三面入土，再覆盖1cm厚营养土，以利谷粒吸水、增温，促进扎根、壮苗。

5. 加强秧田水分管理

秧田水分管理掌握浅灌勤灌勤排的原则。一般播后7天内不灌水，保持畦面湿润，勤灌勤排，每隔4～5天灌一次跑马水，前水不见后水。死水田要疏通排渠，进行排水通气，以提高地温，4叶一心前灌4次水。

6. 秧田病虫害防治

秧苗期主要防治条纹叶枯、苗瘟、蓟马等病虫害，培育健壮秧苗。

三、大田管理

（一）科学施肥

1. 大田施肥应遵循配方施肥的原则

增施有机肥，控氮、增磷，补钾、硅、锌肥，早施分蘖肥。

2. 本田施肥

每亩使用腐熟有机肥3m³左右，全生育期亩施尿素30～

35kg、过磷酸钙 50～70kg、钾肥 10～15kg，硅钙磷肥 50kg、硫酸锌 2kg。磷、钾、硅、锌肥一次性底施。氮肥施用方法：底追各半，插秧后 30 天内施追肥量的 70%～80%。栽秧后 3～5 天，撒尿素 5kg，促进返青，7～10 天撒尿素 10～12kg，促进分蘖，栽后 25 天追尿素 5kg 左右，促进穗生长，收获 30 天内严禁施用任何化学肥料。

（二）整地

小麦收获后，要及时灭茬，趁墒耕翻，放水泡田。一般要求深翻 18～20cm，结合深翻，增施有机肥，培肥地力。稻田整地以水整地为主，水旱结合，提高田块平整度，做到高低不过寸，寸水不露泥，灌水棵棵到，排水处处干。

（三）优化栽插方式，建立合理群体结构

抢时插秧，立夏插秧结束。扩行距，缩株距，减少穴基本苗。行、穴距配置（9～10 寸）×（3～4 寸），每穴插 3～4 苗，每亩基本苗 5 万～7 万株，最高群体 33 万～40 万株/亩（500～600 株/m^2），成穗 26 万～28 万穗/亩，穗实粒数 105～120 粒，应用低群体、壮个体、高光效、高积累的策略。

（四）科学灌水

1. 灌水原则

坚持“大水泡田、浅水插秧、寸水活棵、薄水分蘖、够苗晒田、深水抽穗、干湿灌浆”的原则。

2. 灌水

插秧后 25～30 天群体达到 500～600 株/m^2 时，排水晒田，晒到拔节期。

3. 排水

排水晒田的基本原则：一是苗到不等时，每亩总茎数达到预期穗数的 1.2～1.3 倍时开始晒田，高产田块提倡够苗晒田；二是时到不等苗，栽秧后 25～30 天开始晒田，长势旺、土质烂、

泥脚深的早晒、重晒，晒 7～10 天，长势差的迟晒、轻晒，晒 5～7天。拔节后间歇灌水，抽穗前后保持 3～6cm 深水层，齐穗后干湿交替，以湿为主，湿润灌浆，收获前 7 天排水落干。

（五）化控

1. 秧田化控

秧苗一叶一心期，用 300mg/kg 的多效唑溶液均匀喷洒秧苗，即 15% 的多效唑粉剂 1g 兑水 3.5kg 喷雾，用药前一天排净秧田水，用药后隔一天正常灌水。

2. 本田化控

插秧后 5～7 天进行化控、化除。化控每亩用 15% 多效唑 50～70g，兑土 15～20kg 撒于稻田水中，促根增蘖，控高防倒，增穗增产；结合化控、施肥，每亩用丁草胺 150g，兑细土撒入稻田水中，7 天内不灌不排，闷杀草芽。

（六）综合防治病虫害

1. 稻螟虫防治

在卵孵盛期对每亩卵量 50 块以上田块及时喷药防治；防治时选用 48% 毒死蜱、5% 氟铃脲对稻螟虫、稻纵卷叶螟、稻飞虱均有很好防效，且有效期可达 40 天左右；也可选用 18% 杀虫双水剂每亩 250～300mL、或 90% 杀虫单原粉 40～50g、或 40% 三唑磷乳油 100mL，兑水 50kg 喷雾。

2. 纹枯病防治

在病丛率 20% 以上时施药，每亩用 30% 本醚甲环唑。丙环唑乳油 15～20mL，20% 井冈霉素可溶性粉剂 50g，或 15% 三唑酮（粉锈宁）可湿性粉剂 100g，兑水 50kg 喷于水稻中下部。

3. 稻飞虱防治

秧田 3 叶期防治一次，大田在每百丛水稻中有虫1 000头以上时开始施药，每亩用 10% 吡虫啉粉剂 20g，或 25% 扑虱灵粉剂 30g 兑水喷雾。

4. 防治穗茎稻瘟

穗茎稻瘟对稻米的产量及品质有极大的影响，若在水稻破口期，天气预报有低温阴雨天气，必须立即施药防治，亩用75%三环唑粉剂25～30g，或40%富士一号粉剂100g兑水50kg喷雾。

（七）化学除草技术

1. 秧田杂草的化学防除

防治策略：第一，防治秧田稗草是防治稻田稗草的关键所在，要抓好秧田杂草的防治；第二，秧田早期必须抓好以稗草为主兼治阔叶杂草的防治；第三，加强肥水管理，促进秧苗早、齐、壮，防止长期脱水、干田，是秧田杂草防治的重要农业措施。

常用除草剂品种及应用技术介绍如下。

杀草丹：以50%杀草丹乳油每亩200～300mL，配成药液在水稻落谷后喷施；或用10%杀草丹颗粒剂1 000～1 500g/亩直接撒施，施药后2～3天播种。在稻苗1叶1心期，用50%杀草丹乳油200～300mL/亩，制成药土撒施或配成药液喷施。可防治牛毛毡、稗草及千金子、异性莎草等。

噁草酮（噁草灵）：以12%噁草灵乳油100～150mL/亩，配成药液喷施，施药后2～3天播种，可以有效防治一年生禾本科杂草。

莎扑隆：以50%莎扑隆可湿性粉剂200～300g/亩，制成药土撒施，并混拌入5～7cm土层中，而后即可润水播种。此药剂适于莎草科杂草发生较重的秧田。

敌稗：在稗草2叶期，用20%敌稗乳油400～600mL/亩，配成药液，排干水后喷施，药后一天灌蒙头水，深淹二天后恢复正常水层。适用于以稗草为害为主的秧田。

禾大壮：在稗草1.5～2叶期，用96%禾大壮乳油100～150mL/亩，拌细土或细沙撒施，主要防治稗草，其次抑制牛毛

毡和异型莎草。

苯达松：在稻草3～4叶期，用48%苯达松水剂100～150mL/亩，配成药液，排干水层后喷施，药后一天复水。可以防治莎草科杂草、鸭舌草、矮慈姑、节节草等。

杀草丹+敌稗：在稗草2叶期左右，用50%杀草丹乳油150mL/亩+20%敌稗乳油300mL/亩，配成药液，撤浅水层喷施，施药后1天复水。可防治稗草、牛毛毡、千金子等。

2. 水稻移栽田杂草的化学防除

对水稻移栽本田杂草的化学防治策略是狠抓前期，挑治中、后期。通常是在移栽前或移栽后的前（初）期采取土壤处理，以及在移栽后的中后期采取土壤处理或茎叶处理。前期（移栽前或移栽后10天），以防治稗草及一年生阔叶杂草和莎草科杂草为主；中后期（移栽后10～25天）则以防治扁秆藨草、眼子菜等多年生莎草科杂草和阔叶杂草为主。具体的喷药形式可以分在移栽前、移栽后前期和移栽后的中后期3个时期进行。

在水稻本田施用除草剂，除要求必须撤干水层喷洒到茎叶上的几种除草剂外，其他都应在保水条件下施用，并且大部分药剂施药后需要在5～7天内不排水、不落干，缺水时应补灌至适当深度。

常用除草剂品种及应用技术介绍如下。

丁草胺：在移栽前1～2天，也可移栽后2～4天，用60%丁草胺乳油100～150mL/亩制成药土撒施或配成药液泼浇。

噁草酮（噁草灵、农思它）：在水稻移栽前2～3天，用12%噁草酮乳油100～150mL/亩，制成药土撒施或配成药液泼浇。

草枯醚：移栽前3天，用20%草枯醚乳油400～600mL/亩，制成毒土撒施。

莎扑隆：移栽前1～2天，用50%莎扑隆可湿性粉剂200～

400mL/亩，制成药土撒施或配成药液泼浇，并搅拌于 3 ~ 5cm 表土层中。在移栽后 5 天左右，用 50% 莎扑隆可湿性粉剂 100 ~ 200g/亩，制成药土撒施。此药剂处理主要用于防治扁秆藨草、异型莎草、萤蔺等莎草科草、杂草较多的稻田。

环草丹（禾草特、禾大壮）在移栽后 5 ~ 10 天，用 96% 禾大壮乳油 100 ~ 200mL/亩，制成药土撒施或配成药液泼浇。

杀草胺：在移栽后 3 ~ 5 天，用 60% 杀草胺乳油 60 ~ 120mL/亩，制成药土撒施或配成药液泼浇。

异丙甲草胺（都尔）：大苗移栽后，移栽 5 ~ 7 天，稗草 1.5 叶期以前，用 72% 都尔乳油 15mL/亩，制成毒土撒施。

丁草胺 + 苄嘧磺隆（农得时）：在移栽后 5 ~ 7 天，用 60% 丁草胺乳油 80 ~ 100mL/亩 + 10% 农得时可湿性粉剂 15 ~ 20g/亩，制成毒土撒施，可以有效防治稗草、牛毛毡、扁秆藨草、雨久花、慈姑、萤蔺等多种杂草。

四、收获贮藏

当水稻黄熟谷粒达到 95% 时，即籽粒灌浆完熟期及时收获，防止养分倒流。稻谷收获及时晒干，在含水量低于 14% 时贮存，以免霉烂、变质。

第四节　花生高产栽培技术

一、选用优良品种

选用高产、优质、抗逆性强、适应当地气候条件的优良品种，种子质量符合《经济作物种子》（GB 4407.2—2008）的规定。

二、进行种子处理

1. 带壳晒种

剥壳前将种果在土质地面上摊 5～7cm 厚，勤翻动，晒种 2～3 天，以提高种子活力和消灭部分病菌。

2. 粒选分级

剥壳不宜过早，在不影响播种的前提下，尽量推迟剥壳时间。剥壳后剔除秕瘦、破伤、霉变籽仁，再将种仁按大中小分为 3 级，用一级种，淘汰 3 级种，分级播种。

3. 药剂拌种

防治根腐病、茎腐病播种前用 50% 多菌灵可湿性粉剂按种子量的 0.3%～0.5% 或 12.5% 咯菌腈乳油（适乐时）按种子量的 0.1% 拌种，水分晾干后即可播种；防治地下害虫和鼠害用 50% 辛硫磷乳油 75mL 加水 1～2kg 拌种 40～50kg。

三、精细播种

1. 适期播种

要根据地温、墒情、品种特性、栽培方法等综合考虑。小麦产量 300kg 以下地块适播期为 5 月 5 日至 5 月 15 日，小麦产量 300～400kg 以下地块适播期为 5 月 10 日至 5 月 20 日，小麦产量 400kg 以上地块适播期为 5 月 15 日至 5 月 25 日。

2. 适墒下种

结合麦田后期灌水给花生播种，营造良好的底墒，以播种层土壤的含水量为田间最大持水量 60%～70% 为宜（即抓土成团，松开即散），低于 40% 容易造成缺苗，高于 80% 易引起烂种、烂芽。

3. 播种方式

采用人工点种或播种耧播种，播种深度 5cm 左右，深浅一致。

4. 播种密度

每亩用种20～25kg。根据小麦行距，调整好花生株行距，一般行距30～40cm，穴距15～20cm。高肥力地块种植10 000～10 500穴/亩，中肥力地块种植10 500～11 000穴/亩，低肥力地块种植11 000～12 000穴/亩，每穴2粒。

四、配方施肥

1. 施肥量

高产麦套花生每生产100kg荚果需吸收纯氮6.4kg、纯磷1.3kg、纯钾3.2kg，根据某县的测土结果和实践经验，参考施肥量如下。

（1）高产田（350kg以上） 亩施优质有机肥2 000kg、尿素20kg、磷酸二铵22.5kg、氯化钾15kg。

（2）中产田（250～350kg） 亩施优质有机肥1 000kg、尿素20kg、磷酸二铵17.5kg、氯化钾10kg。

（3）低产田（250kg以下） 亩施优质有机肥1 000kg、尿素15kg、磷酸二铵15kg、氯化钾7.5kg。

2. 施肥技术

施肥技术可归纳为“两追一喷四补”：“两追”即提倡花生两次追肥，第一次追肥在小麦收获后及早追肥，有机肥、氮肥的1/2、磷肥、钾肥一次性施入，第二次追肥在幼果开始膨大期追施氮肥的1/2；“一喷”即在生育后期亩用尿素1kg加磷酸二氢钾200g，兑水50kg，叶面喷施2～3次，防止早衰；“四补”即补施钙肥、钼肥、铁肥和硼肥。钙肥用磷石膏，在花生封行前亩用50kg磷石膏，浅施于结荚层；钼肥用钼酸铵，在苗期用浓度为0.05%的钼酸铵溶液喷施2次；铁肥用硫酸亚铁，雨后或灌水后用浓度为0.2%的硫酸亚铁溶液连喷2～3次；硼肥用硼酸，用

浓度为0.1%的硼酸溶液在始花至盛花期喷施2次。

五、综合防治病虫草害

贯彻“预防为主，综合防治”的植保方针，综合应用农业防治、生物防治、物理防治和化学防治等措施，控制有害生物的发生和危害。

使用的农药必须具备国家规定的“三证”（农药登记证、生产许可证或生产批准证、执行标准号）的要求。农药的使用要按GB 8321执行，禁止使用国家禁用的高毒、高残或具有“三致”（致癌、致畸、致突变）作用的农药，推广使用高效、低毒、低残留农药，提倡使用生物农药。

合理混用、轮换交替使用不同作用的或具有负交互抗性的药剂，克服和推迟病虫害耐药性的产生和发展。改进施药器械和施药方式，减少施药过程中漏药对环境的污染和残留，适时用药，保护天敌。

主要病虫草害化学防治技术。

1. 叶斑病

当病叶率达10%～15%时，每亩用50%多菌灵可湿性粉剂100g或70%甲基托布津可湿性粉剂100g，兑水30kg喷雾，防治2～3次，7～10天一次。

2. 茎腐病、根腐病

拌种见本节药剂拌种。花生齐苗后及时用50%多菌灵可湿性粉剂100g，或70%甲基托布津可湿性粉剂100g，加尿素500g和磷酸二氢钾150g，兑水30kg喷雾。

3. 蚜虫

当有蚜穴率达20%～30%，百穴蚜量1 000头时，应及时喷药防治。每亩用10%吡虫啉可湿性粉剂20g或3%啶虫脒可湿性粉剂50g，兑水30kg喷雾。

4. 红蜘蛛

当有螨植株在5%时，每亩用25%哒螨灵可湿性粉剂20g或1%甲维盐乳油30mL或2%阿维菌素乳油50mL，兑水30kg喷雾。

5. 棉铃虫和斜纹夜蛾

当百穴有幼虫（或卵）40头时，每亩用1%甲维盐乳油30mL或2%阿维菌素乳油50mL或4.5%高效氯氰菊酯乳油60mL，加50%辛硫磷乳油50mL或苏云金杆菌（BT）乳剂200mL，在卵孵化盛期兑水30kg喷雾，5天后再喷一次。

6. 蛴螬

成虫防治，在发生盛期（6月下旬至7月上旬），亩用48%毒死蜱乳油250mL或50%辛硫磷乳油500mL，拌20~25kg干细土撒施，并浅锄入土，施药后立即浇水。孵化盛期和低龄幼虫期（7月中旬至8月初），用毒土开沟条施，或用48%毒死蜱乳油或50%辛硫磷乳油加水稀释800倍液，装入去掉喷头的手动喷雾器内对花生根部喷淋灌根，施药后立即浇水；浇水时亩用50%辛硫磷乳油1 000mL或48%毒死蜱乳油500mL，随水冲施也是一种简便有效的防治办法。

7. 新黑地蛛蚧

于卵孵化盛期至一龄幼虫期（6月中下旬至7月初），每亩用50%辛硫磷乳油或5%锐劲特悬浮剂或48%毒死蜱乳油等农药，加水稀释800倍液，装入去掉喷头的手动喷雾器内逐穴喷淋花生根部。雨前喷淋或喷淋后立即浇水。

8. 鼠害防治技术

播种时用药剂拌种是防治鼠害经济有效的办法，方法见本节药剂拌种；生长后期利用害鼠昼伏夜出的习性，在早晨8时左右查鼠洞，掏出洞口干土，将磷化钙或磷化铝投入鼠洞中，将洞口封严踏实，放出磷化氢气体熏死害鼠。

9. 杂草防除技术

花生苗期至封行前防除禾本科杂草，在杂草2~4叶期每亩用10.8%吡氟禾草灵（盖草能）乳油30~40mL或10.8%精喹禾灵乳油40~50mL兑水30kg喷洒；防除阔叶杂草每亩用24%乳氟禾草灵乳油（g阔乐）3~5mL或10%乙羧氟草醚乳油20mL，兑水30kg喷洒。禾本科杂草和阔叶杂草混生田块可用防除禾本科杂草除草剂和防除阔叶杂草除草剂混合使用。防除阔叶杂草除草剂对花生均有不同程度的药害，使用后可根据药害程度采取相应措施。

当花生植株35~40cm时，每亩用15%多效唑可湿性粉剂或5%烯效唑可湿性粉剂50~100g，兑水30kg进行喷洒，控制旺长。

六、田间管理

1. 中耕

花生一般中耕2~3次。第一次在麦收后及早中耕灭茬；第二次中耕在第一次中耕后10~15天进行；第三次在初花期至盛花期前进行，并结合中耕进行培土迎针。

2. 灌溉与排水

花生播种前，如干旱可结合小麦浇水造好底墒。苗期结合追肥进行浇水。花生开花下针至结荚期需水量最大，遇旱及时浇水。花生生长中后期如雨水较多，排水不良，能引起根系腐烂、茎枝枯衰、烂果，要及时疏通沟渠，排除积水。

七、收获和贮藏

麦套花生生育期短，荚果充实饱满度差，因此不能过早收获，否则会降低产量和品质。应根据天气变化和荚果的成熟饱满度适时收获，一般应保证生育期不低于115天，当花生饱果率达

65% ~70%时应及时收获。收获后晒至荚果含水量低于10%，花生仁的含水量低于8%（手拿花生果摇晃，响声清脆，用手搓花生仁，种皮易脱落）时在清洁、干燥、通风、无虫害和鼠害的地方贮藏。

八、控制黄曲霉素污染

黄曲霉毒素污染不仅影响花生的品质和外贸出口，而且直接危害人的健康。控制办法：注意防治与黄曲霉毒素污染有关的地下害虫，如螨虫、蛴螬等；收获前3~5周遇旱应及时适量浇水，保证花生后期对水分的需求；中耕培土和花生收获时不要损伤荚果，减少机械损伤；适时收获晾晒，花生果水分控制在10%以下，及时入库，安全贮藏、包装。

第四章 生态农业模式及配套技术

第一节 “三位一体”庭院生态模式

“三位一体”庭院生态模式即“一池三改”模式，通过在农户庭院内建设沼气池，并对畜禽圈舍、厕所、厨房进行改造，使之达到解决农户生活用能，发展庭院经济，改善庭院环境卫生状况的目的（图4－1、图4－2）。户用沼气池建设与改圈、改厕和改厨同步设计、同步施工。

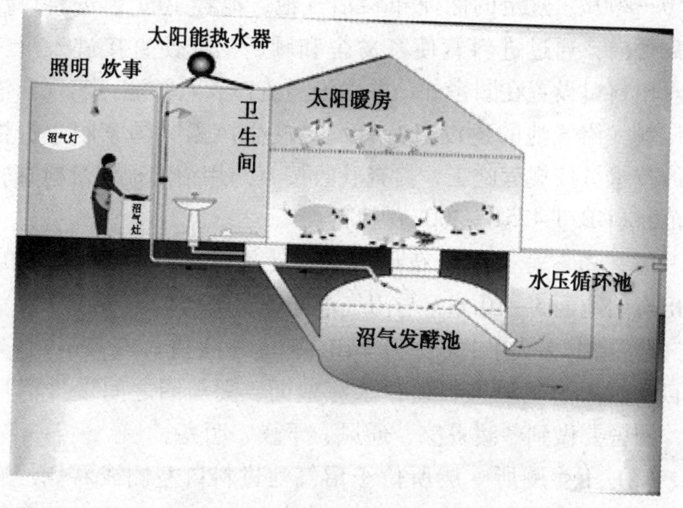

图4－1 “三位一体”模式组成

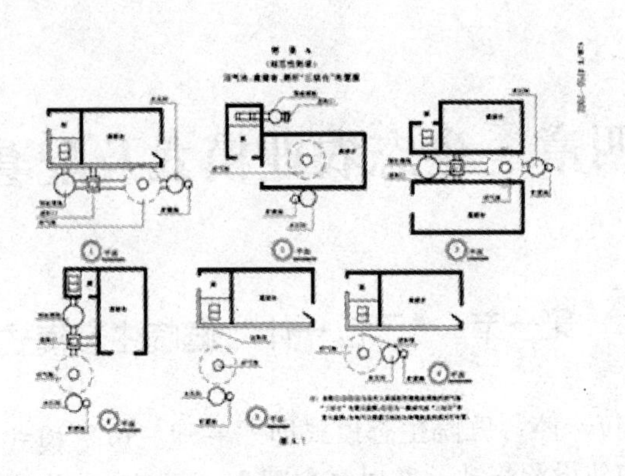

图 4-2 “三位一体”模式畜禽舍、沼气池、厕所布局组合

技术要点

(1) 沼气池　重点推广《户用沼气池标准图》(GB/T 4750—2002) 规定的曲流布料沼气池，池容 $10m^3$，进料口位于畜禽舍内，通过进料管使畜禽舍和厕所的粪便直接进入沼气池内。出料口设置在圈舍外，并增设溢流口和贮粪池，实现沼液自动出料。沼气池的建设由持有“沼气生产工”国家职业资格证书的技术员按规程施工，检查验收按《户用沼气地质量检查验收规范》(GB/T 4751—2002) 执行。

(2) 畜禽舍　圈舍布局合理，使用方便，面积大于 $10m^2$，高出自然地面 5~10cm，与沼气池相连，养殖量不少于 3 头猪单位（5 头猪 =1 头牛，1 头猪 =10 只羊，1 头猪 =40 只鸡），粪便能自动流入沼气池进料口，水泥地面，圈与圈之间设排污口连通，圈舍要做到冬暖夏凉、通风、干燥、明亮。

(3) 卫生厕所　厕所位于沼气池进料口左侧或右侧，通道宽度不低于 60cm，蹲位地面高于圈舍地面 20cm 以上，面积不小于 $1.5m^2$，并作粉刷处理。厕所要做到“四有”，即有坑、有墙、有门、有顶，并安装蹲便器、照明设备、排气设备和冲厕装置。

（4）厨房 应通风明亮、整洁卫生、地面硬化，设灶台（长度大于1m，宽度0.5m以上，高度便于做饭），台面贴瓷砖。厨房内炉灶、橱柜、水缸等布局合理，净化器、管线等安装符合相关技术标准和规范，整体符合安全、美观和卫生要求。沼气灯距离顶棚高度70cm左右。

第二节 “四位一体”生态模式

“四位一体”农村能源生态模式以土地资源为基础，以太阳能为动力，以沼气为纽带，通过日光温室将蔬菜种植、畜禽养殖有机地结合在一起形成质能互补、良性循环的农村能源综合利用生态系统（图4－3、图4－4）。日光温室长45m，宽9m，占地面积约$400m^2$，在日光温室进口处外建一个$4m^2$的小屋作为休息、做饭的地方。猪舍建在日光温室内进口处，占地面积$20m^2$，厕所占地面积$1m^2$，沼气池建在猪圈下面，容积$10m^3$。厕所内可以装上太阳能热水器，以便农户洗澡用，温室内可以每隔8m装一盏沼气灯，共装5盏，以便在雨雪天气增光增温。

一、施工步骤

沼气池建设与一般沼气池建造相同，主要包括：规划与选址→备料→放线与挖坑→池体施工→密封层施工→输配管路的安装→试压检验。

二、施工要点

（一）沼气池施工

1. 选址

在北方农村，门前屋后、田野山坳都可搭建。但要注意选择宽敞、背风向阳、没有树木和高大建筑物遮光的地方作场地。方

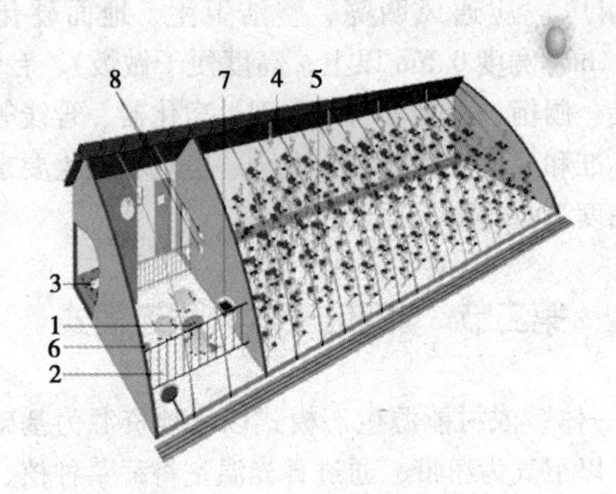

图4-3 “四位一体”结构

1-沼气池；2-猪圈；3-厕所；4-日光温室；5-菜地；
6-进料口；7-出料口；8-通气孔

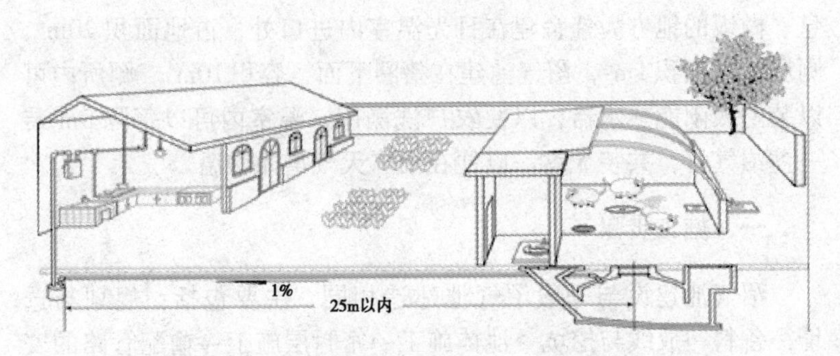

图4-4 庭院“四位一体”模式结构

位坐北朝南，依纬度不同可偏东或偏西5°~10°。

2. 放线

沼气池的施工要错过冬季和雨季。施工前，首先要放线，就是在场地按规定的尺寸划出“模式”总体平面的外围边际，在“模式”总平面内划出猪舍、日光温室位置，用灰线标记好。再划出“模式”宽度的中心线，以中心线和猪舍与日光温室边际

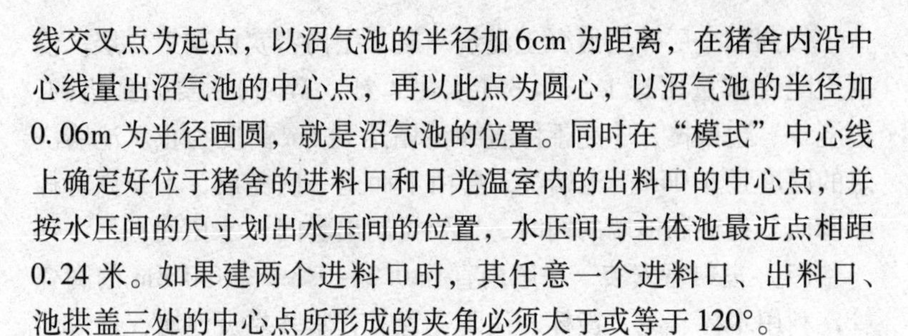

线交叉点为起点，以沼气池的半径加6cm为距离，在猪舍内沿中心线量出沼气池的中心点，再以此点为圆心，以沼气池的半径加0.06m为半径画圆，就是沼气池的位置。同时在“模式”中心线上确定好位于猪舍的进料口和日光温室内的出料口的中心点，并按水压间的尺寸划出水压间的位置，水压间与主体池最近点相距0.24米。如果建两个进料口时，其任意一个进料口、出料口、池拱盖三处的中心点所形成的夹角必须大于或等于120°。

3. 挖坑

要按放线确定的沼气池、出料间（水压间）的位置，以及设计图纸确定的坑深、圆度进行挖坑。以8m^3的沼气池为例，内直径2.4m，池墙高1m，池顶矢高0.48m。池坑要规圆、上下垂直，对于土质良好的地区坑壁可以直挖，取土时由中间向四周开挖，开挖至坑壁时留有一定余地，边挖边严格按尺寸修整池坑，直到设计深度为止。池底要修成锅底状，池中心比边缘深0.25m，由锅底中心至出料间挖一条V形浅槽，下返坡度5%。同时还要挖好水压间，并在主体池与水压间之间挖好出料口通道，如土质坚实，出料口通道上部原土不要挖断。出料口通道高1.1m、宽0.9m为宜。对于土质松散的地方，地面以下0.8m这段土方应放坡取土，坡度大小视土质松散情况而定，以坑壁不坍塌为原则。如果有地下水时池底要挖好集水坑，以便排水。

4. 建池

（1）砌筑出料口通道　用红砖和1∶2.5水泥砂浆砌筑出料口通道，砖墙与土壁间隙要灌满灰防止胀裂，通道顶部起拱，其通道口宽0.6m，拱顶距贮气箱拱角0.3m，厚度0.24m。

（2）混凝土浇筑池墙　模具主要有砖模、木模、钢模3种。后两种可直接使用，用砖模浇筑池墙的施工方法是：把挖好的坑壁作外模，内模用砖砌筑而成，先把砖用水浸湿，目的是防止拆模困难。每块砖横向砌筑，每层砖的砖缝错开，不用代泥口或灰口，做到砌一层砖用混凝土浇筑一层，振捣密实后砌第二层。混凝土配合重量比是 1∶3∶3（水泥∶沙∶碎石）。要做到边砌、边浇筑、边振捣，中途不停直到池墙达到 1m 高度为止。池墙浇筑的厚度是 0.06m。池墙浇筑要由下而上一次完成，不允许有蜂窝麻面。在捣制池墙的同时，也要捣制出料间（水压间）。

（3）进料管安装　一般用直径 0.2～0.3m、长 0.6m 的陶瓷管，利用木棒、绳、横杆，使陶瓷管竖直紧紧靠近池墙，插入池的深度距拱角 0.25～0.3m（砌筑池盖时把陶瓷管固定好，待池盖完成后要用 1∶1 水泥、细沙抹好瓷管与池墙所形成的夹角）。同时在池坑的周围钉木桩，用麻绳拴砖块在砌筑过程中固定砖。

（4）池拱施工　做法一般有两种，一种是砼捣制的，一种是用砖砌筑的。砌筑时砖块必须先用水浸湿，保持外湿内干，边浸边用沙灰砌筑（灰沙比 1∶2），砌筑时砂浆黏性要好，灰浆必须饱满，灰缝必须均匀错开，砖的上口必须顶紧，外口嵌牢，每一圈用小块石片楔紧。在砌筑过程中要符合图纸所规定的曲率半径尺寸，每砌筑三层砖，池盖外壁要用 1∶3 的水泥砂灰压实抹光，厚度要达到 0.03～0.05m，边砌边抹，随即围绕池盖均匀地做好少量的回填土。当池拱顶将要封口时，要把导气管安装拱顶上。池顶中央用 4 条长 1m 左右的加固钢筋抹灰加厚加固。

（5）砌筑厕所、猪舍进料通道，然后砌筑输气管路暗道　输气管路由沼气池导气管周围砌筑 0.2m×0.2m 暗槽直通猪舍外，在导气管上端留两块活动砖，以便检修。

（6）池底施工　先用碎石铺一层池底，用 1∶4 的水泥砂浆浇筑池底，然后再用水泥、沙、碎石 1∶3∶3 的混凝土现浇池底，厚度要达到 0.08～0.12m。

5. 池体密封

沼气池只靠结构层还不能满足防渗漏要求，必须在沼气池结构层内壁做刚性防水三层、七层做法，才能确保沼气池不漏水、

不漏气。有条件的地区可以再刷层沼气池密封剂，这一步是沼气池成败的关键。别忘了，密封前一定要先将结构层内壁的砂浆、灰耳、混凝土毛边等剔除，并用水泥砂灰补好缺损。在操作中如发现有砂眼处，要反复刷好，也可用镜子反光辅助照明检查，既方便又看得清楚。密封层施工要连续操作，不得间断，抹灰刷浆每道工序要做到薄、匀、全，先将砂浆重重压抹，并反复数次，使砂浆多余水分不断排出表面，达到坚实。进料口、出料口通道和池拱一定要认真仔细抹好，这些是容易漏水、漏气的地方。

6. 养护

用混凝土浇筑的每个部位，都要在平均气温大于5℃条件下自然养护，外露混凝土应加盖草帘浇水养护，养护时间7～10天。春、秋要注意早晚防冻。建池24小时后如果下雨要及时向池内加水，加水量应是池内装料的一半容积，以防地下水位上涨，鼓坏池体。还要注意沼气池是不能空腹越冬的。

（二）猪舍施工

猪舍是“四位一体”建设三大重要组成部分之一，位于沼气池的上面，日光温室的一端，面积依养猪规模而定。按每头猪 $1m^2$ 计算，东西长度不得小于4m；中梁向南棚脚方向延伸1m；猪舍南墙距棚脚0.7～1m，建1m高的围墙或铁栏。

日光温室和猪舍之间要砌内山墙，它的顶部高度和日光温室拱形支架相一致。墙体用砖或石材砌筑，0.7m高以下墙宽0.24m，0.7m以上墙宽0.12m，长度从北墙到南棚脚。在内山墙靠近北面留门，作为到日光温室作业的通道门。内山墙中部还要留通气孔，孔口0.24m×0.24m。高孔距离地面1.5m，低孔距离地面0.7m，为氧气和二氧化碳的交换孔。内山墙的顶部要用水泥抹成拱圆形平面。猪舍内的山墙、内山墙、隔栏墙距猪舍地面上0.6m用水泥抹面。砌筑内山墙的目的是为了温、湿度及气体的调控，以保证猪、菜有各自适宜的生长环境，同时也便于生产管理。

在靠近北面后墙留人行道，在后墙或与看护房相连处要留出小门，在猪舍后墙中央距地面1m留有高0.4m、宽0.3m的通风窗，用于夏季猪舍通风，深秋时要封好。

猪舍地面用水泥砂浆抹成，要高出自然地面0.10m。在地面上距离南棚脚1.5~2m，距外山墙1m建一个长0.4m、宽0.3m、深0.1m的溢水槽兼集粪槽；猪舍地面要抹成5%的坡度坡向溢水槽，溢水槽南端留有溢水通道直通棚外，这样就可以防止雨水等灌满沼气池气箱。在猪舍地面沼气池的进料口用钢筋做成篦子。

在猪舍靠近北墙角建$1m^2$的厕所，厕所蹲位高出猪舍地面0.2m，厕所集粪口通过坡度大于45°的暗沟与沼气池进料口相通。

（三）沼气池启动

将预处理的原料和准备好的接种物混合在一起，立即投入池内。无拱盖的沼气池应将原料从水压间的出料口通道倒入池内。启动时的料液干物质含量一般控制在4%~6%。以禽粪为原料的沼气发酵启动时，要注意防止酸化，启动时先加入少量堆沤的禽粪，料液浓度为4%，然后逐渐加大粪量直到启动完成。

原料和接种物入池后，要立即加水封池。料液量约占沼气池总容积的80%。然后将池盖密封。当压力表压力2Mpa（2个字）以上时，应进行放气试火，所产沼气可正常点燃使用时，沼气发酵的启动阶段就完成了。

沼气池启动15天后，猪禽舍、厕所的粪便就可以连续进入沼气池，30天后就可以从出料间取肥。此时，发酵料液浓度可以达到8%~10%。

（四）日光温室施工

日光温室与普通温室相同，温室骨架设计采用固定荷载

$10kg/m^2$。

（五）配套管理技术

1. 日常管理

① 及时补充新鲜原料，及时将猪粪尿清理入池，同时要定期小出料，以保持池内料液数量恒定。要做到勤出料、勤搅拌。

② 经常观察气压表及输配管路，防止漏气发生，一旦发现问题及时处理。定期更换脱硫剂，避免燃烧产生的二氧化硫危害作物。

③ 严禁投入农药、杀菌剂等有毒物质及酸、碱性过大的果蔬菜，防止沼气池中毒。

④ 要加入以坑塘水为主的软水，尽量避免加入直接从井中抽出的硬水。

⑤ 水封圈要经常加水，以防封口干裂漏气。

2. 经济效益分析

在日光温室内建一座 $10m^3$ 的沼气池，每年至少可出栏生猪 60 头，能保证常年正常产气。人畜粪便直接入池发酵后，不仅病菌、虫卵被完全杀死，而且肥效可提高 1.5～2.5 倍；使用沼气做饭，节省柴、煤折合人民币 300 元；使用沼气灯可节省电费 150 元；产生的沼液、沼渣浇施果树、蔬菜节省化肥开支 200 元，果蔬可提高产量 20% 以上，并且果品品质明显提高，提高了市场竞争力，增加收入约 1 000元；养猪提前出栏 10 天，每头猪节省费用 60 元，每户按 60 头计算，可节省 3 600元。采取该模式，每个沼气池每年至少增收节支 5 250元。

第三节 “猪（畜、禽）—沼—果”生态模式

一、模式概述

以养猪为例，“猪—沼—果”模式是以一户农户为基本单元，利用房前屋后的水面、庭院等场地建成的生态农业模式（图4－5）。在平面布局上，要求猪栏必须建在果园内或果园旁边，不能离得太远，沼气池要与畜禽舍、厕所三结合，使之形成一个工程整体。该模式就是把植物生产、动物消化和微生物还原三者有机结合而形成的一种模式，该模式是利用山地、农田、水面、庭院等资源，采用“沼气池、猪舍、厕所”三结合工程，因地制宜开展“三沼（沼气、沼渣、沼液）”综合利用（图4－6）。生产的沼气用于农户日常做饭点灯，沼肥（沼渣）用于果树或其他农作物，沼液用于拌饲料喂养生猪，果园可以套种蔬菜和饲料作物，从而保证了育肥猪的饲料供给。

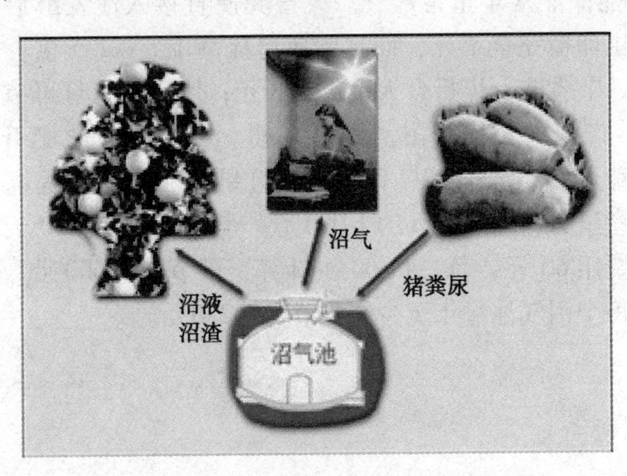

图4－5 “猪—沼—果”生态模式结构

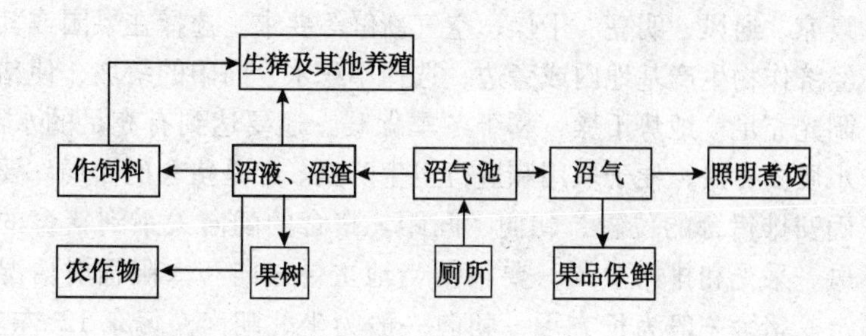

图 4-6 “猪—沼—果”模式利用系统

二、规划设计

果园面积、养殖规模、沼气池容积要达到优化、合理组合。首先要根据果园栽植的面积来确定肥料种类和需肥量，然后确定猪的养殖头数，再根据生猪饲养规模来确定沼气池容积的大小。由于果树的需肥情况与树种、品种、树龄、树势、产量、土壤肥力及气候条件等诸因素有关。因此，模式的组合要根据具体果园的实际情况来定。一般按户建 8～10m³ 沼气池，常年存栏 4 头猪，种 2 700m² 果树的规模进行组合配套。该模式也可因地制宜，从农户的实际条件出发，农户除养猪外，还可养牛、养鸡等；果业也可包括粮食、蔬菜、经济作物等。

三、技术要求

该模式的建设主要包括猪舍、沼气池和果园三部分，每个部分都是模式系统循环利用不可缺少的设施，建设质量直接关系到模式能否发挥出好的效益效果。模式中沼气池的建设技术同户用沼气池建设技术一致，下面仅介绍猪舍和果园的建设技术。

1. 猪舍建造

一是猪舍选择，要做到与厕所、沼气池相结合，做到冬暖、夏凉、通风、明亮、干燥、空气新鲜等要求。选择在果园或其他经济作物生产基地内或旁边，选择不积水、向阳的缓坡，使猪舍阳光充足，地势干燥，利于冬季保暖。还要达到有充足的水源，水质要良好，便于取用和进行卫生防疫。二是猪舍的布局。要正确安排猪舍的位置、朝向、间距。猪舍的朝向关系到猪舍的通风、采光和排污效果，要根据当地主导风向和太阳辐射情况确定。猪舍一般为长方形，朝向一般为坐北朝南，偏东12°左右。猪舍之间的距离，应以满足光照、通风、卫生防疫和防火的要求为原则，不宜过大过小。一般南向的猪舍间距，可为猪舍屋檐高的3倍，其他类型的猪舍应为屋檐高的3~5倍。

2. 猪舍的设备

一是猪床。猪床地势至少要高于沼气池水平面20cm以上。适宜面积：一头妊娠、哺乳母猪5.5m^2、公猪10.5m^2、断乳仔猪0.5m^2、育肥猪1.2m^2。按照此标准确定猪床面积和养殖头数。猪床应选用硬地面，即用混凝土现浇而成，有一定坡度，便于清扫、冲洗，使粪尿直接流入沼气池。二是猪舍栏门和窗户。猪舍栏门以宽度60cm、高90~120cm为宜，并向内侧开放。窗户宜设置南窗比北窗多且大，一般宽度1.2m、高1.0m，距地面0.9~1.0m为宜。三是运动场。每头成年猪的运动场面积不小于2m^2，在运动场一角设置食槽和饮水槽。根据实际情况，在舍内外建好粪尿沟和冲洗污水的沟道，沟宽15cm、深10cm，沟底呈半圆形，从进入到流出须有2%~3%的坡度。

3. 果园建设

果树为多年生植物，果园的气候条件、土壤肥力、地下水位等因素是影响果树生长的重要因素。因此，慎重选择对模式的发展具有极其重要的意义。园地选择好后，建园的标准和质量直接关系到果树的经济生产能力。不同的果树品种，建园的要求是不一样的，具体建设可在技术人员的指导下或参考有关专业资料

进行。

四、实例

河南省孟州市东小仇镇西小仇村村民果园，秋天5亩果树硕果累累，200多头生猪膘肥体壮，散养柴鸡成群结队悠闲觅食。主人高兴地算了一笔细账：年出栏生猪220余头，纯利润3.2万元，年产苹果7t，纯利润0.9万元，养鸡60只，鸽子40只，年收益500元，总共年纯收入4.15万元，是同等规模普通果园收入的5~8倍。园内杂草、落果配合饲料喂猪；用猪粪入沼气池产沼气；用沼气做饭、取暖、照明，节省了电和煤炭；以沼液喷洒果树叶面，既肥叶壮树又防病祛虫，沼渣是最佳的有机肥料。果园内散养柴鸡，鸡又吃虫，从而使果园内的树、草、鸡、猪、肥达到良性循环。以这种模式种植出的果树的果质也得到了明显提高。

第四节 旱区“五位一体”能源生态模式

该模式以农户土地资源为基础，以太阳能为动力，以沼气池为纽带，形成以农带牧、以牧促沼、以沼促果、果牧结合、配套发展的良性循环体系（图4-7、图4-8）。模式以3 300m^2的成龄果园为基本生产单元，在果园或农户住宅前后配套1座10m^3的沼气池、1座12m^2的太阳能猪圈、1座60m^3的水窖及配套的集雨场，1套果园节水滴灌系统。模式实行人厕、沼气、太阳能猪舍、水窖、果园五配套，圈下建沼气池，池上搞养殖，多种经营，增大效益。

一、沼气池是模式的核心

起到联结种养业、生活用能与生产用肥的纽带作用。该模式中，沼气池既可解决点灯、做饭所需燃料，又可解决人畜粪便随地排放造成的环境卫生问题。同时，沼肥可用于果树叶面喷施、追肥，沼液喂猪等，从而增加了效益，促进了生产生活的提高。

二、太阳能猪舍是模式结合的前提

利用太阳能养猪，解决了猪和沼气池的越冬问题，提高了猪的生长率和沼气池产气率。太阳能猪舍北墙内侧设0.8～1.0m的走廊，北走廊与猪舍之间用1m高的铁栅栏或24cm砖墙隔开。北墙为37cm实心砖墙或夹心保温墙，墙高1.8m，在其中部1.2m高处设0.3m×0.6m的通风窗，东、西、南三面24cm砖墙，南墙高1m，东、西墙上部形状和骨架形状一致。

三、集水系统是模式正常运行的保障

集水系统包括收集和储蓄地表径流雨雪等水资源的集水场、水窖等设施。作为果园配套集水系统，除供沼气池、园内喷药及人畜生活用水外，还可弥补关键时期果园滴灌、穴灌用水，防止关键时期缺水影响。每个水窖按体积60m^{3}设计，采用拱形窖顶、圆台形窖体的水窖结构，能保证水窖窖体在蓄水和空置时都能保持相对稳定。水窖在每年5～9月收集自然降水，加上循环多次用水，再蓄水，年可蓄积自然降水120～180m^3。

四、投资概算

该模式需要投资14 000元，其中，沼气池建设需2 000元，太阳能猪舍1 500元，水窖及配套集雨场2 000元，果园节水滴灌系统2 500元，果园投资6 000元。

五、效益分析

① 利用太阳能猪舍、沼液喂猪等技术手段，节省饲料40～

60kg，提早出栏40天左右，每头猪增收节支100～200元。

② 沼肥应用，可节约肥料、农药等生产费用2 000多元，且果品好，商品率由65%提高到85%，可增加2 500kg左右商品果，增收2 500元左右。

③ 利用沼气解决生活用能节支1 000元左右。每年可共增收节支5 500元左右，投资回收期为2.5年。

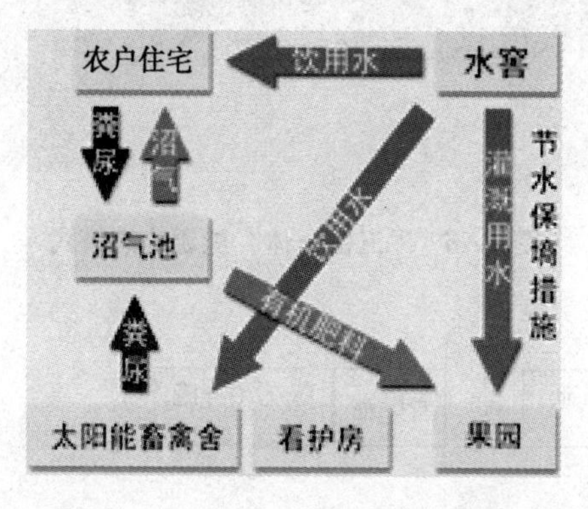

图4－7　“五位一体”能源生态模式结构

第五节　“二池三改”庭院模式

一、模式概述

“二池三改”生态农业模式就是根据农户养殖牛、羊的饲养习惯，将青贮氨化池纳入到以沼气为核心的生态富民家园建设中来，即：青贮氨化池、沼气池与厨房改造、圈舍改造和厕所改造结合起来，达到发展庭院经济，净化庭院环境，开发农业资源，发展生态农业的目的。模式示意图见图4－9。

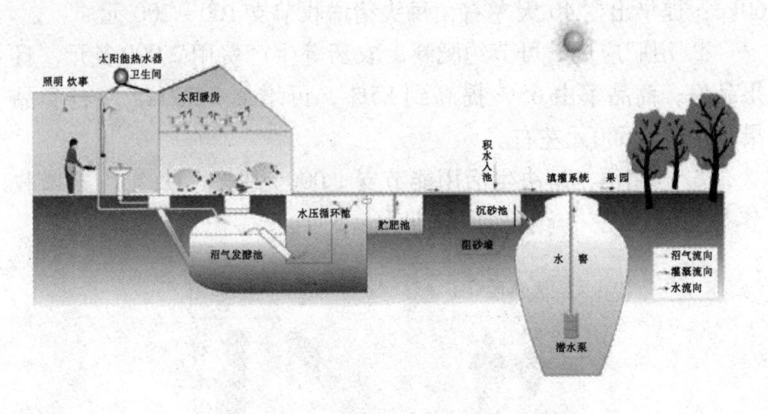

图4－8 “五位一体”能源生态模式

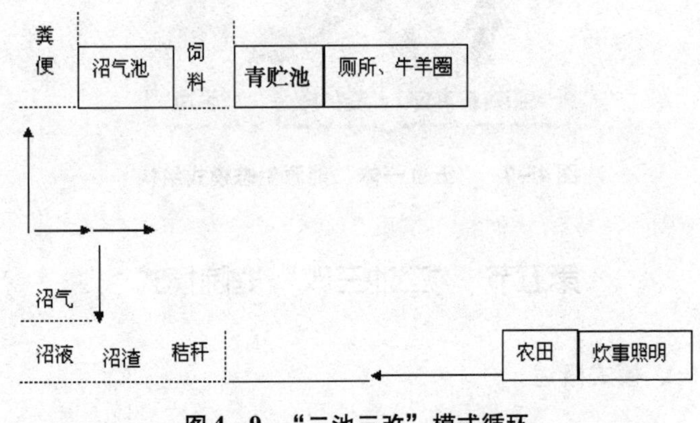

图4－9 “二池三改”模式循环

二、模式设计

“二池三改”生态农业模式是在农户庭院内建造青贮氨化池和沼气池，并对牛羊圈舍、厕所、厨房进行改造。沼气池应根据养殖数量和家庭人数来确定容积，选择地势高、背风向阳的位置，位于圈舍、厕所下面，做到相互联通，人畜粪便实现直接自

动流进沼气池。青贮氨化池位于羊牛圈舍一侧，用来青贮氨化饲料，容积大小应根据养殖数量来确定。其结构示意图见图4－10。

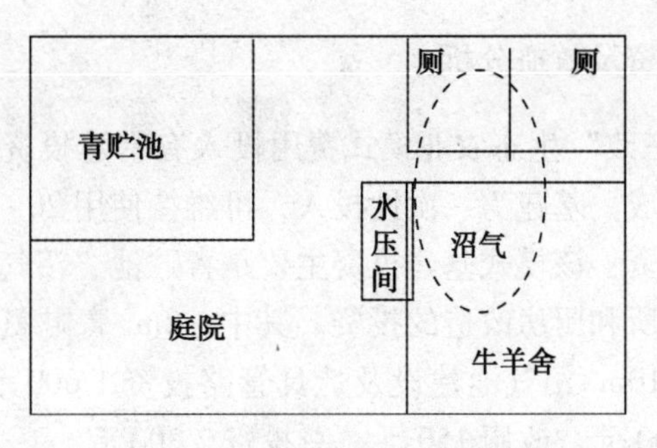

图4－10　"二池三改"模式布局

1. 沼气池

一户4～5口之家，养牛1～2头，建设池容为8～10m^3为宜，优先选用常规水压型或曲流布料型沼气池。

2. 青贮池

1头牛按年消耗秸秆饲料2 500kg左右计算，需建2m^3青贮氨化池（每立方青贮800kg左右，青贮饲料占秸秆饲料的30%，按饲养2头牛计）。

3. 厕所改造

厕所紧靠沼气池进料口设置，蹲位地面标高高于沼气池水平面30～40cm。蹲位面积一般为1.5～2m^2，用马赛克或釉面砖贴面。蹲位粪槽或大便器应尽量靠近沼气池进料口位置，粪槽用瓷砖贴面，坡度大于60°。

4. 圈舍改造

圈舍要与沼气池相连，水泥地面，混凝土预制板或石棉瓦圈顶棚。北方地区应尽量建成太阳能暖圈，冬季采取保温措施。

5. 厨房改造

厨房内炉灶、橱柜、水池等布局要合理，室内灶台砖垒，台面贴瓷砖，地面要硬化。厨房内使用的灶具管道等安装规范。

三、投资及效益分析

“二池三改”生态农业模式费用投入有基建投资和运行费用投入两项组成。基建为一次性投入，可维持使用 20 ~ 30 年。

基建投资：该模式基建投资主要是青贮池、沼气池建造，以及圈舍、厕所和厨房改造的投资。其中：$2m^3$ 青贮氨化池建设投资 200 元，$10m^3$ 沼气池建设及灶具管路投资 1 600元，改圈 150 元，改厕 200 元，改厨 150 元，总投资 2 300元。

运行投入：主要是秸秆和添加剂的投入，1 头牛按年消耗青贮秸秆饲料 800kg 左右，尿素的加入量为 0. 5%，食盐的添加量为 4%。年总投入为 50 元，其中，尿素为 8 元，食盐为 42 元。

经济效益：一个 $10m^3$ 沼气池每年可节省炊事照明开支 600 元，沼肥施用于农田节省农药、化肥开支 200 元，粮食增产 100 元，2 头育肥牛一年的经济收入为 1 500元，则该模式一年的直接经济效益为 2 400元。投资收益率为 2043%（按 20 年计算），投资回收期为 1 年，即第一年即可收回全部投资。

第六节 “莲 - 沼 - 鱼” 沼气生态模式

一、模式概述

莲藕作为一种脆甜可口的水生蔬菜，生育期需保持一定水位，是一种喜爱腐熟陈肥的经济作物，对腐肥的吸收率极高。“莲—沼—鱼”能源生态模式是根据莲藕和鱼的生物学特性，从实践中总结出来的一种集节水、节肥、休闲、观光、生态为一体

的模式技术。模式以莲鱼共养为基础，达到降低生产成本、增加产量且使产品无公害化的目的。莲鱼共养，由于鱼群的存在，导致水质浑浊，透光性减弱，使杂草难于发芽生长，利用沼肥种植莲藕，不仅提高莲地肥力，而且降低莲病虫害。沼肥养鱼的基本原理就是利用沼肥所含的各种养分，培养浮游生物，供底栖生物滋生、摄食。同时沼肥中含有半消化或未消化的饲料，可直接供鱼食用，弥补人工饲料养分不足，提高饲料效率，改善水质环境，充分开发利用莲藕鱼塘生态系统资源，使池塘养鱼达到稳产、高产。此外，沼肥还具有耗氧少、病菌少、速缓效肥兼备等特点，可促进浮游生物的生长繁殖，加快鱼的生长速度，缩短养殖周期，减少鱼病，经济效益显著。

二、模式技术要点

1. 建好池，施足肥

莲藕鱼池一般呈长方形，每池占地 1 亩左右。先将池周围的地面下挖 30 ~ 40cm，将土堆在四周，压实、铲平就形成池周围 1m 高的土墙。池挖好后，将池底压实整平，铺上 1 层有一定厚度的塑料布。在池底塑料布上铺混凝土 4cm，抹面防渗，四周混凝土上砌砖，12cm 厚砖墙 1m 高，水泥砂浆黏合，酌情加 24cm 砖垛加固。墙内和墙顶抹 3cm 厚水泥面防渗，离底 70cm 处留溢水孔并加滤网，墙外培土加固。开挖中心鱼沟，沟深 2m，将中心鱼沟土挖出后堆在池底部，种莲藕。池底压实整平，铺塑料布，混凝土制面 4cm，四周混凝土上砌砖，12cm 厚砖墙砌至 1. 6m，向上每隔 40cm 砌 40cm 墙垛；墙内、墙外和墙顶抹 3cm 厚水泥面防渗。池子建成后，回填活土，土厚 50cm。

池藕生长期需肥量极大，所以栽植前一定要施足底肥，一般每池施入沼肥 1 500 ~ 2 000kg，同时配合施用一些土杂肥。施肥后，将底肥和池子里的碎土拌和均匀，池子里的土、肥厚度一般应达到0.17～0.2米。莲藕属根茎作物，生长期内不宜追肥过多，追肥过多作物很难吸收完全，所以池藕底肥应占整个施肥量的90%左右。

2. 适时栽植

池藕的栽植时间一般应在清明前后进行，栽植以前，要灌水和施肥，把池子里的土、肥踩成稀糊状，接着把藕种一条条斜插进去。藕种的栽植行距1.5m，株距1.3m，栽插深度为15～20cm，每池藕下种量为300～350kg。栽植时应注意藕种距池埂0.66m宽，不然夯实的池埂会影响池藕的生长，栽植后必须及时灌水，水深3～7cm。

3. 沼肥养鱼

放养鱼苗应在4月下旬，鱼种以革胡子鲶为主，推荐罗非鱼、高背鲫等品种，这几种鱼均耐肥水，耐低氧，且基本无病害，生长迅速，每池放养800～1 000尾鱼苗。养鱼要保持水质“肥、活、爽”和投饵施肥“匀、足、好”，沼液和沼渣轮换交替施用，少施、勤施，水肥每次每池不超过300kg，渣肥每亩以不超过150kg为宜。沼肥量可通过检测水体透明度来决定，透明度在20cm以上时（即手伸入水下在20cm以内就看不清），说明水质较肥，可不施或少施用水肥；在30cm左右时为适中，可按常规量进行施肥；在40cm左右时，说明水质较瘦，可适当增大施肥量。沼肥一般10～15天换一次。8月，气温高，鱼体生长快，需饵量大，浮游生物繁殖迅速，养分消耗多，追施沼气水肥效果最佳。

三、模式效益分析

“莲—沼—鱼”能源生态技术模式投资总共16 500元。其中莲藕鱼池12 000元（18元/m^2），沼气池2 000元，育苗1 000元，莲藕种1 500元。该模式的经济效益相当客观，每池可产莲藕

3 500～5 000kg，产鱼共计 300～400kg，收入达 18 000元，一年可可收回投资。重要的是莲鱼共养，既节约了水资源，又节约了土地资源，实现了水资源和土地资源的高效利用。而且莲鱼共养，防风固沙，可有效改善滩涂生态环境，规模发展可筑成河流滩区很好的生态绿化带。

第七节　“稻－沼－蟹”沼气生态模式

一、模式概述

该模式是根据稻田养蟹稻蟹共生期间不能施肥治虫的要求，从延长生物链条，使各链条间的能量流动更趋合理。该模式以大田为载体，通过沼肥施用和沼液喷施防病治虫技术、稻田养蟹技术等的运用，一方面使沼液中的有机质肥料促进稻田中的浮游微生物快速生长，为螃蟹生长提供更多的饵料，降低养蟹成本，增加养蟹收入；另一方面水稻充分吸收沼液内水溶性优质有机肥料，促进稻田无公害生产，提高稻米品质。本模式既合理解决了稻田中后期追肥的问题，又为蟹提供了食源，实现了稻蟹共生且高产、优质、高效。

二、技术要点

1. 整地、施肥插秧

插秧前整地并进行1次稻田消毒，杀灭有害生物，每亩施用生石灰 70～80kg，或漂白粉（含氯 30%）10～30kg，化成浆全田泼洒消毒后，每亩施水稻专用肥 50kg、尿素 10kg。选用高产抗倒伏水稻品种，其中株距 10cm，行距 30cm，每亩 18 750穴，穴插苗 3 株，插秧深度 3.3cm，每亩基本苗 5.6 万株。

2. 蟹苗的暂养

4 月中旬，把规格为 4 000只/kg 的蟹苗放养于暂养池内。暂养池设在稻田的一端，放苗前7天用消毒剂（每亩用生石灰70~80kg）将池水消毒。暂养池水深0.3~0.5m，每亩水面暂养蟹苗5kg。同时，在暂养池边设防逃墙。在蟹苗投放到暂养池后，要加强蟹苗的饲养管理，日投喂2次，一般在清早和下午，饲料为磨碎蒸熟后的小杂鱼。另外，每隔10天要在每千克饵料中加拌2g土霉素，用于预防病害。

3. 投放蟹苗

每亩放养蟹苗400只，于7月中旬投入，并在田间分别设置隔离防护墙。投入蟹苗1周后，每天傍晚投饵1次喂养，并保持水位相对稳定。8月中旬前，每周换水1~2次，每次换水1/3，水稻拔节后，田面保持10cm水深，8月下旬后每10天换水1次，每次换水1/4~1/3。

4. 喷施沼液

于7月下旬到8月下旬每隔10天喷施1次，共喷施4次，喷洒浓度为100%。叶面喷施每亩均匀喷洒30kg，田间泼洒每亩均匀泼洒80kg，于下午4时左右进行。同时，要根据稻蟹生长情况，适当调整沼液使用量。

三、注意事项

喷施沼液时要随时观察蟹苗的反应以及采食情况，如有异样应及时放水排出。投放蟹苗时要选择晴暖的天气，投放时小心谨慎。在整个过程中，做好田间防鼠、防蛇等工作。如遇大风、大雨等天气，应及时修复防护墙，排出稻田积水。

四、投资及效益分析

1. 投资估算

该模式投资约需6 180元。其中，10m^{3}沼气池2 000元，稻种180元，蟹苗400元，蟹池、防护墙等设施2 000元，基肥300

元，饵料 300 元，人工费 1 000元。

2. 经济效益

通过喷施沼液可使水稻产量提高 7% 左右，单产 350 ~ 400kg；成蟹 6 只 1kg，每亩可按 350 只计算；沼气用于生活用能，合计产生经济效益约 5 000元，静态投资回收期一年半左右。

3. 生态效益

改善了稻田土壤状况，提高了土壤肥力，节省了化肥用量。由于只种植水稻的稻田是静止水体，绝大部分溶氧都被水表的各类生物消耗掉，因此常常造成缺氧，导致根腐病发生。养蟹后，由于蟹在水中活动，改善了土壤结构和供养状况，有利于有机物的分解，减少了土壤的还原物质，促进了水稻的正常生长。同时，有利于抑制杂草病虫，减少农药使用量。蟹类以杂草为食，抑制杂草的作用十分明显，杂草的减少避免了其与水稻争肥、争光，提高了水稻的光能利用率和肥料利用率。危害水稻的主要害虫如螟虫、稻虱等也被生活在水中的螃蟹吞食，因此可明显降低水稻的虫害，减少农药使用量。

参考文献

[1] 吉进卿等．最新小尾寒羊饲养与繁殖（修订版）．郑州：中原农民出版社，2006.

[2] 侯安祖．猪病诊断与防治．北京：中国农业科学技术出版社，2000.

[3] 张福墁．设施园艺学．北京：中国农业大学出版社，2001.